Hans Jürgen Boxberger
Leitfaden für die Zell- und Gewebekultur

200 Jahre Wiley – Wissen für Generationen

John Wiley & Sons feiert 2007 ein außergewöhnliches Jubiläum: Der Verlag wird 200 Jahre alt. Zugleich blicken wir auf das erste Jahrzehnt des erfolgreichen Zusammenschlusses von John Wiley & Sons mit der VCH Verlagsgesellschaft in Deutschland zurück. Seit Generationen vermitteln beide Verlage die Ergebnisse wissenschaftlicher Forschung und technischer Errungenschaften in der jeweils zeitgemäßen medialen Form.

Jede Generation hat besondere Bedürfnisse und Ziele. Als Charles Wiley 1807 eine kleine Druckerei in Manhattan gründete, hatte seine Generation Aufbruchsmöglichkeiten wie keine zuvor. Wiley half, die neue amerikanische Literatur zu etablieren. Etwa ein halbes Jahrhundert später, während der „zweiten industriellen Revolution" in den Vereinigten Staaten, konzentrierte sich die nächste Generation auf den Aufbau dieser industriellen Zukunft. Wiley bot die notwendigen Fachinformationen für Techniker, Ingenieure und Wissenschaftler. Das ganze 20. Jahrhundert wurde durch die Internationalisierung vieler Beziehungen geprägt – auch Wiley verstärkte seine verlegerischen Aktivitäten und schuf ein internationales Netzwerk, um den Austausch von Ideen, Informationen und Wissen rund um den Globus zu unterstützen.

Wiley begleitete während der vergangenen 200 Jahre jede Generation auf ihrer Reise und fördert heute den weltweit vernetzten Informationsfluss, damit auch die Ansprüche unserer global wirkenden Generation erfüllt werden und sie ihr Ziel erreicht. Immer rascher verändert sich unsere Welt, und es entstehen neue Technologien, die unser Leben und Lernen zum Teil tiefgreifend verändern. Beständig nimmt Wiley diese Herausforderungen an und stellt für Sie das notwendige Wissen bereit, das Sie neue Welten, neue Möglichkeiten und neue Gelegenheiten erschließen lässt.

Generationen kommen und gehen: Aber Sie können sich darauf verlassen, dass Wiley Sie als beständiger und zuverlässiger Partner mit dem notwendigen Wissen versorgt.

William J. Pesce
President and Chief Executive Officer

Peter Booth Wiley
Chairman of the Board

Hans Jürgen Boxberger

Leitfaden für die Zell- und Gewebekultur

Einführung in Grundlagen und Techniken

WILEY-VCH Verlag GmbH & Co. KGaA

Autor

Dr. Hans Jürgen Boxberger
Technische Universität Dresden
Institut für Mikrobiologie
01062 Dresden

■ Alle Bücher von Wiley-VCH werden sorgfältig erarbeitet. Dennoch übernehmen Autoren, Herausgeber und Verlag in keinem Fall, einschließlich des vorliegenden Werkes, für die Richtigkeit von Angaben, Hinweisen und Ratschlägen sowie für eventuelle Druckfehler irgendeine Haftung

Bibliografische Information der Deutschen Nationalbibliothek
Die Deutsche Nationalbibliothek verzeichnet diese Publikation in der Deutschen Nationalbibliografie; detaillierte bibliografische Daten sind im Internet über <http://dnb.d-nb.de> abrufbar.

© 2007 WILEY-VCH Verlag GmbH & Co. KGaA, Weinheim

Alle Rechte, insbesondere die der Übersetzung in andere Sprachen, vorbehalten. Kein Teil dieses Buches darf ohne schriftliche Genehmigung des Verlages in irgendeiner Form – durch Photokopie, Mikroverfilmung oder irgendein anderes Verfahren – reproduziert oder in eine von Maschinen, insbesondere von Datenverarbeitungsmaschinen, verwendbare Sprache übertragen oder übersetzt werden. Die Wiedergabe von Warenbezeichnungen, Handelsnamen oder sonstigen Kennzeichen in diesem Buch berechtigt nicht zu der Annahme, dass diese von jedermann frei benutzt werden dürfen. Vielmehr kann es sich auch dann um eingetragene Warenzeichen oder sonstige gesetzlich geschützte Kennzeichen handeln, wenn sie nicht eigens als solche markiert sind.

Printed in the Federal Republic of Germany

Gedruckt auf säurefreiem Papier

Satz primustype Robert Hurler GmbH, Notzingen
Druck betz-druck GmbH, Darmstadt
Bindung Litges & Dopf GmbH, Heppenheim
Umschlaggestaltung Adam Design, Weinheim

ISBN 978-3-527-31468-3

Für Carl Frederic

Rodriguez

Inhaltsverzeichnis

1	**Geschichte und Bedeutung der Zellkultur** *1*	
1.1	Das biologische Zeitalter *1*	
1.2	Die mühseligen Anfänge *2*	
1.3	Die zukünftige Schlüsseltechnologie *3*	
2	**Das Zellkulturlabor und seine Einrichtung** *5*	
2.1	Was ist ein Laboratorium? *5*	
2.2	Allgemeine Ausstattung eines Zellkulturlabors *5*	
2.3	Die Arbeitsbereiche eines Zellkulturlabors *8*	
2.3.1	Der Reinigungsbereich *8*	
	Reinigung *9*	
2.3.2	Der Sterilisationsbereich *10*	
	Dampfsterilisation im Autoklaven *10*	
	Sterilisation durch trockene Hitze *13*	
2.3.3	Der Präparationsbereich *14*	
2.3.4	Der sterile Arbeitsbereich *15*	
2.4	Die technische Ausstattung im Zellkulturlabor *15*	
	Eine kleine Gerätekunde *15*	
2.4.1	Der sterile Arbeitsplatz *16*	
	Sicherheitswerkbank der Klasse I *16*	
	Sicherheitswerkbank der Klasse II *17*	
	Sicherheitswerkbank der Klasse III *18*	
	Reine Werkbänke *18*	
	Reine Werkbänke mit horizontaler und vertikaler Luftführung *18*	
	Zubehör für sterile Sicherheitswerkbänke *18*	
	Allgemeine Regeln zum Betrieb von reinen Werkbänken und Sicherheitswerkbänken der Klassen I und II *19*	
2.4.2	Feucht- bzw. Begasungsbrutschränke *21*	
	Temperatur *22*	
	Heizungssysteme *22*	
	Luftfeuchtigkeit *23*	
	Begasung mit CO_2 und anderen Gasen *24*	

Leitfaden für die Zell- und Gewebekultur. Jürgen Boxberger
Copyright © 2007 WILEY-VCH Verlag GmbH & Co. KGaA, Weinheim
ISBN: 978-3-527-31468-3

CO_2-Mess- und Regelsysteme 25
Ausstattung und Wartung von Feucht- bzw. Begasungsbrutschränken 26
Manuelle Brutraumdesinfektion 27
Zusätzlicher Kontaminationsschutz 28
2.4.3 Das Lichtmikroskop 29
Funktionsprinzip des Durchlichtmikroskops 30
Das inverse Lichtmikroskop 30
Das Phasenkontrastverfahren 31
Einstellung und Wartung eines Phasenkontrastmikroskops 33
Das Fluoreszenzmikroskop 34
2.4.4 Zentrifugieren 35
Festwinkelrotor 36
Ausschwingrotor 37
Ausstattung und Wartung 38
2.4.5 Kühlgeräte 39
Laborkühlschrank 39
Tiefkühltruhen 39
Ausstattung und Wartung 41
2.4.6 Heizsysteme 42
Wasserbad 42
Heizplatte 42
2.4.7 Laborwaage 44
2.4.8 pH-Meter 45
2.4.9 Reinstwasserversorgung 45
2.4.10 Literatur 47
2.4.11 Informationen im Internet 48

3 Sicheres Arbeiten im Zellkulturlabor 49

3.1 Gefährdungen im Zellkulturlabor 49
3.1.1 Allgemeine Gefährdungen 49
Brand- und explosionsgefährliche Stoffe 50
Elektrische Anlagen 50
Mechanische Gefährdung 51
Hitze und Kälte 51
Allgemeine Gefahrstoffe 51
3.1.2 Gefährdung durch biologische Agenzien 52
3.1.3 Gefährdungspotenziale und Risikogruppen 53
3.1.4 Sicherheitsstufen 54
3.1.5 Persönliche Laborhygiene 57
Schutzkleidung 57
Händedesinfektion 58
Arbeiten im sterilen Bereich der Werkbank 59
3.2 Allgemeine Regeln für das sterile Arbeiten im Zellkulturlabor 61
3.2.1 Pipettieren 62

	Serologische Pipetten 63
	Pasteurpipetten 65
	Mikropipetten 65
3.2.2	Gießen 68
3.2.3	Flambieren 69
3.2.4	Ultraviolettes Licht 69
3.2.5	Arbeiten mit Schutzhandschuhen 70
3.2.6	Sterilfiltration 71
3.2.7	Verbrauchsmaterial aus Glas und Kunststoff 72
	Zellkulturartikel aus Glas 72
	Zellkulturartikel aus Kunststoff 74
	Zell- und Gewebekulturflaschen 75
	Petrischalen 77
	Testplatten 78
3.2.8	Chemische Desinfektionsmittel 78
3.3	Literatur 80
3.4	Informationen im Internet 81

4	**Nährmedien für die Zellkultur** 83
4.1	Zusammensetzung von Standardmedien 84
	Einfache Medien 88
	Komplexe Medien für serumarme Applikation 89
4.2	Medienzusätze 91
	L-Glutamin 91
	Natriumpyruvat 93
	Nichtessentielle Aminosäuren (NEA) 93
	Natriumhydrogencarbonat (Natriumbicarbonat) 93
	HEPES (4-(2-Hydroxyethyl)-1-piperazinethansulfonsäure) 96
	Phenolrot 97
4.3	Serum 97
	Die Herkunft des Serums und seine industrielle Fertigung 97
	Die Inhaltsstoffe des Serums 99
	Nachteile von fetalem Kälberserum (FKS) 99
4.3.1	Alternative Seren 101
4.3.2	Serumfreie Zellkultur 101
4.3.3	Adaption von Zellen an serumfreie Kulturbedingungen 102
4.3.4	Handhabung von Serum 103
	Der Einkauf 103
	Lagerung und Handhabung 104
	Hitzeinaktivierung 105
4.4	Zubereitung eines gebrauchsfertigen Zellkulturmediums 106
4.4.1	Flüssigmedium 107
4.4.2	Medienkonzentrat 108
4.4.3	Pulvermedium 109
4.4.4	Hitzestabile Medien 110

4.5	Was man sonst noch beachten sollte	111
4.6	Literatur	111
4.7	Informationen im Internet	112

5 Routinemethoden in der Zellkultur etablierter Zelllinien 113

5.1	Auftauen tiefgefrorener Zellkonserven	118
	Direkte Aussaat der aufgetauten Zellen	118
	Aussaat der Zellen nach Zentrifugation	119
5.2	Optische Kontrolle der Zellkultur	120
5.3	Mediumwechsel	124
5.3.1	Mediumaustausch bei adhärenten Kulturen	126
5.3.2	Mediumaustausch bei Suspensionskulturen	127
5.4	Subkultivierung (Passagieren)	128
5.4.1	Subkultivierung adhärenter Zellen	128
	Ablösen adhärenter Zellen mit Trypsin/EDTA	132
5.4.2	Subkultivierung von Suspensionszellen	135
5.5	Zellzahlbestimmung	136
5.6	Vitalitätstest	140
5.7	Qualitätskontrolle	141
	Färbemethode nach Giemsa (für adhärente Zellen)	142
	Färbemethode mit Kristallviolett (für adhärente Zellen)	142
5.8	Kryokonservierung	143
5.9	Literatur	147
5.10	Informationen im Internet	147

6 Umgang mit kontaminierten Zellkulturen 149

6.1	Die feindlichen Bataillone: Bakterien, Pilze und Viren	149
6.1.1	Kurzer Abriss der Mikrobiologie	150
6.1.2	Evolution und Systematik der Mikroorganismen	151
6.1.3	Winzige Zellen – gigantische Stoffwechselleistungen	152
6.2	Bakterien	153
6.2.1	Gestalt, Funktion und Aufbau der Bakterienzelle	153
6.2.2	Die Hauptgruppen der Eubacteria	154
6.2.3	Wachstum und Differenzierung der Eubacteria	154
6.3	Die optische Identifizierung einer bakteriellen Kontamination	155
6.4	Antibiotika und ihre Wirkungsweise	160
6.4.1	Die Zellwandsynthese hemmende Antibiotika	161
6.4.2	Die Proteinbiosynthese hemmende Antibiotika	161
6.5	Auswahl und Dosierung von Antibiotika in der Zellkultur	162
6.6	Antibiotika – notwendig oder überflüssig?	165
6.7	Mycoplasmen	166
6.7.1	Gestalt, Funktion und Aufbau der Mycoplasmenzelle	167
6.7.2	Mycoplasmen in der Zellkultur	168
6.7.3	Auswirkungen eines Mycoplasmenbefalls auf Zellkulturen	169

           Auswirkungen auf die Zellen   169
           Auswirkungen auf die Zellkerne   170
           Chromosomenveränderungen   170
6.7.4   Wichtige Indizien für einen Mycoplasmenbefall   170
6.7.5   Diagnose durch Mycoplasmentests   171
           Mikrobiologische Kulturmethode   171
           Fluoreszenznachweismethode   171
           Lichtmikroskopie   171
           Elektronenmikroskopie   172
           Autoradiographie   172
           Mycoplasmennachweis mit MycoTect® von Invitrogen   172
           Nachweis mittels Polymerasekettenreaktion (PCR)   172
           Kontaminationsquellen   173
6.7.6   Behandlung befallener Zellkulturen   173
6.8   Gestalt, Funktion und Aufbau der eukaryotischen Mikrobenzelle   175
6.8.1   Zellkulturrelevante Pilze (Fungi) und Hefen   177
6.8.2   Wachstum von Hefen und Pilzen   177
6.8.3   Die optische Identifizierung einer Pilzinfektion   178
6.8.4   Antimycotika   179
6.8.5   Sporen – ein stetiger Anlass zur Sorge   179
6.9   Virale Kontamination   180
6.10   Prionen   181
6.11   Kreuzkontaminationen   182
6.12   Literatur   183
6.13   Informationen im Internet   184

7   **Spezielle Methoden in der Zellkultur**   185
7.1   Klonierung von Zellen   185
7.2   Synchronisierung einer Zellkultur   186
7.2.1   Synchronisieren durch Abkühlen   187
7.2.2   Synchronisieren durch Mangelmedium   187
7.2.3   Synchronisation durch Abklopfen mitotischer Zellen   187
7.2.4   Zellsynchronisation durch chemische Blockierung   188
7.3   Zellkultur auf Filtermembranen   188
7.4   Zellkultur auf biologischen Membranen   191
7.5   Zellkultur auf extrazellulärer Matrix   192
7.6   Dreidimensionale Zellkulturen   195
7.7   Sphäroide   196
7.8   Perfundierte Zellkultur   199
7.9   Ein Wort zum Schluss   201
7.10   Literatur   201
7.11   Informationen im Internet   202

Anhänge *203*

I   Glossar   *205*
II Arbeitsvolumina für Zellkulturgefäße   *218*
III MUSTER: Hautschutzplan und Händedesinfektion   *220*
IV MUSTER: Hygieneplan Nach BioStoffV § 11   *221*
V   Hygieneplan, Beispiel 2   *222*
VI Nützliche Internetadressen   *223*
VII Schlechtes Zellwachstum in der Kultur:
    Fehlerursachenanalyse und -beseitigung   *226*

Sachverzeichnis   *227*

Vorwort

Mancher wird sich angesichts dieser Neuerscheinung vielleicht fragen, ob es nötig war, ein weiteres Buch über Zellkultur herauszubringen. Schließlich ist das Angebot an einschlägiger Literatur in den vergangenen Jahren ständig erweitert worden. Die zahlreichen Ermunterungen und Anregungen, die ich über die Jahre hinweg erfahren habe sowie die freundliche Unterstützung durch den Verlag haben mich letztlich bewogen, den Leitfaden für die Zellkultur zusammenzustellen. Einige Vorgaben sollten dabei Berücksichtigung finden:

- Der Inhalt des Leitfadens orientiert sich an den Bedürfnissen von Technischen Assistentinnen und Assistenten sowie von Biologielaborantinnen und -laboranten, die in der Ausbildung oder am Beginn ihrer beruflichen Laufbahn stehen, mithin noch nicht über eine mehrjährige Laborpraxis verfügen. Diese Zielgruppe schließt in der Regel auch Studentinnen und Studenten mit ein, die zur Erstellung ihrer Diplom- oder Doktorarbeiten ein Zellkulturlabor nutzen.
- Erfreulicherweise sehen nun auch die Lehrpläne der Gymnasien und Berufsschulzentren eine intensive und ernsthafte Beschäftigung mit lebenden Zellen im Zuge der berufsvorbereitenden Ausbildung vor. Es liegt daher nahe, der wachsenden Zahl von interessierten Schülern und Praktikanten sowie Biologielehrern eine Anleitung zur Arbeit mit Zellkulturen an die Hand zu geben.
- Im Mittelpunkt stehen vornehmlich die grundlegenden Methoden und Techniken, die man für die Arbeit im Zellkulturlabor unbedingt kennen und beherrschen sollte. Die weitaus meisten Anwender der Zellkulturtechniken wollen nicht einfach nur vom Blatt ablesen, wie ein bestimmtes Ziel im Labor erreicht werden kann. Sie wollen die Zusammenhänge kennen lernen, um zu verstehen, warum sich dieses so und jenes eben anders verhält. Deshalb wird auf eine ausführliche Darstellung des physikalischen, chemischen und physiologischen Hintergrunds der Zellkultur Wert gelegt anstatt auf eine rein beschreibende Sammlung von Arbeitsprotokollen. Nicht zuletzt sollen die Leserinnen und Leser zu einem kritischen, problembewussten, aber auch zu einem phantasievollen Umgang mit lebenden Zellen und Geweben ermuntert werden. Eine Auswahl spezieller und weiterführender Methoden und Techniken wird in Kapitel 7 vorgestellt.
- Von einigen der in diesem Buch vorgestellten Methoden existieren in der Literatur mehrere Modifikationen. Ich habe mich stets für jene Varianten entschieden, die sich in der Praxis gut bewährt haben. Dennoch können Abänderungen in Einzelfällen sinnvoll oder notwendig sein.

- Es ist leider eine betrübliche Tatsache, dass immer mehr Artikel deutschsprachiger Autoren selbst in deutschen Fachzeitschriften in englischer Sprache veröffentlicht und Vorlesungen für eine überwiegend deutschsprachige Studentenschaft zunehmend in unbeholfenem Englisch gehalten werden. In dieser Entwicklung sieht eine wachsende Zahl von Wissenschaftlern einen schwerwiegenden Nachteil für den Forschungs- und Ausbildungsstandort Deutschland. Ich freue mich deshalb besonders, dass der Wiley-Verlag dem vielfach geäußerten Wunsch nach einer deutschen Ausgabe gefolgt ist und diesen Leitfaden in der vorliegenden Form herausbringt.
- Nicht zuletzt ist es mir ein Anliegen, die Lesefreude der Nutzerin und des Nutzers – bei aller gebotenen Sachlichkeit und Genauigkeit des Inhalts – auch nach längerer Lektüre erhalten zu wissen. Da Fremdwörter bekanntlich so heißen, weil sie den meisten Lesern fremd sind, wird auf ihren flächendeckenden Gebrauch verzichtet. Da jedoch auch die Zellbiologie wie jede andere Wissenschaft nicht ohne eine stattliche Anzahl von Fachausdrücken auskommt, werden die unumgänglichen Fachbegriffe im Text „übersetzt" oder im Glossar erläutert. Auf weiterführende Literatur wird am Ende eines jeden Kapitels hingewiesen.

Herzlich danken möchte ich meiner Frau für ihre Geduld und Nachsicht während der Erstellung des Manuskripts. Den Mitarbeitern des Wiley-Verlags, Frau Nussbeck und Herrn Dr. Sendtko sowie allen ungenannten Personen, gilt mein besonderer Dank für die freundliche Unterstützung und verständnisvolle Zusammenarbeit. Herzlichen Dank auch an alle Firmen und Personen, die durch Überlassung von Bildmaterial zum Gelingen des Leitfadens beigetragen haben. Allen Leserinnen und Lesern bin ich für Verbesserungsvorschläge und kritische Hinweise dankbar.

Dresden, im September 2006   *Hans Jürgen Boxberger*

1
Geschichte und Bedeutung der Zellkultur

1.1
Das biologische Zeitalter

Leben wir im Zeitalter der Biologie? In seiner Neigung zum Ordnen und Klassifizieren hat der Mensch vergangene Epochen stets unter dem Gesichtspunkt herausragender gesellschaftlicher und kultureller Errungenschaften betrachtet. Begriffe wie „Eisenzeit" oder „Neuzeit" sind jedermann geläufig. Die fortschreitende Entwicklung der modernen Wissenschaften hat die letzten zwei Jahrhunderte vornehmlich geprägt. Stand das 19. Jahrhundert allgemein im Zeichen aufblühender Technik, bahnbrechender medizinischer Entdeckungen und der Emanzipierung der Naturwissenschaften, gehen wir kaum fehl, wenn wir das 20. Jahrhundert als das Atom- und Computerzeitalter bezeichnen.

Trotz der ungeheuren Leistungen, die auf den Gebieten der Physik und der Chemie vollbracht wurden, hat sich die Biologie in den Jahrzehnten seit 1953, als James Watson, Francis Crick und Maurice Wilkins die Desoxyribonukleinsäure (DNS) als Träger der genetischen Information entdeckten, unaufhaltsam eine Schlüsselposition erobert. Dass dem nicht immer so war, demonstriert die Tatsache, dass ein Nobelpreis für Biologie vom Stifter nicht vorgesehen war und merkwürdigerweise bis heute nicht ausgelobt wird. Dennoch konnte die „klassische" Biologie dank ihrer engen Bindung an die Medizin und die zunehmende gegenseitige Durchdringung mit den anderen naturwissenschaftlichen Disziplinen zu dem avancieren, was man heute in Ermangelung klarer Abgrenzungskriterien als Biowissenschaften bezeichnet. Nicht wenige sehen deshalb mit dem 21. Jahrhundert das Zeitalter der Biotechnologie anbrechen.

Ob sich diese Vision bewahrheitet, soll dahingestellt bleiben. Kaum zu bestreiten ist hingegen die Tatsache, dass insbesondere der Zellbiologie in dem neuen wissenschaftlichen Gebäude mit seinen zahlreichen Räumlichkeiten eine fundamentale Bedeutung zukommt. Betrachten wir die zahlreichen biowissenschaftlichen Teildisziplinen genauer, stellen wir fest, dass die Beschäftigung mit Zellen darin eine mehr oder weniger zentrale Rolle spielt. Die Zell- und Gewebekultur bildet gewissermaßen die Basis, auf der die gesamte Biotechnologie aufbaut.

In der Tat sind in den letzten Jahrzehnten Zellkulturen zu einem der wichtigsten Werkzeuge in der zellbiologischen, virologischen und immunologischen Forschung sowie in der Tumorforschung geworden. Die enormen Fortschritte in der

Leitfaden für die Zell- und Gewebekultur. Jürgen Boxberger
Copyright © 2007 WILEY-VCH Verlag GmbH & Co. KGaA, Weinheim
ISBN: 978-3-527-31468-3

Grundlagenforschung, der Medizin und der Pharmazeutik wären ohne die Verwendung von Zellkulturen nicht möglich gewesen.

1.2
Die mühseligen Anfänge

Obwohl uns die Zellkultur als eine sehr moderne und mit großem technischen Aufwand betriebene Methode erscheint, reichen ihre Wurzeln weit zurück. Man macht sich kaum noch eine Vorstellung von den nahezu unüberwindlichen Schwierigkeiten und Hindernissen, mit denen sich die Pioniere seinerzeit konfrontiert sahen. Es dürfte nicht übertrieben sein, wenn man aufgrund der äußerst unzureichenden Voraussetzungen von einer Erfolgsquote von höchstens 1 % ausgeht. Die großen Probleme bei dem Versuch Zellen lebend in Kultur zu halten, ließen ahnen wie komplex die Lebensvorgänge auf der mikroskopischen und auf der molekularen Ebene tatsächlich sind. Heute wissen wir um die Vielschichtigkeit der Ursachen, die im Laufe eines langwierigen Erkenntnisprozesses nach und nach mühsam und von zahlreichen Rückschlägen begleitet aufgedeckt wurden.

Jedes komplex organisierte Lebewesen – ob Mensch, Tier oder Pflanze – entsteht aus einer einzelnen Zelle, der befruchteten Keimzelle. Durch kontinuierliche Teilung und Differenzierung entwickelt sich ein komplizierter Organismus aus zahlreichen, miteinander in wechselseitiger Beziehung stehender Zellen. Ärzte und Wissenschaftler waren von Anfang an bestrebt, diesen Vorgang auch künstlich im Labor („*in vitro*") durchführen und studieren zu können. Zum einen wollte man die Mechanismen der Krankheitsentstehung, zum anderen die entwicklungsbiologischen Vorgänge aufdecken und untersuchen. Die ersten „Zellkulturen" beschaffte man sich mit dem Kescher aus einem Tümpel. Amphibienlaich – das weiß jeder, den der Forscherdrang in jungen Jahren mit dem Marmeladenglas voller Froscheier nach Hause trieb – verlangt außer genügend Wasser keine besonderen Vorkehrungen. Unendlich schwieriger erwiesen sich hingegen die lebenserhaltenden Maßnahmen bei frisch isolierten Zellen oder Gewebeproben! Selbst Krebszellen, deren Teilungsaktivität ungehemmt vonstatten geht, konnten in einer Kulturschale kaum am Leben erhalten werden.

Man muss sich vergegenwärtigen, dass nahezu alle heute bekannten Parameter der Zellphysiologie damals unbekannt waren. Über die Nährstoffe, die ein Mensch zum Leben braucht, lagen gesicherte Erkenntnisse vor. Welche Ansprüche jedoch eine Zelle hinsichtlich der Versorgung und der Darreichungsform stellen mochte, darüber herrschte größte Unsicherheit. Da einer Zelle kaum feste Kost zugemutet werden konnte und eine Kultur in wasserloser Umgebung in kurzer Zeit vertrocknet, versuchte man es zunächst mit so kuriosen Flüssigkeiten wie Boullion aus Rindfleisch. Die Rinderbrühe konnte sich in der Zellkultur jedoch nicht durchsetzen. In erstaunlicher Vorausahnung der tatsächlichen Gegebenheiten experimentierte man nun mit Blutflüssigkeit und Lymphe, um die Kulturbedingungen für Säugerzellen soweit wie möglich der natürlichen Situation anzupassen.

Während die Nährstofffrage zumindest vorläufig gelöst schien, sah man sich mit einem anderen, kaum weniger bedeutenden Problem konfrontiert: den allgegenwärtigen Mikroorganismen, die sich als lästige Kommensalen („Mitesser") in fast allen Zellkulturen trotz sorgsamster Abschirmung erfolgreich einnisten konnten. Da eine schlagkräftige Abwehrstrategie in Form von Antibiotika noch nicht zur Verfügung stand, muss die Verlustrate außergewöhnlich hoch gewesen sein.

Verglichen mit den Schwierigkeiten bei der Bereitstellung von Nährstoffen und der Aufrechterhaltung steriler Bedingungen war die Versorgung der Kulturen mit Wärme in geeigneten Behältern eine durchaus lösbare Aufgabe. Die Temperatur wurde mittels Thermometer und Raumheizung auf dem erforderlichen Niveau gehalten. Ein einfacher Kasten, ausgestattet mit einer Schale Wasser und einer Kerze kann als Urahn aller Brutschränke betrachtet werden.

1.3
Die zukünftige Schlüsseltechnologie

Versuch und Irrtum bestimmten noch bis weit in die erste Hälfte des 20. Jahrhunderts die meisten Experimente mit Zellen. Erst die Entwicklung spezieller Kulturmedien und die Entdeckung der Antibiotika erlaubten den Zellforschern eine adäquate Nährstoffversorgung ihrer Zellkulturen sowie eine gezielte Bekämpfung mikrobieller Infektionen bzw. deren Vorbeugung. Die Zahl der erfolgreich in Kultur genommenen Zellen konnte ständig gesteigert werden. Infolge der rasanten Entwicklung auf dem Gebiet der Labortechnik und der immens verfeinerten Analysemethoden hat die Zellkultur mittlerweile einen Stand erreicht, der es erlaubt, komplexe Primär- und Gewebekulturen *in vitro* zu etablieren.

Besonders durch die stürmische Entwicklung der Biotechnologie gewann die Zellkultur, auch die pflanzliche Zell- und Gewebekultur, in der letzten Dekade des 20. Jahrhunderts ständig an Bedeutung. Konzentrierte sich das Interesse der Zellbiologen und Mediziner ursprünglich nur auf die Vorgänge in der einzelnen Zelle, untersucht man heute auch komplizierte Zusammenhänge in Zellverbänden und Geweben. Diese lassen sich meist nur in mehrschichtigen Cokulturen studieren, in denen z. B. sowohl Epithelzellen als auch Bestandteile ihrer natürlichen Umgebung (Basallamina, extrazelluläre Matrix, Fibroblasten) vorhanden sein müssen.

Schließlich sei noch darauf hingewiesen, dass die Zellkultur das Leiden von Tieren verringern hilft, indem sie Tierversuche überflüssig macht. Laut einer Statistik des Bundeslandwirtschaftsministeriums konnte die Zahl der Tierversuche in Deutschland von 1989 bis 1997 um mehr als 40% reduziert werden. Im Jahr 1996 wurden knapp 1,5 Mio Wirbeltiere in der Arzneimittelforschung „verbraucht". Diese Zahl erscheint riesig, im Vergleich zur Situation vor 20 Jahren ist das jedoch eine Reduzierung um ca. 3 Mio Tiere pro Jahr. Es darf dennoch nicht verschwiegen werden, dass aufgrund der neuen EU-Chemikalienpolitik, die für Tausende von Stoffen neue toxikologische Untersuchungen vorsieht, seit Anfang der 1990er Jahre die Zahl der Versuchstiere wieder auf mehr als 2 Mio pro Jahr angewachsen ist. Die Bedeutung der Zellkultur als Alternative zu Tierversuchen wächst dennoch ständig. So stellte die EU-Kommission im Jahr 2003 neue Arzneimitteltests auf der Basis von Zellkulturen vor, die preiswerter und genauer sein sollen als der herkömmliche Test an Kaninchen.

Die moderne Zellkultur hat die Kinderkrankheiten ihrer Anfangsphase weit hinter sich gelassen und ist zu einem unverzichtbaren Werkzeug nicht nur für die Biologie und Medizin geworden. Zellkulturen werden zunehmend auch für technische Fragestellungen, z. B. in der Biotechnologie, Gentherapie oder in der Materialforschung eingesetzt. Sie werden sich auch in Zukunft weiterentwickeln und ein spannendes Betätigungsfeld nicht nur für Zellbiologen bleiben.

2
Das Zellkulturlabor und seine Einrichtung

2.1
Was ist ein Laboratorium?

Wie jedes andere Gewerbe benötigt auch die praktische wissenschaftliche Tätigkeit einen geeigneten Arbeitsraum, ein Laboratorium oder Labor.

> *Unter einem Labor im Allgemeinen verstehen wir einen Raum, in dem von Fachleuten oder unterwiesenen Personen Arbeiten zur Erforschung und Nutzung medizinischer, naturwissenschaftlicher oder technischer Vorgänge durchgeführt werden.*

Nicht selten wird das Labor auch zu Ausbildungszwecken genutzt. Den für den Umgang mit lebenden Zellen geeigneten Arbeitsbereich bezeichnen wir als Zellkulturlabor.

Als die Wissenschaftler ihr Labor noch im Straßenanzug mit Zylinder und Monokel betraten, gab es kaum Vorschriften darüber, wie ein Labor einzurichten sei. Inzwischen hat die Bürokratie eine Vielzahl an Normen, Rechtsvorschriften, technischen Regeln, Verordnungen, nationalen Gesetzen und EU-Richtlinien produziert, mit denen sich die Betreiber von Forschungsstätten bei der Ausstattung von Laboratorien befassen müssen. Die überwiegende Mehrheit des Laborpersonals wird kaum mit der Neueinrichtung eines Zellkulturlabors beauftragt werden und die rechtlichen Grundlagen in ihrem vollen Umfang würdigen können. Meist sind die Arbeitsbedingungen, unter denen Zellkultur betrieben werden soll, bereits vorgegeben. Dennoch sollten wir uns die wichtigsten Grundanforderungen an die Einrichtung eines Zellkulturlabors vergegenwärtigen, um gegebenenfalls Mängel erkennen und beseitigen zu können.

2.2
Allgemeine Ausstattung eines Zellkulturlabors

Wie wir noch sehen werden, erfordert die Arbeit mit Zellen zum Teil sehr unterschiedliche Laborstandards. Schon wenn wir uns in einer Forschungseinrichtung nach der Lage des Zellkulturlabors erkundigen, fällt auf, dass dieser Arbeitsbereich gewöhnlich nicht in ein molekularbiologisches oder genetisches Labor integriert ist. Meist werden wir einen separaten Raum vorfinden, der einen etwas abgeschotteten Eindruck auf den Besucher macht. Dieser Umstand ist kein Zeichen dafür, dass es sich bei den Zellbiologen um ausgesprochen eigenbrötlerische Naturen handelt. Die Gründe für die Lage des Zellkulturlabors, abseits der anderen Laborräume, liegen vielmehr in den besonderen Ansprüchen und Notwendigkeiten, die sich zwangsweise aus dem Umgang mit lebenden Zellen ergeben.

Zunächst muss der Laborraum genügend Bewegungsfreiheit, StellflächeGeräte sowie genug Stauraum für Verbrauchsmaterial bieten. Bei einem völlig mit Geräten zugestellten Labor und so engen Verkehrswegen, dass sich ein Mensch mit durchschnittlicher Körpergröße nur unter äußerster Anstrengung hindurchzuwinden vermag, versteht es sich von selbst, dass unter derartigen Verhältnissen viele Bestimmungen zur Arbeitssicherheit außer Kraft gesetzt sind. Hier kann es nicht ausbleiben, dass Arbeitsfreude und Motivation der Mitarbeiter auf der Strecke bleiben. Allen im Labor arbeitenden Personen sollte eine ausreichend bemessene Arbeits- und Verkehrsfläche zustehen. Die Bewegungsfläche (auch Bedienfläche genannt) vor einem Labortisch muss mindestens 0,45 m und die Verkehrsfläche (d. h. die Wege durch das Labor) mindestens 0,55 m Breite aufweisen (Abb. 2.1a und b). Je nach Anzahl der im Labor arbeitenden Personen oder der Verteilung der Labormöblierung im Raum muss die Verkehrsfläche entsprechend großzügiger bemessen sein.

Darüber hinaus hat der Betreiber für ausreichend Flucht- und Rettungswege zu sorgen und diese eindeutig und dauerhaft kenntlich zu machen. Diese lebensrettenden Einrichtungen dürfen auf keinen Fall blockiert werden, zum Beispiel mit einer davor abgestellten 80 kg schweren Kohlendioxidflasche. Die Türen zum Laborbereich dürfen nur nach außen aufschlagen, da es ansonsten im Falle einer Havarie zu dem gefürchteten „Diskothekeneffekt" (mehrere Flüchtende behindern sich gegenseitig und geraten in Panik) kommen könnte. Ferner müssen Sichtfenster in den Türfüllungen ungehinderten Ein- und Ausblick gewähren. Mitunter werden Laborunfälleich nur von den außen Vorübergehenden bemerkt. Es wäre also sträflich leichtsinnig, das Sichtfenster mit den Urlaubsgrüßen der Kolleginnen und Kollegen, Plakaten o. ä. zu verdecken. Bewusstlose oder verletzte Personen könnten im Ernstfall nicht rasch genug geborgen und versorgt werden.

Eine angenehme Arbeitsatmosphäre im Labor ist nicht überall eine Selbstverständlichkeit. Sowohl hohe Lufttemperaturen wie im Treibhaus als auch ähnlich niedrige Temperaturen wie im Iglu sind nicht selten anzutreffen und beeinträchtigen das Wohlbefinden und die Gesundheit der Betroffenen. Es trifft zwar zu, dass das Arbeiten im Tageslicht angenehmer ist als an einem fensterlosen Arbeitsplatzim Keller. Intensive Sonnenbestrahlung, vor allem im Sommer, sorgt jedoch zusammen mit der unvermeidlichen Abwärme zahlreicher elektrischer Geräte schnell für Temperaturen jenseits der 30 °C-Marke. Man halte nur die Hand über das Lampenhaus eines Mikroskops, um zu ahnen, wie viel elektrische Energie im Labor als „Wärmeabfall" anfällt. In einem Labor, dass auf der gesamten Ost- und Südseite bis zur Decke reichende Panoramafenster, aber keine Klimaanlagetzt, wird der Vorsatz, stets mit Schutzkleidung zu arbeiten, auf eine harte Probe gestellt.

Da sich aus Gründen, die später noch Erwähnung finden werden, beim Arbeiten mit Zellkulturen das Öffnen der Fenster verbietet, sollten zumindest elektrisch betriebene Rollos oder Blenden vorhanden sein, die je nach Sonneneinstrahlung he-

2.2 Allgemeine Ausstattung eines Zellkulturlabors

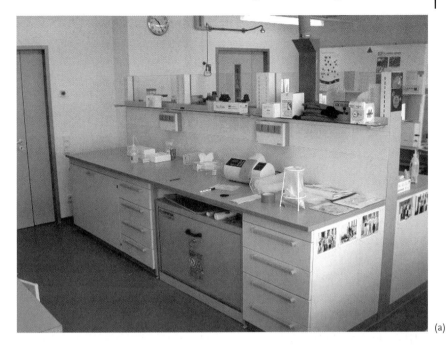

(a)

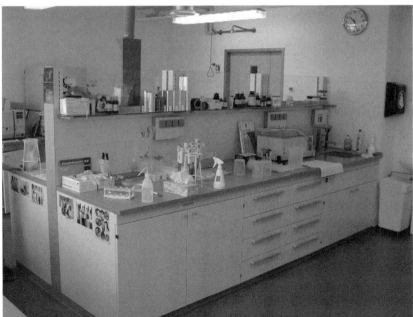

(b)

Abb. 2.1 Doppelarbeitstisch mit großzügiger Verkehrsfläche.

rabgelassen werden können. Sonnenblenden an der Fensteraußenseite sind übrigens weitaus effektiver, da sie die Sonnenstrahlen bereits vor der Fensterscheibe abweisen und somit einer Aufheizung vorbeugen. Innenrollos verdunkeln zwar den Raum, verhindern jedoch kaum den unerwünschten Temperaturanstieg. Technische Lüftungseinrichtungen einen achtfachen Luftwechsel pro Stunde erlauben, kombiniert mit einer Klimaanlage, bieten derzeit den höchsten Komfort. Allerdings muss dafür Sorge getragen werden, dass die Systeme einwandfrei eingeregelt und justiert sind, da ansonsten der gegenteilige Effekt auftritt. Unangenehm kalte Zugluft im Labor ist der Gesundheit ebenso unzuträglich wie Cabrio fahren im November.

Aus Großraumbüros ist bekannt, dass Lüftungs- und Klimaanlagen zu regelrechten Keimschleudern werden können. Da der Eintrag von Staub und somit auch von Keimen in ein Zellkulturlabor so gering wie möglich gehalten werden sollte, muss die zugeführte Luft einen Filter passieren, der die Kleinstpartikel erfolgreich zurückhält.

Die bisher angeführten Beispiele gelten für Laboratorien im Allgemeinen. Da die biologischen Arbeitsstoffe, mit denen wir experimentieren, mit unterschiedlichen Risiken behaftet sein können, werden wir uns in Kapitel 3 ausführlicher mit den speziellen Anforderungen an ein Zellkulturlabor zu beschäftigen haben.

2.3
Die Arbeitsbereiche eines Zellkulturlabors

In einem Zellkulturlabor müssen die unterschiedlichsten Arbeitsgänge sinnvoll miteinander kombiniert und durchgeführt werden. Es kann deshalb keine in sich geschlossene Raumeinheit darstellen. Wie wir in Kapitel 3 noch sehen werden, besitzt das Thema Sterilität an unserem Arbeitsplatz einen Stellenwert, der nicht hoch genug eingeschätzt werden kann. Im Gegensatz zu anderen Labors, wo die Gerätschaften nur einen hinreichenden Sauberkeitsgrad aufweisen müssen, ist die Zellkultur auf absolute Sterilität angewiesen. Dazu zählen zum einen Präparierbesteck, Pipetten und Flaschen, zum anderen Flüssigkeiten und Substanzen, mit denen die Zellen in unmittelbaren Kontakt kommen. Damit diese Arbeitsmittel jederzeit in der gewünschten Qualität zur Verfügung stehen, bedarf es spezieller Vorbereitungen, die in eigens dafür eingerichteten Arbeitsbereichen getroffen werden. Wir wollen uns in den folgenden Abschnitten näher mit deren Sinn und Zweck beschäftigen. (Da ein näheres Eingehen auf technische und physikalische Details den begrenzten Rahmen dieses Buchs sprengen würde, seien dem interessierten Leser die Fachliteratur über Gerätetechnik, die Broschüren der Internationalen Vereinigung für Soziale Sicherheit (IVSS) sowie der Berufsgenossenschaft der chemischen Industrie empfohlen.)

2.3.1
Der Reinigungsbereich

Die Reinigung und Sterilisation von Laborutensilien erfolgt häufig in einer Spülküche. Sie kann in einer zentralen Serviceeinheit untergebracht sein. Große Zellkulturlabors verfügen mitunter über separate Spülküchen, wo ausschließlich Gebrauchsmaterial für ihren speziellen Bedarf behandelt wird. Aus der Sicht des Zellzüchters besitzt eine solch exklusive Reinigungseinrichtung natürlich viele Vorzüge: Das gesamte Inventar ist auf seine Bedürfnisse abgestimmt, das Personal weiß, worauf es ankommt und er braucht sich nicht „hinten anzustellen".

Reinigung
Da zentrale Spülküchen auch andere Labors bedienen, deren Ansprüche an die Reinheit nicht ganz so hoch sein müssen, sollten wir dafür Sorge tragen, dass unsere Wünsche gewissenhaft erfüllt werden. Wer möchte schon ein teures Auto oder ein rassiges Motorrad einer nicht ordentlich geführten Hinterhofwerkstatt überantworten? Beginnen wir also damit, dass wir die Spülküche gründlich inspizieren:
- Macht der Raum einen sauberen und aufgeräumten Eindruck?
- Sind Fußboden und Wände gefliest?
- Gibt es einen Wasserabfluss im Boden?
- Ist für einen wirksamen Dampfabzug gesorgt?
- Wird die vorgeschriebene Wasserqualität (z. B. aqua purificata) verwendet?
- Sind die für unsere Zwecke geeigneten Reinigungs- und Trocknungsautomaten vorhanden?

Falls wir in Zweifel ziehen müssen, dass diese Punkte erfüllt werden, besteht die Gefahr, dass wir unsere Zellkulturflaschen nur unzureichend sauber zurückbekommen. Eine unsaubere Spülküche mit „permanenter Waschküchenatmosphäre" verkommt rasch zur Brutstätte für Wärme und Feuchtigkeit liebende Pilze. Über kontaminierte Laborutensilien würden diese Keime ständig in unsere Kulturen gelangen und zu einem lang anhaltenden, frustrierenden Ärgernis werden.

Die Anforderungen an die Reinheit von Laborglas können sehr unterschiedlich sein. Zwar ist das Reinigen von Laborglas auch manuell möglich, ein Höchstmaß an Sicherheit und Sauberkeit gewährleistet jedoch nur das maschinelle Verfahren, da sich der Reinigungsablauf dokumentieren und nachprüfen lässt. Gerade die Biotechnologie stellt an die rückstandsfreie Reinigung von Glaswaren höchste Ansprüche. Es ist deshalb ratsam, das Spülküchenpersonal über den besonderen Status unserer Glaswaren zu informieren. Werden sie zusammen mit gewöhnlichen Laborgläsern gereinigt, können Rückstände des aggressiven Spülmittels am Glas haften bleiben. Später, wenn wir zum Beispiel Nährmedium darin aufbewahren, können diese in Lösung gehen. Selbst Spuren von Detergenzien beeinflussen beispielsweise die Enzymreaktionen von Zellen und lassen die Kulturen absterben. Wir tun also gut daran, die Spülküche darauf hinzuweisen, die Zellkulturgläser separat zu spülen und spezielle Reinigungs- und Neutralisationsmittel zu verwenden. Es empfehlen sich alkalische Reiniger ohne Tenside und saure Neutralisatoren (z. B. auf der Basis von Zitronensäure), frei von Phosphaten, stickstoffhaltigen Komplexbildnern und Tensiden. Bei biologisch kontaminiertem Laborglas mit infektiösen Rückständen ist zudem eine chemische Desinfektion mit fungiziden, bakteriziden und Virus inaktivierenden Reinigungsmitteln vorgeschrieben. Diese Spülmittel sind im Laborbedarfshandel erhältlich. Hersteller von Laborspülmaschinen mit einem für Zellkulturgläser besonders geeigneten Waschprogramm weisen in der Betriebsanleitung darauf hin. Gute Reinigungsergebnisse hängen auch von der Qualität des Wassers für die letzten Spülgänge ab. Es sollte die Qualität „aqua purificata" besitzen und wird in Reinstwasseranlagen durch Umkehrosmose bzw. Entionisierung (s. Abschnitt 2.4.9) gewonnen. Es wird auch als demineralisiertes oder vollentsalztes Wasser (VE-Wasser) bezeichnet.

Reinigungsautomaten für Laborglaswaren funktionieren im Prinzip wie die heimische Geschirrspülmaschine. Beim Einräumen müssen wir darauf achten, das Reinigungsgut gegen Umkippen zu sichern. Um das von Kratzern auf der Glasoberfläche ausgehende Zerspringen zu vermeiden, dürfen wir in der Spülmaschine das Glas nie mit Gegenständen aus Stahl oder anderen Glasgegenständen in Berührung kommen lassen. Es muss zudem so positioniert sein, dass die Gefäße vollständig von der Waschflotte umspült werden. Andererseits darf kein Restwasser nach beendetem Waschprogramm zurückbleiben. Zumindest für die letzten Spülgänge sollte vollentsalztes, steriles Wasser zum Einsatz kommen, da sonst im Wasser gelöste Salze auf dem Laborglas antrocknen.

Gegenstände, die lediglich gereinigt werden müssen, werden anschließend mittels Warmluftgebläse in der Spülkammer oder im Wärmeschrank getrocknet und stehen alsbald wieder zur Verfügung. Anders verhält es sich mit den Utensilien, die zur weiteren Benutzung absolut keimfrei sein müssen. Sie werden nach der Säuberung der Sterilisation, d. h. der Entkeimung zugeführt.

2.3.2
Der Sterilisationsbereich

Staub, Fett und andere Verschmutzungen von Laborglas zu entfernen ist verhältnismäßig einfach. Gerade auf organischen Anhaftungen, wie eingetrocknetem Nährmedium, siedeln sich jedoch bald Mikroorganismen an, die vollständig eliminiert werden müssen. In früheren Zeiten versuchte man sich ihrer entweder durch längeres Auskochen oder auf chemischem Wege z. B. mittels Formaldehyd zu entledigen. Einige Sporen bildende Keime sind jedoch mit einer solch außerordentlichen Widerstandskraft gesegnet, dass sie unter bestimmten Bedingungen beide Prozeduren überstehen können. Zwei Verfahren zur Entkeimung haben sich deshalb im Labor etabliert: die Dampfsterilisation im Autoklaven und die Hitzesterilisation im Heißluftsterilisator. Welches Sterilisationsverfahren angewandt wird, hängt zunächst vom Material ab, das sterilisiert werden soll. Wie wir noch sehen werden, bieten jedoch beide keine hundertprozentige Sicherheit.

Dampfsterilisation im Autoklaven
> *Ein Laborautoklav ist ein Behälter, in dem Stoffe unter hohem Druck durch Wasserdampf erhitzt werden können.*

Das Sterilisationsverfahren mittels Wasserdampf ist verhältnismäßig früh angewandt worden. Es wurde bereits 1804 in Zusammenhang mit der Erfindung der Konservendose zum Haltbarmachen von Lebensmitteln praktiziert. Wissenschaftliche Bedeutung erlangte die Dampfsterilisation jedoch erst in den 80er Jahren des 19. Jahrhunderts, als Mikroorganismen als Verursacher von Infektionskrankheiten erkannt worden waren. Bereits Robert Koch wies darauf hin, dass bestimmte Bakterien unter Wasserdampfeinwirkung nur wenige Minuten überleben, während bei 140 °C trockener Hitze drei Stunden nötig sind, um den gleichen Effekt zu erzielen.

Die Funktionsweise von Autoklaven ist bei allen Modellen nahezu gleich: In einer abgeschlossenen Druckkammer wird eine Wasserdampfatmosphäre erzeugt, deren Temperatur im Normalfall 121 °C und bei der Vernichtungssterilisation von biologischen Abfällen 134 °C beträgt. Nun wird mancher einwenden und mit dem Thermometer beweisen, dass Wasserdampf niemals heißer ist als 100 °C. In der Tat liegt ein 134 °C heißer Wasserdampf außerhalb unserer Alltagserfahrung. Baut man jedoch Drücke zwischen 1,1 und 2,1 bar auf, wie das in der Druckkammer des Autoklaven geschieht, lässt sich derart heißer Dampf erzeugen – auf die genauen thermodynamische Hintergründe wollen wir hier nicht eingehen. Im Gegensatz zu dem uns vertrauten Dampf aus dem Teekessel sprechen wir dann von gesättigtem und gespanntem Wasserdampf.

Autoklaven werden für die Entkeimung von Wasser und wässrigen Lösungen ohne hitzeempfindliche Bestandteile, Nährböden, Glas- und Metallgegenstände, andere Feststoffe (z. B. Pipettenspitzen) oder Laborabfall verwendet. Es empfiehlt sich, einzelne Gegenstände locker in Stanniolfolie einzuwickeln oder in Spezialbeuteln zu versiegeln. Diese „Verpackung" erlaubt die Lagerung nach der Sterilisierung bis zur Verwendung. Präparierbesteck kann sortimentweise in Edelstahlbehältern oder in Petrischalen aus Glas entkeimt werden. Laborabfälle sterilisieren wir praktischerweise in speziellen Autoklavierbeuteln. (Diese Vernichtungsbeutel sind bei gentechnischen oder anderen gefährlichen Abfällen vorgeschrieben und müssen mit dem Aufdruck „biohazard" gekennzeichnet sein.)

Beim Beschicken des Autoklaven mit Gefäßen müssen wir darauf achten, dass sich die Autoklavenkammer vollständig entlüftet und der Dampf in jeden Winkel eindringen kann. Die Verschlusskappen von Flaschen dürfen wir deshalb nur locker aufschrauben. Verbleiben in der Kammer oder in den Gefäßen Luftblasen, kann die zur Sterilisation nötige Temperatur dort nicht erreicht werden. In vielen Geräten wird die Luft durch den einströmenden Dampf verdrängt. Effektiver ist die Evakuierung der Druckkammer durch eine Vakuumpumpe.

Da sich Mikroorganismen gegenüber Hitze als unterschiedlich widerstandsfähig erweisen, teilt man sie in Hitzeresistenzstufen ein. In der unteren Stufe werden alle Keime zusammengefasst, die bei 121 °C innerhalb von 15 min abgetötet werden können. Bei extrem hitzebeständigen Sporen und Prionen (Erreger des „Rinderwahns" BSE) der höheren Resistenzstufe sind 134 °C notwendig, was selbst robust verkapselte Pilzsporen nicht überstehen, ganz zu schweigen von weniger widerstandsfähigen Bakterien, Viren oder Mycoplasmen. Als Faustregel gilt: Je höher die Temperatur, desto kürzer die Zeit.

Mikroorganismen vermehren sich nicht nur exponentiell, auch das Absterben folgt einem exponentiellen Modus. Eine hohe Keimbelastung erfordert deshalb eine längere Sterilisationszeit. Um die Keimzahl bereits vor dem Autoklavieren zu vermindern, empfiehlt sich die chemische Desinfektion der kontaminierten Gegenstände, z. B. durch Behandlung mit 70 %igem Alkohol.

Für die Trocknung des Autoklavierguts wird entweder die Restwärme des Autoklaven genutzt oder die Gegenstände werden in einen Trockenschrank gestellt. (Vor allem bei Pipettenspitzen, Pasteurpipetten und anderen kleinvolumigen Hohlräumen ist eine hundertprozentige Trocknung nur im Heißluftsterilisator möglich.) Die Drehverschlüsse von Glasflaschen werden nach der Trocknung wieder fest zugeschraubt und im geschlossenen Glasschrank aufbewahrt. Da die Keimfreiheit jedoch nicht unbegrenzt vorhält, sollten wir jahrelang gelagertes Material, vor allem wenn es nur in Stanniolfolie verpackt ist, vor Gebrauch erneut sterilisieren.

Autoklaven sind wegen der hohen Temperaturen und Drücke, die während des Betriebs in ihrem Innern herrschen, keine harmlosen Geräte. Vor allem ältere Exemplare sollten regelmäßig gewartet und nur von erfahrenem Personal bedient werden. Moderne Autoklaven sind vollautomatische Geräte, die das Sterilisationsprogramm selbsttätig überwachen und über folgende Sicherheitseinrichtungen verfügen:
- ein Sicherheitsventil sorgt bei Überdruck für den notwendigen Druckabbau
- die thermostatgekoppelte Türverriegelung verhindert den versehentlichen Austritt von Dampf und überkochender Flüssigkeit
- Wassermangel- und Übertemperaturabschaltung unterbrechen gegebenenfalls den Sterilisationsvorgang

Aufwändigere Modelle sind mikroprozessorgesteuert und dokumentieren Druck und Temperatur während des gesamten Sterilisierungsvorgangs. Das Autoklaviergut kann zuvor mit einem Streifen selbstklebendem Autoklavierband markiert werden. Durch die Erhitzung nehmen die hellen Streifen eine braune Färbung an. Auf einen Blick lassen sich später im Glasschrank sterilisierte Utensilien von nichtsterilen unterscheiden; die Gefahr einer versehentlichen Verwechslung ist geringer.

Wer im eigenen Labor autoklavieren möchte, hat die Wahl zwischen großen Schrankautoklaven und kleinen Tischgeräten. Wenn wir uns einen Autoklaven in das Labor stellen wollen, müssen wir zunächst prüfen lassen, ob das Abluftsystem (sofern vorhanden) die Dampfmengen, die der Autoklav freisetzt, verkraftet. Kann die Dampfmenge nicht komplett abgeführt werden, kondensiert sie in der Abluftanlage und richtet dort Korrosionsschäden an. Viele Autoklaven werden deshalb optional mit einer Abgaskondensation angeboten. In Labors ohne Abluftanlage sollten – wenn überhaupt – ohnehin nur Dampfsterilisatoren mit dieser wichtigen Zusatzeinrichtung betrieben werden. Ob ein Autoklav mit horizontaler oder vertikaler Beladung bevorzugt wird, hängt von den im Labor vorherrschenden Platzverhältnissen ab. „Toplader" sind im Allgemeinen bequemer zu be- und entladen. Da die Abkühlzeit eines Autoklaven einige Zeit in Anspruch nehmen kann, ist vor allem bei mehrmaligem Betrieb pro Tag ein Autoklav mit Kühlvorrichtung praktischer.

Obgleich noch kaum in den Labors vertreten, soll kurz auf den Ultraschall-Autoklaven hingewiesen werden. Bei dieser Neuentwicklung verdichten und entspannen Ultraschallwellen mit Frequenzen über 18.000 Hz periodisch die Waschflüssigkeit, wobei sich Millionen kleinster Vakuumbläschen von bis zu 100 µm Durchmesser bilden. In weniger als einer Mikrosekunde implodieren diese Blasen und erzeugen dabei hochwirksame Druckstöße (Kavitation) und Temperaturen von fast

6000 °C. Diese kurzfristig auftretenden Spitzentemperaturen erlauben laut Hersteller eine drastisch reduzierte Autoklavierzeit (90 s) und somit eine Energieeinsparung von bis zu 80 %. Die Kavitation bewirkt, dass Schmutzreste und Infektionserreger von den in der Flüssigkeit befindlichen Gegenständen abgesprengt werden. Dieses „elektronische Bürsten" säubert auch mechanisch unzugängliche Vertiefungen und Bohrungen (Angaben von Integra und Bandelin).

Sterilisation durch trockene Hitze

Heißluftsterilisatoren sind vergleichsweise einfach konstruierte Geräte, in welchen die Luft bis auf 180 °C aufgeheizt wird. Man vergewissere sich deshalb, ob die zu sterilisierenden Gegenstände die gewählte Temperatur ohne Verformung oder Verkohlung aushalten.

Aus physikalischen Gründen ist die trockene Hitze in Heißluftsterilisatoren gegenüber vielen Keimen weniger wirksam als die Anwendung luftfreien, gesättigten und gespannten Wasserdampfs im Autoklaven. Um den gleichen Effekt wie bei der Dampfsterilisierung zu erzielen, müssen wir entweder die Temperatur oder die Inkubationszeit z. T. beträchtlich erhöhen. Wobei es weniger die vegetativen Bakterien- oder Pilzzellen als vielmehr deren Sporen sind, die sich durch Einkapselung in mehrere Hüllen reaktionsträger Substanzen nahezu unangreifbar machen. Das Beispiel des Milzbranderregers *Bacillus anthracis* demonstriert mit krassen Gegensätzen die Unterschiede der beiden Sterilisationstechniken:

Um die Sporen zuverlässig abzutöten, benötigen wir bei einer Temperatur von 120 °C im Heißluftsterilisator eine 24-mal längere Inkubationszeit als im Autokla-

Tab. 1 Vernichtung von Sporen des *Bacillus anthracis*.

im Autoklaven		im Hitzesterilisator	
Temperatur °C	Minuten	Temperatur °C	Minuten
100	20	120	120
115	10	160	30
120	5	180	10

ven! Eindrucksvoller lässt sich der unbedingte Überlebenswillen mancher Mikroorganismen kaum darstellen.

Um den Sterilisierungsvorgang zu kontrollieren und Verwechslungen mit nicht sterilisiertem Material zu vermeiden empfiehlt es sich, analog zum Autoklavierband ein spezielles Sterilisierband für Heißluftsterilisatoren zu verwenden. Autoklavierband neigt bei der Hitzesterilisation zum Verkohlen und hinterlässt auf dem Sterilisiergut hässliche Rückstände. Alternativ können auch spezielle Tabletten für die Hitzesterilisation als Indikatoren benutzt werden.

Für den Fall, dass weder eine Spülküche noch ein separater Raum für die Reinigung und Sterilisierung zur Verfügung steht, können die nötigen Apparate im Labor selbst untergebracht werden. So wie für Single-Haushalte extra schmale Waschmaschinen, Trockner und Elektroherde angeboten werden, halten die Hersteller von Laborgeräten auch Platz sparende Spülmaschinen, Autoklaven und Sterilisatoren in den unterschiedlichsten Ausführungen bereit: Tisch- oder Untertischgeräte, Stand- oder Einbaugeräte, Front- oder Toplader. Wegen der zu erwartenden Wärme- und Feuchtigkeitsemissionen sollte jedoch das Raumvolumen des Labors nicht zu klein bemessen und gut belüftet sein. Andernfalls würde sich der gewonnene Vorteil durch vermehrtes Wachstum von Pilzen und Bakterien rasch in einen handfesten Nachteil umkehren.

Heißluftsterilisatoren lassen sich selbstverständlich auch als Trockner einsetzen. *Unter thermischer Trocknung verstehen wir das Entfernen einer Flüssigkeit von einem Feststoff durch Verdunstung oder Verdampfung.*

Der Trocknungsvorgang ist umso schneller abgeschlossen, je höher die Temperatur und je trockener die Luft im Trockner ist. Da sich durch Verdunsten und Verdampfen des Wassers im Innenraum des Trockners bald eine gesättigte Wasserdampfatmosphäre bilden würde, muss durch Zuluftstutzen eine ständige Frischluftzuführung erfolgen und der Dampf muss von den zu trocknenden Gegenständen abgeleitet werden. In den einfachsten Trocknern kommt uns die natürliche Konvektion (d. h. die vorwiegend auf- oder abwärts gerichtete Luftströmung) zu Hilfe. In aufwändigeren Modellen sorgt entweder ein Ventilator für eine erzwungene Konvektion oder der Dampf wird aus dem Innenraum abgesaugt. Im Gegensatz zum Autoklaven ist das Innere des Trockners bzw. Heißluftsterilisators kein hermetisch abgeschlossener Raum. Ohne spezielle Schutzvorkehrungen dürfen deshalb keine Substanzen wärmebehandelt werden, die giftige, brennbare oder explosionsfähige Gase erzeugen. Wer seinem Heißluftsterilisator nicht die nötige Zeit zum Abkühlen lassen kann, sollte beim Herausnehmen der sterilisierten Gegenstände wegen der z. T. recht hohen Arbeitstemperaturen stets hitzebeständige Handschuhe und eine Schutzbrille tragen.

2.3.3
Der Präparationsbereich

Das Arbeiten im Sterillabor erfordert nicht selten mehr oder weniger umfangreiche Vorarbeiten. Diese können u. a. darin bestehen, dass Lösungen filtriert, Nährmedien angesetzt, Messungen durchgeführt oder Substanzen eingefroren bzw. aufgetaut werden müssen. Da für derartige Tätigkeiten oftmals keine absolut sterilen Arturlabor vorgeschalteten, Raum durchgeführt werden. Dieser sollte nach Möglichkeit als vollständiges Labor ausgestattet sein, um unnötiges Wechseln zwischen Vorraum und Sterilbereich zu vermeiden. In einem idealen Vorraum finden wir also genügend Arbeitsfläche mit der dazugehörigen Bewegungs- und Bedienfläche, eine komplette Medienversorgung (Wasser, Strom und Gas), ein Wasch- oder Spülbecken, ausreichend Lagerkapazität für Verbrauchsmaterial, Kühl- und Tiefkühlgeräte sowie alle für die hier zu erledigenden Aufgaben erforderlichen Geräte.

Erlaubt der Vorraum einen direkten Zugang zum Sterilbereich, können wir hier eine kleine „Garderobe" einrichten, wo die zum Betreten des eigentlichen Zellkulturlabors vorgesehene Schutzkleidung nebst Schuhen bereit liegen. Unterliegt das

Labor einer höheren Sicherheitseinstufung, ist der Zugang nur über einen separaten Schleusenraum möglich (s. Abschnitt 3.1.4).

2.3.4
Der sterile Arbeitsbereich

Mit dem sterilen Arbeitsbereich, der auch als Sterilbereich bezeichnet wird, betreten wir das eigentliche Zellkulturlabor. Da es hier auf eine äußerst saubere Arbeitsweise ankommt, muss dieser Raum besonders zweckmäßig eingerichtet sein. Das Herumliegen nicht benötigter Gegenstände und eine allzu große Lässigkeit führen schnell zu für die Zellkulturen abträglichen Zuständen mit den entsprechenden negativen Folgen.

Über die Grundanforderungen eines Labor haben wir bereits zu Beginn des Kapitels berichtet. Zu ergänzen ist hier lediglich, dass ein Handwaschbecken für die persönliche Hygiene zur Verfügung stehen sollte – in Labors höherer Sicherheitsstufen sind sogar Doppelspülen vorgeschrieben. Fußboden, Labormöbel und Arbeitsflächen müssen leicht zu reinigen sowie dicht und beständig gegen die verwendeten Reinigungsmittel sein (s. Kapitel 3).

2.4
Die technische Ausstattung im Zellkulturlabor

Bei der Ausstattung des Sterilbereichs mit Geräten und Apparaten sollten wir nach dem Grundsatz „so viel wie unbedingt nötig und so wenig wie irgend möglich" verfahren. Dennoch gibt es eine ganze Reihe von technischen Einrichtungen, die für eine erfolgreiche Zellzüchtung unverzichtbar sind. Da wir bei der Neuanschaffung dieser Geräte aus einer unübersehbaren Modellvielfalt das für unsere Zwecke geeignetste auswählen müssen, soll im Folgenden auf die wichtigsten Auswahlkriterien aus der Sicht des Nutzers eingegangen werden.

Eine kleine Gerätekunde
Ein durchschnittliches Zellkulturlabor ist mit folgenden Geräten (mit dem nötigen Zubehör) schon nahezu komplett ausgestattet:
- sterile Werkbank
- Brutschrank
- Mikroskop
- Zentrifuge
- Wasserbad
- Stauraum für Verbrauchsmaterial

Falls ein separater Vorbereitungsraum bzw. eine Spülküche nicht zur Verfügung stehen, müssen wir die Liste um weitere Geräte ergänzen:
- Kühlschrank und Gefriertruhe
- Magnetrührgerät mit Heizplatte

- Reinstwasseranlage
- Laborwaage
- pH-Meter
- Reinigungsautomat, Hitze- und Dampfsterilisator

Prinzipiell könnte diese Auflistung verlängert werden. Für den Einsteiger mag es zunächst genügen, die Grundausstattung kennen zu lernen.

2.4.1
Der sterile Arbeitsplatz

Einen nicht unbeträchtlichen Teil der Arbeitszeit im Zellkulturlabor verbringt der Zellzüchter an einem sterilen Arbeitsplatz. Er ist aus zwei Gründen zwingend erforderlich:
1. Die Zellkulturen müssen während der Bearbeitung in einer keimfreien Umgebung vor Kontaminationen aller Art bewahrt werden (Produktschutz).
2. Von potenziell oder tatsächlich gefährlichem Zellmaterial darf keine Infektionsgefahr für den Menschen oder die Umwelt ausgehen (Personen- und Umgebungsschutz).

Um diesen beiden wichtigen Anforderungen gerecht zu werden, wurde 1959 die mikrobiologische Sicherheitswerkbank, auch sterile Arbeitsbank, Reinraumwerkbank oder Laminar Flow Box genannt, entwickelt. Es handelt sich hierbei um Arbeitsschutzeinrichtungen, die je nach den Anforderungen Personenschutz sowie zusätzlich Produkt-, Verschleppungs- und Umgebungsschutz bei der Arbeit mit gefährlichen Stoffen bieten. Dieser Schutz wird dadurch erreicht, dass beim Arbeiten mit Zellen oder anderen biologischen Agenzien freigesetzte Partikel oder mikroskopisch kleine Flüssigkeitströpfchen (Aerosole) durch einen Luftstrom einem Filter zugeführt und dort festgehalten werden. (Gase und Dämpfe werden nicht zurückgehalten; eine sterile Werkbank kann deshalb niemals einen Abzug ersetzen!)

Da Zellkulturen ein Risikopotenzial von harmlos bis lebensbedrohlich besitzen können, werden die Sicherheitswerkbänke in drei verschiedene Klassen eingeteilt. Da wir unbedingt eine Werkbank entsprechend dem Gefährdungsgrad der Zellen, mit denen wir arbeiten wollen, benötigen, müssen wir uns der kleinen Mühe unterziehen und uns kurz mit der Funktionsweise der unterschiedlichen Werkbänke beschäftigen.

Sicherheitswerkbank der Klasse I

Unsterile Raumluft wird von einem Gebläse durch die Arbeitsöffnung vom Benutzer weg direkt über die Arbeitsplatte gesaugt. Der Luftstrom wird, bevor er wieder in die Umgebung abgegeben wird, durch einen Hochleistungs-Schwebstoff-Filter (HOSCH-Filter) von Partikeln und Aerosolen gereinigt.

Diese Werkbank bietet ausschließlich Personenschutz mit Ausnahme der Hände und Arme. Gegenstände auf der Arbeitsfläche sind hingegen der unsterilen Luft ausgesetzt. Steriles Arbeiten mit Zellkulturen ist deshalb nicht möglich.

Sicherheitswerkbank der Klasse II

Unsterile Raumluft wird von einem Gebläse durch die Arbeitsöffnung vom Benutzer weg unter die Arbeitsplatte geführt und hinter der Rückwand nach oben zu zwei Filtern geleitet. Der größte Teil dieser Luft gelangt über den Hauptfilter in den Arbeitsraum, wo er als vertikale Fallströmung die Gegenstände auf der Arbeitsfläche „umfließt" und sie somit gegen Kontaminationen schützt. Durch Schlitze am Rand der Arbeitsfläche wird die mit Schwebstoffen belastete Luft abgesaugt und erneut über den Hauptfilter in den Arbeitsraum geleitet. Ein kleiner Teil der Luft wird durch einen HOSCH-Filter wieder in die Umgebung abgegeben. Die durch die Arbeitsöffnung nachströmende, unter die Arbeitsplatte gelenkte Raumluft bildet einen Luftvorhang, der die arbeitende Person mit Ausnahme der Hände und Arme vor infektiösen Partikeln schützt (Abb. 2.2).

Werkbänke der Klasse II sind aufgrund ihres guten Produkt- und Personenschutzes für Arbeiten in mikrobiologischen und gentechnischen Labors der Risikostufen 1–3 geeignet. Sie haben sich in Zellkulturlabors als die gebräuchlichsten Sicherheitswerkbänke etabliert und bewährt.

Schutzprinzip der mikrobiologischen Sicherheitswerkbank Klasse II

Der Personenschutz wird durch eine Luftbarriere an der Arbeitsöffnung erreicht. Die Funktionsweise der Sicherheitswerkbank gewährleistet zusätzlich einen Produkt- und Verschleppungsschutz.

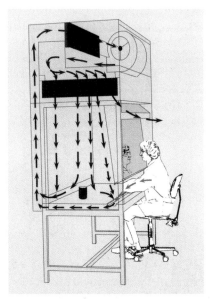

Abbildung mit freundlicher Genehmigung der Firma Karl Bleymehl Reinraumtechnik GmbH, Inden-Pier

Abb. 2.2 Arbeitsprinzip einer Sicherheitswerkbank Klasse II (schematisch, mit freundlicher Genehmigung der Bleymehl Reinraumtechnik GmbH).

Sicherheitswerkbank der Klasse III
Eine Werkbank dieser Klasse besteht aus einem geschlossenen, unter Unterdruck stehenden Arbeitsraum. Der Unterdruck soll ein Entweichen von Partikeln durch kleinste Undichtigkeiten verhindern. Arbeitsmaterial muss deshalb über eine Schleuse eingebracht und entnommen werden. Das Arbeiten erfolgt entweder mittels mechanischer Manipulatoren oder mit luftdicht in die Frontseite eingepassten Schutzhandschuhen. Die Zuluft wird durch einen HOSCH-Filter geleitet, die Abluft durch mindestens zwei in Serie geschaltete HOSCH-Filter gereinigt.

Diese Art der Werkbank ist für das Arbeiten mit hochpathogenen Mikroorganismen und Viren der Risikostufe 4 konzipiert. Der Personenschutz rangiert hier eindeutig vor dem Produktschutz. Auch aufgrund der umständlichen Arbeitsweise empfiehlt sich dieses Gerät nicht für die Zellkulturroutine.

Reine Werkbänke
Reine Werkbänke sehen auf den ersten Blick den Sicherheitswerkbänken zum Verwechseln ähnlich. Aufgrund ihrer eingeschränkten Sicherheitsleistungen können sie diese jedoch nicht ersetzen und dürfen beim Umgang mit gefährlichen oder gesundheitsschädlichen Stoffen und Agenzien keine Verwendung finden. Für präparative Arbeiten mit harmlosen Substanzen wie z. B. beim Herstellen und Filtrieren von gepufferten Salzlösungen oder Nährmedien sind sie gut geeignet und zudem nicht so kostenintensiv wie Sicherheitswerkbänke. Reine Werkbänke werden in zwei baulichen Varianten angeboten:

Reine Werkbänke mit horizontaler und vertikaler Luftführung
Bei einer reinen Werkbank mit horizontaler Luftführung wird unsterile Luft durch ein Vorfilter angesaugt und anschließend mit einem Gebläse über einen HOSCH-Filter von der Rückwand der Werkbank horizontal über die Arbeitsplatte zur Frontöffnung geblasen – der Luftstrom bewegt sich also im Gegensatz zu der Sicherheitswerkbank der Klasse I auf den Benutzer zu. Bei der vertikalen Luftführung strömt die zweifach gefilterte Luft von oben in den Arbeitsraum. Beide Varianten bieten zwar Produktschutz, jedoch keinerlei Personenschutz. Da der Benutzer bei der horizontalen Luftführung zudem ständig dem „Luftzug" ausgesetzt ist, sollte er von einer Schutzbrille oder einem Visier Gebrauch machen, um seine Augen vor Entzündung zu schützen.

Zubehör für sterile Sicherheitswerkbänke
Werkbänke gibt es in diversen Größen (als Einzel- oder Doppelarbeitsplatz) (Abb. 2.3); sie sind oft mit allerlei Zubehör ausgestattet oder können optional nachgerüstet werden. Zur Ausstattung gehören Leuchtstoffröhren zur gleichmäßigen Beleuchtung des Arbeitsraums (möglichst ohne störenden Schattenwurf), Steckdose und Gasanschluss (z. B. für eine Abflammvorrichtung oder den Betrieb einer elektrischen Pipettierhilfe). Elektrische Absaugvorrichtungen für flüssige Abfälle haben die bisher üblichen Vakuumpumpen mehr und mehr abgelöst, benötigen je-

Abb. 2.3 Arbeiten an sterilen Werkbänken mit Doppelarbeitsplätzen.

doch Platz und Netzanschluss. Ob die Frontscheibe per Hand oder Elektromotor verstellt werden kann, ist eher von sekundärer Bedeutung. Umstritten ist die Wirksamkeit von UV-Röhren, die Mikroorganismen im Arbeitsraum der Werkbank abtöten sollen (mehr hierzu in Kapitel 3).

Weitaus wichtiger ist die Beschaffenheit der Arbeitsplatte. Wem schon einmal der Inhalt einer umgekippten Halbliterflasche durch Löcher und Fugen in „tiefere Etagen geraten" ist, wird die Vorteile einer nicht perforierten, fugenlosen Arbeitsplatte aus einem Stück zu schätzen wissen: Das Malheur lässt sich ohne viel Aufwand beseitigen. Perforierte oder aus mehreren Segmenten zusammengesetzte Platten müssen hingegen herausgenommen und das darunter liegende Auffangbecken gründlich von allen organischen Anhaftungen gereinigt werden. Andernfalls bestünde die Gefahr, dass sich dort der Schimmelpilz unerkannt Raum schafft und Schäden anrichtet.

Allgemeine Regeln zum Betrieb von reinen Werkbänken und Sicherheitswerkbänken der Klassen I und II
Der Nutzen einer sterilen Werkbank hängt ganz entscheidend von ihrer Behandlung und Wartung ab. Bereits die Luft- und Druckverhältnisse in einem Labor beeinflussen ihre Funktion. Eine ruhige Ecke ohne Luftbewegungen ist der ideale Standort für eine sterile Werkbank. Lüftungsgitter, Türen sowie hin- und hergehende Personen haben in ihrer unmittelbaren Nähe nichts zu suchen.

Bei älteren Geräten sollte nach dem Einschalten erst nach einigen Minuten mit der Arbeit begonnen werden, wenn sich die Luftströmung stabilisiert hat. Während der Arbeit darf der Luftstrom an keiner Stelle behindert oder gänzlich unterbunden werden. Häufig ist zu beobachten, dass die Ansaugöffnungen vor und hinter der Arbeitsplatte mit Gegenständen wie z. B. Spritzflaschen, Handschuhspendern, Boxen mit Pipettenspitzen oder Protokollkladden zugestellt werden. Dadurch kann der schützende „Luftvorhang" entlang der Arbeitsöffnung unterbrochen und durchlässig werden. Verstärkt wird dieser Effekt, wenn die Arbeitsplatte selbst mit Geräten und Material überladen wird. Die dadurch verursachten Störungen der Luftströmung durch Turbulenzen setzen im Arbeitsbereich vermehrt partikel- oder aerosolhaltige Luft frei. Ein optimaler Personen- und Produktschutz ist dann nicht mehr gegeben. Es lohnt sich also nicht, die Werkbank mit dem Materialbedarf für einen ganzen Arbeitstag zu „überladen". Nur die für die laufenden Arbeiten notwendigen Utensilien dürfen sich auf der Arbeitsplatte befinden.

Vor jeder Benutzung der Werkbank ist es ratsam, sich zu vergewissern, dass die UV-Lampe über dem Arbeitsbereich abgeschaltet ist. (Das gilt selbstverständlich auch für eventuell vorhandene UV-Strahler an der Labordecke.) An den UV-exponierten Körperstellen wären Symptome wie bei einem Sonnenbrand sowie Augenschäden die Folge. Da gerade in sehr hellen Räumen eine eingeschaltete UV-Röhre optisch kaum auffällt, sollte uns ein beim Betreten des Labors wahrnehmbarer Ozongeruch stutzig machen.

Der permanente Betrieb starker Wärmequellen (Bunsenbrenner!) bringt nicht nur die Luftströmung in der Werkbank durch thermische Verwirbelung durcheinander. Es könnte sich auch Desinfektionsflüssigkeit entzünden und die entstehende Hitze den Hauptfilter oder die gesamte Werkbank in Brand setzen. Halbautomatische Gas-Sicherheitsbrenner mit Fuß- oder Handschaltung sind deshalb dem guten, alten Bunsenbrenner vorzuziehen.

Moderne Werkbänke sind recht benutzerfreundlich konstruiert. Der von den für die Luftführung notwendigen Ventilatoren verursachte Geräuschpegel konnte erfreulicherweise auf Werte abgesenkt werden, die deutlich unter den von der Europäischen Norm noch tolerierten 65 dB(A) (dB = Dezibel; Maßeinheit für den Schallpegel) liegen. Nach orthopädischen Richtlinien ergonomisch gestaltete Arbeitsplätze ermöglichen auch nach Stunden ein halbwegs ermüdungsfreies Arbeiten. Oft finden wir eine Kurzanweisung zur Bedienung des Geräts an seiner Frontseite. Zeiger, Displays und Kontrolllampen unterrichten uns über den momentanen Zustand oder warnen uns optisch und akustisch bei Fehlfunktionen. Ihre genaue Bedeutung ist im Benutzerhandbuch erläutert und sollte uns geläufig sein. Das Herz einer jeden reinen Werkbank und Sicherheitswerkbank ist das Filtersystem zur Abscheidung von festen Partikeln und Aerosolen. Der Zustand der Filter sowie die Geschwindigkeit der Luftströmung sollte je nach Nutzung halbjährlich bzw. jährlich oder nach ca. 1000 Betriebsstunden im Rahmen eines Wartungsvertrags durch den Hersteller oder durch neutrale Service-Firmen überprüft werden. Seit 2004 wird von der Berufsgenossenschaft der chemischen Industrie gefordert, dass Inbetriebnahme, Wartung, Instandhaltung und Reparatur durch eine fachkundige Person erfolgen. An dieser wichtigen Investition zu sparen, könnte fatale Folgen für die Arbeit im Labor haben. Eine achtjährige TÜV-Studie, die in den

1990er Jahren durchgeführt wurde, förderte Besorgnis erregende Zustände zutage: Aufgrund unzureichender oder unqualifizierter „Wartung" wurden 94 % der 112 überprüften Werkbänke den sicherheitstechnischen Mindestanforderungen nicht gerecht und erfüllten nicht einmal die grundlegenden Schutzfunktionen. Bei einer über den Zeitraum von acht (!) Jahren nicht gewarteten Werkbank wurden vollkommen desolate Strömungsverhältnisse gemessen. Der Grund: Auf dem Schwebstofffilter entdeckten die Tester etliche Zentimeter dicke Staubablagerungen.

2.4.2
Feucht- bzw. Begasungsbrutschränke

Mit den Begriffen Brutschrank und Brüten assoziieren wir vielleicht zunächst eine Einrichtung in einer Säuglingsstation oder bringen sie ganz profan mit Federvieh in Verbindung. Für die aus der behaglichen Wärme des Spenderorganismus herausgerissenen Zellen stellt der Brutschrank jedoch den einzigen Ort dar, wo sie zumindest für eine gewisse Zeit weiter existieren können. Der Brutschrank, auch als Inkubatorx bezeichnet (Abb. 2.4) erfüllt somit eine äußerst wichtige Aufgabe.

> *Unter Brüten verstehen wir das Heranziehen und Vermehren von lebenden Organismen unter speziellen Umgebungsbedingungen wie Temperatur und Zusammensetzung der Atmosphäre.*

Abb. 2.4 Feuchtinkubator mit CO_2-Begasung. Der Innenraum ist in sechs Nutzräume mit separaten Glasblenden unterteilt.

Wenn wir die sterile Werkbank bereits als einen „geheiligten" Bezirk im Zellkulturlabor kennen gelernt haben, so ist der Brutschrank – die Kleriker mögen mir den Vergleich verzeihen – gewissermaßen als das „Allerheiligste" zu betrachten. Da die Kultivierung von Zellen außerhalb ihrer natürlichen Umgebung stattfinden muss, ist es unumgänglich, ihnen einen Aufenthaltsort anzubieten, in dem die Verhältnisse ihres ursprünglichen Milieus so naturgetreu wie möglich simuliert werden. Die Hersteller von Brutschränken halten für nahezu jeden Anspruch an Kulturqualität und Sicherheit ein technisches Konzept parat. Der Nutzer hat die Wahl zwischen einfachen Geräten ohne nennenswerten Kontaminationsschutz und technisch anspruchsvollen Inkubatoren. Zellkulturtaugliche Brutschränke müssen einige wichtige Parameter aufrechterhalten und ständig kontrollieren: Temperatur, Luftfeuchtigkeit und CO_2-Gehalt der Atmosphäre. Sie werden deshalb auch als Begasungs- und Feuchtbrutschränke bezeichnet.

Temperatur
In der Regel wird bei der Kultur von Säugerzellen dem Thermostaten im Brutschrank ein Richtwert von 37 °C vorgegeben, dem offensichtlich die mittlere Körpertemperatur des Menschen zu Grunde liegt (Zellkulturen von Nichtsäugern erfordern jeweils eigene Brutraumtemperaturen; s. Kapitel 5). Mitunter wird empfohlen, die Brutraumtemperatur für die meisten Warmblüterzellen aus Sicherheitsgründen 0,5 °C unterhalb der Körpertemperatur einzustellen, um bei eventuell eintretenden Schwankungen Temperaturspitzen zu vermeiden. Allerdings lassen sich zwei Gründe gegen diese Maßnahme anführen: (1) könnte die permanente Temperaturabsenkung das Zellwachstum und die biochemischen Umsetzungsreaktionen in den Zellen ähnlich behindern oder sogar ganz unterbinden wie einige kurzzeitige Überschreitungen des Sollwerts und (2) besitzen die Zellen einiger Arten eine natürliche Toleranz gegenüber Temperaturschwankungen (s. Kapitel 5). Zudem halten moderne Inkubatoren die Temperatur über Regulierungssysteme und Übertemperatursicherungen sehr konstant auf dem eingestellten Sollwert. Dennoch sollten wir einem Brutschrank seine verantwortungsvolle Aufgabe nicht dadurch erschweren, indem wir ihn im vollen Sonnenlicht oder vor einem Heizkörper aufstellen. Wer der Temperaturangabe auf dem Display seines Brutschranks misstraut, sollte die Temperatur einfach mit einem Fieberthermometer, dessen Spitze in einem Becherglas mit Wasser steht, nachmessen.

Heizungssysteme
Je nach Bauart verfügen die Brutschränke über unterschiedliche Beheizungssysteme:
- direkte Beheizung
  Heizelemente auf den Seiten des Innenbehälters erwärmen die Luft im Brutraum. Eine gleichmäßige Temperaturverteilung wird durch die Umwälzung der Luft mittels Ventilator erreicht. Geräte mit diesem Heizungssystem erreichen sehr schnell ihre Betriebstemperatur und gleichen Temperaturschwankungen (z. B. durch häufiges Öffnen der Brutschranktür) rasch aus.

- Luftmantelheizung
  Bei diesem System wird die Luft im Brutraum ebenfalls durch Heizelemente auf den Seiten des Innenbehälters erwärmt. Eine weitere Heizung erwärmt zusätzlich den Luftmantel im Zwischenraum zwischen Innenbehälter und dem isolierenden Außenbehälter. Dieser Luftmantel stabilisiert die Temperatur im Brutraum und trägt zu einer verbesserten Temperaturverteilung bei.
- Wassermantelheizung
  Der Raum zwischen Innen- und Außenbehälter ist mit Wasser gefüllt, das von den Heizelementen im Boden des Brutschranks erwärmt wird und seinerseits die Wärme an den Brutraum weiterleitet. Der Wassermantel sorgt für eine sehr gleichmäßige Temperaturverteilung, reagiert jedoch träge auf Schwankungen der Brutraumtemperatur und erfordert viel Zeit beim Hochheizen. Wassermantelgeräte sind zudem nicht für eine Heißluftdesinfektion geeignet.
  Ein weiterer Nachteil liegt in dem enormen Gewicht dieser Inkubatoren. Allein 50–60 kg entfallen auf das für den Wassermantel benötigte Element.

Luftfeuchtigkeit

Der Inhalt von Zellen ähnelt in gewisser Weise einer Götterspeise, jenem glibberigen Pudding, der aus Kollagen und vor allem aus Wasser besteht. Damit die Zellen nicht austrocknen, enthält der Körper von Menschen und Tieren sehr viel Wasser, z. B. in Form von Gewebsflüssigkeit. Kultiviert man Körperzellen, muss die Körperflüssigkeit durch Nährmedium ersetzt werden. Um die schleichende Verdunstung der Medienflüssigkeit zu verzögern, ist es deshalb erforderlich, für ausreichend Luftfeuchtigkeit zu sorgen, damit der osmotische Druck in den Zellen aufrechterhalten werden kann (s. Abschnitt 4.1). Das wird auf mehreren unterschiedlichen Wegen erreicht:

- direkte passive Befeuchtung
  Das Befeuchtungswasser befindet sich in einer wannenartigen Vertiefung des Brutraumbodens. Durch die direkte und sehr rasche Wärmeübertragung lässt sich eine sehr effektive Raumbefeuchtung erzielen. Vorteile: Sehr kleine Flüssigkeitsvolumina verdunsten nicht so rasch und die Erholzeiten bei häufigem Öffnen des Brutschranks sind sehr kurz. Nachteil: Das Wasser kann mikrobiell verunreinigt werden. Zur Reinigung des Wasserreservoirs muss der Brutschrank geöffnet bleiben bzw. ausgeräumt werden.
- indirekte passive Befeuchtung
  Bei dieser Variante wird eine flache Metallwanne auf den Brutraumboden gestellt und mit Befeuchtungswasser gefüllt. Vorteil: Die Wanne kann zum Reinigen entnommen werden. Nachteile: Die indirekte Wärmeübertragung führt zu längeren Erholzeiten der Brutraumfeuchte bei häufigem Öffnen der Tür. Es besteht dann Gefahr von Austrocknungseffekten. Das Wasser kann kontaminiert werden.
- aktive Befeuchtung
  Das Befeuchtungswasser gelangt je nach Bedarf aus einem externen Vorratstank in eine Verdampfungsanlage, wird bei 500 °C sterilisiert und als Dampf in den Brutraum eingespeist. Vorteile: Die Erholzeiten sind kurz; verminderte Konta-

minationsgefahr durch entkeimtes Wasser (pyrolytische Keimsperre). Nachteile: technisch sehr aufwändig und dementsprechend teuer.

Moderne Inkubatoren erlauben einen Feuchtebereich von 60–95 %. Meist wird jedoch die maximale Luftfeuchtigkeit in Anspruch genommen. In manchen Labors werden für die Zellkultur immer noch Trockenbrutschränke verwendet, weil das Befeuchtungswasser als Kontaminationsquelle angesehen wird. Angst und Unkenntnis sind jedoch schlechte Ratgeber, denn der vermeintliche Vorteil wird durch eine hohe Verdunstungsrate wieder zunichte gemacht. Das als Verdunstungsschutz gedachte luftdichte Versiegeln der Zellkulturflaschen beschert jedoch weitere Nachteile, da das für zahlreiche Zellkulturen notwendige Kohlendioxid nicht an das Kulturmedium gelangen kann.

Begasung mit CO_2 und anderen Gasen
Zellen in Kultur benötigen die spezifische Körpertemperatur ihres Ursprungsgewebes sowie ausreichend Luftfeuchtigkeit. Es gibt jedoch noch einen weiteren kritischen Parameter, von dem die Lebensfähigkeit unserer Zellen abhängt: der pH-Wert des Nährmediums. In der Gewebsflüssigkeit wird der pH-Wert durch körpereigene Regulierungsmechanismen in der Regel in einem Bereich zwischen 7,0 und 7,4 gehalten. (Eine Ausnahme stellt das extrem saure Milieu im Magen dar.) Eine Verschiebung des pH-Werts nach unten oder oben tolerieren die Zellen auf die Dauer nicht. Im Brutschrank müssen deshalb rasche pH-Schwankungen vermieden werden oder mit anderen Worten: Der für das Wachstum vieler Zellen optimale Wert von ca. 7,2 muss möglichst stabil bleiben. Die Zellen geben jedoch permanent Stoffwechselendprodukte in das wässrige Nährmedium ab und säuern es somit zunehmend an. Zellkulturmedien enthalten deshalb Puffersubstanzen, die den pH-Wert über einen bestimmten Zeitraum stabilisieren (s. Abschnitt 4.2). Ein sehr bewährtes Pufferungssystem besteht aus Bicarbonat, welches dem Nährmedium zugegeben wird, und Kohlendioxid (CO_2), das der Brutschrankatmosphäre zugesetzt werden muss. Da die meisten Medien über das Bicarbonat-Puffersystem auf den optimalen pH-Wert des Mediums von pH 7,2–7,4 eingestellt werden müssen und zudem die meisten Zellen für ihren Stoffwechsel eine bestimmte kritische CO_2-Konzentration benötigen, ist eine Zufuhr von CO_2 in den Brutraum und dessen Regelung notwendig. Werksseitig sind die meisten Inkubatoren auf einen CO_2-Gehalt der Brutraumatmosphäre von 5 % eingestellt.

Bei Begasungsbrutschränken erfolgt die CO_2-Versorgung entweder über eine hauseigene Gasleitung (beim gleichzeitigen Betrieb mehrerer Inkubatoren sehr zu empfehlen) oder über externe Druckflaschen. Da ein Labor, in dem Druckgasflaschen aufgestellt werden müssen, ein Sicherheitsrisiko darstellt, sollten die Flaschen zum Schutz vor unkontrolliert austretendem CO_2 in einem an die Abluft angeschlossenen Gasflaschenschrankgebracht sein. Zumindest müssen sie durch geeignete Vorrichtungen gegen Umfallen gesichert werden. (Die Unfallverhütungsvorschriften und entsprechenden Merkblätter der Berufsgenossenschaft der chemischen Industrie informieren über den sicheren Umgang mit Druckgasflaschen.)

Bei der CO_2-Versorgung aus der Flasche müssen wir darauf achten, dass am Gasflaschenverschluss ein geeignetes Gasentnahmesystem angebracht ist. Durch dieses Regulationsventil mit Druckminderer wird gewährleistet, dass das Gas den Brutschrank mit dem erforderlichen Druck und der erforderlichen Durchflussrate erreicht. Das Ventil muss einen Eingangsdruck von 200 bar aushalten, der Regelbereich sollte zwischen 0,3 und 3 bar liegen. (Der exakte Wert für den Druck in der Zuleitung ist der Betriebsanweisung des Brutschranks zu entnehmen.) Zwei Manometer geben Auskunft über den aktuellen Gasdruck in der Flasche bzw. über den Druck in der Schlauchleitung, die zum Inkubator führt.

Druckgasflaschen haben leider eine unangenehme Angewohnheit: Solange sich noch ein Rest flüssiges CO_2 in der Flasche befindet, zeigt der Druckmesser den vollen Flaschendruck an. Wenn dieser Rest verbraucht ist, strebt die Nadel des Manometers jedoch rapide gegen null und der Druck bricht zusammen. Da nach Murphy's Gesetz solch ein Fall stets an Wochenenden eintritt, droht den Zellen Ungemach durch den ansteigenden pH-Wert im Medium aufgrund der sinkenden CO_2-Konzentration in der Brutschrankatmosphäre. Der Montag beginnt mit der hektischen Evakuierung des unbrauchbaren Inkubators, da uns der Gasmann auf unsere dringende Bestellung eine Lieferfrist von zwei bis drei Tagen zusichert.

Wohl dem, der vorsorglich zwei Gasflaschen in Serie gekoppelt hat. Ein Gasflaschenmonitor schaltet automatisch von der leeren auf die Reserveflasche um. In aller Ruhe kann die leere CO_2-Flasche gegen eine neue ausgetauscht werden. Sind mehrere Brutschränke in Betrieb, ist eine CO_2-Versorgung über eine Gasleitung günstiger, da sonst zu viele Gasflaschen im Raum untergebracht werden müssten. Zudem lässt sich die von den Gasversorgern erhobene Leihgebühr für die Druckflaschen einsparen.

CO_2-Mess- und Regelsysteme
Ein einfacher CO_2-Durchfluss durch den Inkubator würde keine Regelung der Kohlendioxidkonzentration in der Brutraumatmosphäre erlauben und einen sehr hohen Gasverbrauch zur Folge haben. Moderne Begasungsbrutschränke verfügen deshalb über Mess- und Regelsysteme, mit denen die CO_2-Konzentration ständig überwacht und reguliert wird.

- Regelung über die Wärmeleitfähigkeit
  Zwei Sensoren messen und vergleichen die Wärmeleitfähigkeit der Brutraumatmosphäre mit der Wärmeleitfähigkeit der Außenluft. Da verschiedene Gase oder Gasgemische Wärme unterschiedlich gut leiten, errechnet der Prozessor aus der vergleichenden Messung die aktuelle CO_2-Konzentration im Brutschrank. Weicht der ermittelte Wert vom eingestellten Sollwert nach unten ab, wird frisches Kohlendioxid eingeblasen. Nachteil: Die Empfindlichkeit der Sensoren gegenüber Feuchte muss kompensiert werden.
- Regelung über einen Infrarotdetektor
  Kohlendioxid weist eine spezifische Absorptionsbande im infraroten Bereich des Spektrums auf, die von einem Detektor gemessen wird. Frisches CO_2 wird nur zugeleitet, wenn die Konzentration niedriger als der Sollwert ist. Nachteil: Das System erfordert eine separate Heizung zur Trocknung des Gasgemisches.

Die Überprüfung der CO_2-Konzentration ist leider nicht so einfach wie die Kontrolle der Temperatur. Wer die Gaszusammensetzung in seinem Brutschrank kontrollieren möchte, kann auf Messröhrchen oder Testkits aus dem Laborfachhandel zurückgreifen. Am einfachsten verschaffen wir uns über die Genauigkeit der digitalen CO_2-Anzeige am Inkubator Gewissheit, wenn wir einige Milliliter frisches Zellkulturmedium in den Brutschrank stellen. Der charakteristische rote Farbton des Mediums attestiert uns den physiologisch korrekt eingestellten pH-Wert 7,4. Der Indikatorfarbstoff wird sowohl auf einen Überschuss als auch auf ein Defizit an CO_2 mit einer Farbveränderung reagieren. Beobachten wir einen Farbumschlag nach gelb, bedeutet das eine zu hohe CO_2-Konzentration und einen pH-Wert von ca. 6,5. Verfärbt sich das Medium lila, haben wir es mit einem Mangel an Kohlendioxid in der Brutraumatmosphäre und einem pH-Wert von ca. 7,8 zu tun. Dieser Test funktioniert jedoch nur, wenn die Pufferkonzentration im Medium mit der einprogrammierten CO_2-Konzentration korrespondiert (Näheres zu diesem Thema in Kapitel 4).

Ein Wort sollte vielleicht noch über die Qualität des verwendeten Gases gesagt werden. Kohlendioxid ist ein sog. technisches Gas, das für zahlreiche Anwendungen in Forschung und Technik gebraucht wird. Es ist deshalb je nach Anforderung in verschiedenen Reinheitsgraden erhältlich. Die Reinheit eines Gases wird durch Zahlen in aufsteigender Reihe gekennzeichnet: z. B. 3.0 (rein), 4.5 (premium) und 5.5 (ultrapure). Je größer die Zahl, umso geringer ist die Verunreinigung mit anderen Verbindungen wie Stickstoff, Kohlenmonoxid, Sauerstoff, Methan und Wasser. Nach meinen Erfahrungen wirkt sich der Reinheitsgrad 3.0 nicht negativ auf die Zellkulturen aus. Reineres CO_2 zu verwenden schadet selbstverständlich nicht, allerdings muss man für ultrareine Gase einen beträchtlichen Aufpreis bezahlen. Bleibt noch zu erwähnen, dass Begasungsbrutschränke auch mit Stickstoff oder Sauerstoff beschickt werden können.

Ausstattung und Wartung von Feucht- bzw. Begasungsbrutschränken
Brutschränke werden von vielen Herstellern in zahlreichen Modellen angeboten. Für welchen man sich letztlich entscheidet, hängt vom Einsatzbereich, vom Budget, von der benutzerfreundlichen Bedienung und auch vom persönlichen Geschmack ab.

Wer einen Begasungsbrutschrank öffnet, wird hinter der Tür auf eine sog. Gasblende stoßen. Diese Glastür erlaubt einen ungehinderten Blick in das Brutschrankinnere ohne den Brutraum öffnen zu müssen. Der Zustand der Zellkulturen kann somit in Augenschein genommen werden, ohne dass es zu einem Abfall der Temperatur und des CO_2-Gehalts kommt. Die Gasblende kann in einzelne Glastürchen unterteilt sein, sodass nach Art der Bahnhofsschließfächer separate Nutzräume entstehen (Abb. 2.4). Bei Öffnung nur eines Teils der Blende bleibt der Öffnungsquerschnitt, durch den Wärme und CO_2 entweichen kann, sehr klein. Vorteile: Der Verbrauch von Gas und Energie sinkt, die Erholzeiten verkürzen sich und das Kontaminationsrisiko wird verringert. Vor allem wenn der Inkubator von mehreren Personen genutzt wird, bieten die „persönlichen" Brutraumfächer zusätzliche Sicherheit.

Da die Keimfreiheit der Wachstumsumgebung in Brutschränken durch die gestiegenen Sicherheitsanforderungen in zellbiologischen Labors zunehmend an Bedeutung gewonnen hat, bieten die Hersteller unterschiedliche technische Konzepte zur Vermeidung von Kontaminationen bzw. zur Dekontamination an. Wir sollten jedoch daran denken, dass selbst ein mit allen Schikanen ausgestatteter Brutschrank seine Aufgaben nur unzureichend wird erfüllen können, wenn wir ihn direkt auf den Fußboden stellen. Mit jedem Öffnen der Tür wirbeln Luftturbulenzen Staub und Keime auf, die dann leicht Eingang in den Brutraum finden und für eine andauernde Keimbelastung sorgen. Ein Tisch oder ein Untergestell gewährleisten einen ausreichenden Abstand vom Boden.

Vor allem an der Innenraumausstattung ist in den letzten Jahren einiges verbessert worden. Kontaminationsherde wie Ecken, Kleinteile, dünne Röhrchen und andere unzugängliche Stellen gehören glücklicherweise der Vergangenheit an. Die Einschub- und Regalsysteme sind leicht und ohne umständliches Hantieren herauszunehmen und einzubauen. Die Innenfläche des Brutraums aus Edelstahl ist weitgehend glatt und die vier Ecken sind gerundet, um das Auswischen zu erleichtern.

Das Reinigen des Brutschranks ist eine Grundvoraussetzung für kontaminationsfreies Arbeiten. In regelmäßigen Abständen durchgeführt, erspart es uns und unseren wertvollen Zellkulturen unliebsame Überraschungen bis hin zum Totalverlust der Zellen, dem Abbruch der Experimente oder – im Extremfall – die Neuanschaffung eines Brutschranks.

Die Bauart des Brutschranks und die Art seiner Nutzung entscheiden darüber, wie viele „Putztage" wir einlegen müssen. Arbeiten wir vorwiegend mit keimbelasteten Primärkulturen? Wird der Brutschrank von mehreren Nutzern stark frequentiert? Herrscht im Inkubator drangvolle Enge? Dann besteht ein erhöhtes Kontaminationsrisiko, dem wir durch eine wöchentlich absolvierte Reinigungsprozedur begegnen sollten:

Manuelle Brutraumdesinfektion
- Zunächst müssen sämtliche Gefäße, die im Brutschrank stehen, fest verschlossen oder mit Parafilm versiegelt werden. Anschließend werden sie in einem bereitstehenden Reserveinkubator, in einem Wärmeschrank oder in desinfizierten Styroporboxen zwischengelagert.
- Die Tablare mitsamt den Halterungen reinigen wir bequem außerhalb des Brutschranks. Um organische Anhaftungen zu entfernen, werden alle Teile gründlich mit Schwamm und Seifenlauge bearbeitet, mit klarem Wasser gespült und mit einer 70%igen Alkohollösung abgewischt. Vor dem Einsetzen in den Inkubator muss sich der Alkohol vollständig verflüchtigt haben, um eine Belastung der Brutraumatmosphäre zu vermeiden.
- Den Innenraum samt Innenseite der Glastür (Gasblende) und die Türdichtung reinigen wir ebenfalls mit Seifenwasser, verwenden aber nach Möglichkeit eine nichtflüchtige Desinfektionslösung wie z. B. Biocidal. Sie enthält quarternäre Ammoniumverbindungen, die sich als Film auf die Oberflächen legen und laut Herstellerangaben (WAK-Chemie Medical) gegen Bakterien, Sporen, Pilze und behüllte Viren wirksam sind (s. Abschnitt 3.2.8).

- Das Reservoir für das Befeuchtungswasser wird entleert, gereinigt und mit frischem, sterilen Wasser aufgefüllt. (Da Ionenaustauscheranlagen gute Aufwuchsbedingungen für Bakterien bieten, sollte nur aus Umkehrosmose oder mehrfacher Destillation gewonnenes Wasser eingefüllt werden.) Um die erforderliche Luftfeuchte zu erreichen, muss stets die gesamte Bodenfläche mit Wasser bedeckt sein. Zur Vermeidung von Kontaminationen im Wasserbehälter können dem Wasser keimtötende Substanzen zugesetzt werden. Diese dürfen jedoch ebenfalls keine flüchtigen Bestandteile wie Alkohol oder Aldehyde enthalten, da diese über die Luft in die Zellkulturen gelangen und sie schädigen könnten. Ein laut Herstellerangabe (WAK-Chemie Medical) für Brutschränke geeigneter Zusatz auf der Basis quarternärer Ammoniumverbindungen ist AquaClean. Er verhindert das Wachstum von Bakterien, Pilzen und Algen. Das erreicht man jedoch meist schon allein durch eine sorgfältige und regelmäßige Wartung des Brutschranks.

Zusätzlicher Kontaminationsschutz

Wer mit besonders hohem Kontaminationsrisiko arbeitet, für den bieten die Hersteller Brutschränke mit zusätzlichem Kontaminationsschutz, wie 180 °C Desinfektion, Luftkeimfilter, UV-Desinfektion oder Bruträume aus Kupferblech an.

Brutraum aus Vollkupfer Im Chemieunterricht haben wir gelernt, dass eine Kupfermünze im Wasserbad das Wachstum von Mikroorganismen verhindern soll. Das ist weder Hokuspokus noch Aberglaube – aufgrund seiner bakteriziden und fungiziden Eigenschaften stellt Kupferblech einen hervorragenden Kontaminationsschutz im Brutschrank dar. Das Prinzip ist einfach: Kupferverbindungen lösen sich in der Feuchtigkeit, die sich als dünner Wasserfilm in der Innenkammer befindet. Die gelösten Moleküle werden in bestimmte Proteine der Mikroorganismen eingebaut und töten sie dadurch ab. Selbst Mycoplasmen – Organismen, die im Zellkulturlabor äußerst unbeliebt sind – kapitulieren vor diesem Metall. Man sollte darauf vorbereitet sein, dass ein neuer Brutschrank mit verkupfertem Innenraum bereits nach wenigen Monaten innen aussieht, als wäre er zehn Jahre alt. Es soll schon allen Ernstes versucht worden sein, dem unansehnlichen grünlich-schwarzen Belag, der sich in der feuchtwarmen Brutraumatmosphäre mit der Zeit bildet, mit Bürste und Scheuermilch zu Leibe zu rücken, um den warmen Brauereikesselglanz des Kupfers wieder herzustellen. Dieser Eifer zeugt gewiss von einem anerkennenswerten Willen zur Hygiene, ist aber des Guten entschieden zu viel. Zum einen schützt nämlich die Patina das Metall vor weiterer Korrosion (schließlich wird der Jahrhunderte alte Grünspan auf Kirchendächern auch nicht entfernt) und zum anderen sind es gerade die Kupferhydroxide, die den Mikroorganismen den Garaus machen. Wer auf die Vorteile von Kupfer Wert legt, auf die Vorzüge von Edelstahl aber nicht verzichten möchte, möge einem Inkubator mit einem Innenbehälter aus einer Stahl-Kupferlegierung den Vorzug geben. Das ästhetische Empfinden des Nutzers wird vollends und uneingeschränkt zufrieden gestellt werden. Putzmuffeln sei noch verraten, dass die Reinigungsintervalle bei Brutschränken mit verkupfertem Innenraum im Vergleich zu den reinen Edelstahlinkubatoren um ein bis zwei Monate verlängert werden können.

Heißluftsterilisation des Brutraums Technisches oder menschliches Versagen führen mitunter zu heftigen mikrobiellen Kontaminationen des Brutschranks. Die Folge sind meist der unvermeidliche Verlust der Zellkulturen sowie aufwändige Reinigungs- und Desinfektionsaktionen, in der auch die Einlegeböden und deren Halterungen autoklaviert oder mit Heißluft sterilisiert werden müssen. Warum also nicht gleich den gesamten Brutraum mit kompletter Ausstattung hitzesterilisieren? Wer einen Inkubator mit integrierter Heißluftsterilisation sein Eigen nennt, kann sich zumindest viel Arbeit ersparen. Bei einer einstündigen Sterilisation mit 180 °C trockener Hitze überlebt mit an Sicherheit grenzender Wahrscheinlichkeit weder ein vegetativer Keim noch eine eingekapselte Spore. Eine nachhaltige und vollständige Eliminierung lässt sich mit der manuellen Dekontamination nicht erreichen, auch wenn wir noch so scheuern und wischen. Eine Entkeimung bei 90 °C feuchter Hitze, der sog. „sanften Sterilisation", stellt ebenfalls nur einen unbefriedigenden Kompromiss dar.

Brutraumdesinfektion mit UV-Strahlung Die Wirkung ultravioletter Strahlungsquellen, die auch häufig in sterilen Werkbänken Verwendung finden, wird zunehmend skeptisch beurteilt. Zum einen kann sie einen keimtötenden Effekt nur auf einer Fläche entfalten, die der Strahlung ausgesetzt ist, zum anderen birgt diese Methode mehrere Unwägbarkeiten, die ihren mutmaßlichen Nutzen schmälern (s. Abschnitt 3.2.4).

Permanente Filtration der Brutschrankatmosphäre Bei diesem Verfahren wird die normalerweise unsteril im Brutraum umgewälzte Luft durch einen HEPA-Filter (High Efficiency Particulate Air Filter) entkeimt. Der Nutzen dieser Methode wird allgemein als sehr begrenzt eingeschätzt, da sich die an Zellkulturflaschen anhaftenden Keime auf diese Weise nicht unschädlich machen lassen. Zudem lässt sich bei häufigem Öffnen des Brutschranks kein zuverlässiger Schutz aufbauen.

2.4.3
Das Lichtmikroskop

> *Das Lichtmikroskop erlaubt die Betrachtung sehr kleiner Objekte unter einem größeren Sehwinkel, wodurch diese für unser Auge sichtbar werden (gr. „mikros" = klein und „skopein" = schauen).*

Die Arbeit mit Zellen und Mikroorganismen ist ohne die Hilfe von optischen Instrumenten undenkbar. Bis zu der wahrhaft epochalen Erfindung des Mikroskops durch den niederländischen Naturforscher Anton van Leeuwenhoek im Jahr 1668 war keine direkte Beobachtung möglich. Erst das Mikroskop lieferte den Beweis für ihre Existenz und führte zur Prägung des Begriffs „Zelle".

Im Lauf der Zeit wurde das Mikroskop mehr und mehr den Anforderungen von Wissenschaft und Technik angepasst und weiterentwickelt. Nicht zuletzt durch das kongeniale Zusammenwirken von Ernst Abbe (Bildentstehung), Carl Zeiss (Feinmechanik) und Otto Schott (optisches Glas) entstanden Hochleistungsmikroskope, die maßgeblich zu der Entdeckung zahlreicher Feinstrukturen in der Zelle beigetragen haben. Mikroskope bilden heute eine beeindruckende Gerätefamilie, der so unterschiedliche Gattungen wie Lichtmikroskope, konfokale Lasermikroskope oder Elektronenmikroskope angehören. Für die gewöhnliche Alltagsarbeit mit Zellen benötigen wir jedoch nur eine speziell ausgestattete Variante des Durchlichtmikroskops, auf die wir uns im Folgenden konzentrieren wollen. Zum besseren Verständnis sollen zunächst ein paar Bemerkungen zur Funktionsweise und zum Aufbau von Lichtmikroskopen vorangestellt werden.

Funktionsprinzip des Durchlichtmikroskops
Der Arbeitsweise eines Lichtmikroskops liegt ein sehr einfaches Prinzip zu Grunde, hinter dem sich allerdings eine Menge komplizierter physikalischer Sachverhalte verbergen. Das simple Prinzip wird am Beispiel eines Wassertropfens auf dem Blatt einer Pflanze ersichtlich, unter dem die Blattadern vergrößert erscheinen. Physikalisch betrachtet spielen bei diesem Phänomen so unterschiedliche Parameter wie z. B. der Strahlengang des Lichts, der Brechungsindex des Wassers und die Oberflächenspannung des Tropfens eine Rolle. Wenn wir ein sehr kleines Objekt durch ein Mikroskop betrachten, benutzen wir statt eines Wassertropfens mehrere Glaslinsen, die eine wesentlich stärkere Vergrößerung erlauben. Dieses Linsensystem wird als Objektiv bezeichnet, da es die vom Objekt ausgehenden Lichtstrahlen aufnimmt und bündelt. Das vergrößerte Bild des Objekts wird durch eine Art Brille ein zweites Mal vergrößert und auf die Netzhaut des Betrachters projiziert. Wir sprechen in diesem Falle von dem Okular (lat. *„oculus"* = Auge).

Da ein Mikroskop ohne zusätzliche Lichtquelle kein hinreichend helles Bild liefern kann, existiert neben dem Strahlengang für die Abbildung ein weiterer Strahlengang für die Beleuchtung. Bei lichtundurchlässigen Objekten mit glatter und ebener Oberfläche findet vorwiegend das Auflichtmikroskop Anwendung. Für die Untersuchung von Objekten und Präparaten aus der Biologie und der Medizin, die mit Licht durchstrahlt werden können, werden hingegen Durchlichtmikroskope eingesetzt.

Durch ein von August Köhler im Jahre 1893 eingeführtes Beleuchtungsprinzip lassen sich mikroskopische Objekte absolut homogen und mit optimalem Kontrast abbilden. Bei älteren Lichtmikroskopen muss diese Einstellung vor jedem Mikroskopieren von Hand vorgenommen werden („köhlern"). Moderne Geräte sind mittlerweile so benutzerfreundlich konstruiert, dass auch der Anfänger mit nur wenigen Handgriffen ein einwandfreies Ergebnis erzielen kann.

Das inverse Lichtmikroskop
Das klassische Mikroskop setzt sich aus Stativ, Objekttisch, Beleuchtungsquelle und dem optischen System, bestehend aus Kondensorblenden, Objektiven und Okular, zusammen. Die Objektive sind in einem drehbaren Kranz („Objektivrevolver") direkt über dem Objekttisch angeordnet, während sich die Lichtquelle unterhalb des Objekttisches befindet. Je nach gewählter Vergrößerung verbleibt eine Distanz von wenigen Millimetern zwischen dem Objekttisch und der Objektivlinse. Dieser Arbeitsabstand ist ausreichend bemessen, um Präparate, die sich auf einem flachen Glasstreifen (dem Objektträger) befinden, zu untersuchen.

Unsere Zellkulturen befinden sich jedoch ständig in speziellen Kulturgefäßen wie Flaschen oder Schalen, die eine Höhe von mehreren Zentimetern aufweisen können. Durch den ungenügenden Arbeitsabstand lassen sie sich mit einem klassischen Mikroskop nicht beobachten. Um mehr Platz für Kulturgefäße zu schaffen, verpflanzte man den Objektivrevolver unter den Objekttisch, während Lampe und Kondensor weit nach oben über den Objekttisch rückten (Abb. 2.6). Mit diesem umgekehrten (inversen) Mikroskop lassen sich die auf dem Boden der Flasche oder der Schale liegenden Zellen sehr gut beobachten. Auch für den Einsatz von Mikromanipulatoren sind diese Mikroskope bestens geeignet.

Unser inverses Durchlichtmikroskop muss jedoch noch eine weitere Eigenschaft besitzen, da biologisch-medizinisches Material im reinen Durchlicht nur unzureichend zu erkennen ist.

Das Phasenkontrastverfahren
Erstaunlich viele Beobachter geraten immer noch in Verzückung und Erstaunen, wenn sie eine Zellkultur erstmals unter einem Phasenkontrastmikroskop betrachten. So klar und deutlich und mit derartigem Detailreichtum hätten sie die Zellen bisher noch nie gesehen. Meistens stellt sich dann heraus, dass sie Zellen gewöhnlich mit einem Durchlichtmikroskop betrachtet hatten. Mikroskope dieser Art sind sicher auch heute noch am weitesten verbreitet und fast jeder – ob privat als Hobby, in der Schule oder im Beruf – hat schon einmal damit gearbeitet. Es dient vor allem zur Untersuchung von „Durchlichtpräparaten". Als solche gelten alle Objekte, die mit Licht durchstrahlt werden können. In der Medizin und Biologie sind das vorwiegend Ausstrichpräparate von Blut oder Schleimhäuten sowie Gewebsdünnschnitte. Die meisten dieser Präparate sind jedoch so durchsichtig und kontrastarm, dass sie angefärbt werden müssen. (Nicht von ungefähr stammen sehr viele Färbemethoden noch aus jener Zeit, als man den Nutzen des Durchlichtmikroskops für histologische Studien erkannt hatte.) Da die allermeisten Farbstoffe sehr giftige Substanzen sind, ist mit ihnen keine Beobachtung lebender Zellen möglich. Die ungefärbte Zelle verrät uns jedoch kaum mehr als eine blasse Ahnung ihres Innenlebens.

Mit diesem schwerwiegenden Problem bei der Beobachtung kaum Licht absorbierender Objekte befasste sich der niederländische Physiker Frits Zernike. Um seine für unsere Belange wichtigen Beobachtungen besser verstehen zu können, müssen wir auf einige wenige Schlüsselbegriffe aus der Optik etwas näher eingehen. Licht können wir uns aus Teilchen (Photonen) bestehend oder als Welle vorstellen. Da für unsere Betrachtungen die Wellennatur des Lichts ausschlaggebend ist, wollen wir nur sie berücksichtigen und zum besseren Verständnis folgende zwei Begriffe einführen:

Phase = Schwingungszustand einer Welle an einer bestimmten Stelle
Amplitude = größter Ausschlag einer Schwingung

Zernike erkannte, dass beim Durchgang des Lichts durch ein transparentes Objekt (z. B. durch eine Zelle) lediglich die Phase des Lichts beeinflusst wird, nicht jedoch die Amplitude. Unser Auge vermag jedoch nur Änderungen der Amplitude als

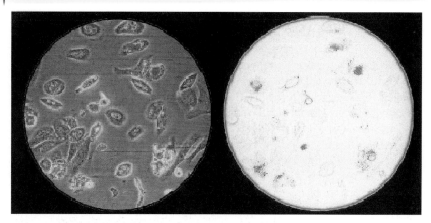

Abb. 2.5 Humane Lungenfibroblasten, links mit Phasenkontrast, rechts ohne Phasenkontrast (mit freundlicher Genehmigung der nerbe plus GmbH).

Helligkeits- oder Farbunterschiede wahrzunehmen. Ungefärbte Objekte bieten daher im Durchlicht kaum Kontrast. Mit dieser Erkenntnis fügte Zernike im Jahre 1936 in Kooperation mit der Firma Carl Zeiss, Jena eine Phasenplatte sowie eine Ringblende in den Strahlengang des Durchlichtmikroskops ein, um Phasenunterschiede in Amplitudenunterschiede umzuwandeln – das erste Mikroskop zur Beobachtung von Phasenobjekten war geboren. Jetzt ließen sich zur Freude zahlloser Cytologen auch ungefärbte Objekte sehr kontrastreich vergrößern und beobachten (Abb. 2.5). Die Vorteile liegen auf der Hand:

- Zellen und Gewebe können lebend beobachtet werden
- es sind mehr Strukturen in der Zelle sichtbar, die Informationsdichte ist somit höher
- der momentane Zustand der Zellen kann wesentlich genauer eingeschätzt, Maßnahmen können zielgerichtet ergriffen werden
- dynamische Vorgänge wie die Zellteilung oder Zellbewegungen lassen sich direkt beobachten
- Kontaminationen können sehr frühzeitig entdeckt werden
- hohe Bildqualität bei der Wiedergabe und Dokumentation über Bild gebende Verfahren

Das Phasenkontrastverfahren erlangte in Verbindung mit Umkehrmikroskopen und Mikromanipulatoren sowie in Kombination mit dem "Differenzial-Interferenzkontrast" nach Nomarski und dem Modulationskontrast nach Hoffmann weitere Bedeutung. Die durch das Phasenkontrastmikroskop erzielten Fortschritte waren bereits vor mehr als fünfzig Jahren von solcher Bedeutung für die Wissenschaft, dass Frits Zernike im Jahre 1953 mit dem Physiknobelpreis geehrt wurde.

Fassen wir kurz zusammen: Ein Standardmikroskop leistet bei Färbepräparaten, Ausstrichen und Gewebeschnitten nach wie vor gute Dienste und sollte deshalb im Labor nicht fehlen. Für die unmittelbare Beobachtung von Zellkulturen benötigen wir ein Lichtmikroskop, das über eine Durchlichtbeleuchtung verfügt, nach dem

Abb. 2.6 Inverses Phasenkontrastmikroskop mit angeflanschter Quecksilberdampflampe für die Immunfluoreszenz und Farbmonitor. Die digitale Kamera ist abmontiert.

Phasenkontrastverfahren arbeitet und invers aufgebaut ist. Phasenkontrast-Objektive der Stärke 10× und 20× erlauben einen guten Überblick über die Kulturen bei akzeptablem Bildausschnitt. Für die Fotodokumentation ist eine digitale Mikroskopkamera, die mittels Adapter an das Mikroskop angeflanscht wird, unentbehrlich. Wer seine Beobachtungen einem größeren Personenkreis mitteilen möchte, kann an die Kamera einen Farb- oder Schwarzweißmonitor anschließen (Abb. 2.6).

Einstellung und Wartung eines Phasenkontrastmikroskops
Gute Ergebnisse beim Mikroskopieren setzen ein korrekt eingestelltes Gerät voraus. Wird ein Mikroskop von mehreren Personen genutzt oder ist eine wichtige Fotodokumentation beabsichtigt, sollte man Beleuchtung und Bildschärfe vorab kontrollieren. Schaut man durch eine fremde Brille, wird man feststellen, wie viel Mühe es den Augen macht, ein ordentlich fokussiertes Bild auf die Netzhaut zu werfen. Es ist deshalb erstaunlich, welche Anstrengungen manche ihren Augen – vor allem bei längerer Verweildauer am Mikroskop – zumuten, denn der Blick durch die Okulare entspricht in vielen Fällen einem Blick durch eine fremde Brille. Erst wenn die Okulare auf die Sehschärfe der Augen eingestellt sind, ist ein ermüdungsfreies Mikroskopieren möglich.

Auch die Phasenkontrasteinrichtung sollte hin und wieder auf korrekte Einstellung überprüft werden. Mit dem im Lieferumfang enthaltenen Zubehör lässt sich das Mikroskop mit wenigen Handgriffen justieren. Näheres ist der jeweiligen Betriebsanleitung zu entnehmen.

Außer einem gelegentlichen Auswechseln der verbrauchten Glühlampe muss an einem Mikroskop kaum etwas repariert werden. Allerdings sollte man ihm mit Rücksicht auf die Feinmechanik und das optische System eine regelmäßige Pflege angedeihen lassen. Die empfindlichen Linsen der Objektive und Okulare säubert man mit fusselfreien Tüchern. Verunreinigungen dürfen an keinem Teil des Geräts haften bleiben. Bei der Routinekontrolle der Zellen kann es schon einmal passieren, dass eine kleine Menge Zellkulturmedium aus einem Kulturgefäß schwappt und auf dem unsterilen Objekttisch verschmiert wird. Da nicht selten ganze Stapel von Kulturflaschen und -schalen über den Objekttisch wandern, kann es auf diesem Wege zur Verschleppung von Keimen in den Brutschrank kommen. Wir sollten es uns daher zur Angewohnheit machen, den Objekttisch vor, nach und gegebenenfalls auch während des Mikroskopierens mit einer 70%igen Alkohollösung zu desinfizieren. Auch die Schrauben für die Grob- und Feinfokussierung stellen aufgrund ihres häufigen Kontakts mit den Fingern der Benutzer eine potenzielle Kontaminationsquelle dar.

Das Fluoreszenzmikroskop
Ein „echtes" Fluoreszenzmikroskop stellt bereits ein hochprofessionelles Forschungsmikroskop dar, für dessen Gegenwert man ein Automobil der Mittelklasse bekommt. Häufig werden Phasenkontrastmikroskope je nach Anspruch und Bedarf nach- oder aufgerüstet. Solche Geräte versprechen bei entsprechender Handhabung und Erfahrung doppelten Gewinn für den Nutzer, weshalb das Fluoreszenzverfahren hier kurz vorgestellt werden soll.

Die Eigenschaft mancher Stoffe, bei Anregung mit Licht einer bestimmten Frequenz längerwelliges Licht auszusenden, bezeichnet man als Fluoreszenz.

Indem man sie zum Fluoreszieren bringt, kann man selbst kleinste oder feinst verteilte Strukturen oder Substanzen auf oder in Zellen sichtbar machen, die im Lichtmikroskop vollständig unsichtbar blieben. Angefärbt werden diese Strukturen mit Fluoreszenzfarbstoffen, die bei Bestrahlung mit Licht einer passenden Wellenlänge ein Licht mit einer charakteristischen Farbe abstrahlen. Um eine unspezifische Anfärbung anderer Zellstrukturen zu vermeiden, bedient man sich einer serologischen Reaktion. Mit dem Fluoreszenzfarbstoff gekoppelte spezifische Antikörper lagern sich ausschließlich an die Strukturen an, die sichtbar gemacht werden sollen. Im Idealfall sieht man im Mikroskop die angefärbten Strukturen farbig leuchten, während sich der große „Rest" der Zelle unsichtbar in undurchdringliche Schwärze hüllt (Abb. 2.7). Ein Ölimmersions-Objektiv der Stärke 100× ist empfehlenswert, da bei zu geringer Vergrößerung manch wichtiges Detail verloren geht.

Um eine möglichst hohe Ausbeute an Fluoreszenz zu erhalten, bedarf es einer speziellen Lichtquelle, die in den erforderlichen Anregungsbereichen besonders kräftig strahlt. Quecksilber- oder Xenonlampen erfüllen diese Anforderung. Das Mikroskop muss zudem mit den Filterblöcken für die gewünschten Wellenlängen ausgerüstet sein.

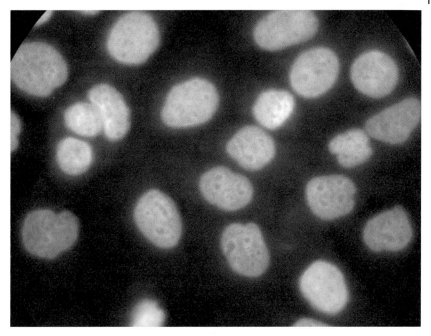

Abb. 2.7 DAPI-markierte Zellkerne unter UV-Anregung.

2.4.4
Zentrifugieren

Unterschiedlich dichte Materialien können rasch unter dem Einfluss stark erhöhter Fallbeschleunigung voneinander getrennt werden. Nach diesem Prinzip arbeitet z. B. die von Hand betriebene Wäscheschleuder in Urgroßmutters Waschküche oder die Honigschleuder des Imkers. Viele Zelllinien bilden in Kultur eine Suspension, d. h. die einzelnen Zellen flottieren frei in der Nährflüssigkeit. Aus unterschiedlichen Gründen müssen die Zellen von Zeit zu Zeit konzentriert und von der Flüssigkeit getrennt werden (s. Kapitel 5). Dieser Trennprozess wird am effektivsten in einer Laborzentrifuge realisiert.

> *In einer Zentrifuge wird durch Drehung eines Rotors eine Zentrifugalkraft erzeugt, die zur Trennung trennfähiger Gemische (z.B. Suspensionen) genutzt wird. Je nach Umdrehungsgeschwindigkeit des Rotors kann die Zentrifugalkraft ein Vielfaches der Fallbeschleunigung g (für „gravitas", lat. „Schwere") betragen.*

In dem Begriff Zentrifuge lassen sich unschwer die lateinischen Worte für Mitte (centrum) und Flucht (fuga) erkennen. Bei der Zentrifugation streben in der Tat bewegliche Partikel wie die Zellen von der zentralen Rotorachse fort und sammeln sich am achsfernsten Punkt als Sediment, das auch als Pellet (engl. "Kügelchen") oder als Zentrifugat bezeichnet wird. Von manchen Autoren wird der Begriff „Pellet" allerdings nur in Zusammenhang mit totem Zellmaterial benutzt; die Fachliteratur gibt keinen eindeutigen Aufschluss darüber, ob die Unterscheidung tatsächlich gerechtfertigt ist.

Die Vielfalt unter den Laborzentrifugen ist enorm: sie reicht von der Minifuge bis zur Ultrazentrifuge. Wir wollen uns ausschließlich mit den Zentrifugen befassen, die für die Zentrifugation von lebenden Zellen (und ein bisschen mehr) geeignet sind.

Was muss eine für die Zentrifugation von Zellen taugliche Zentrifuge leisten? So wie es kaum einen vernünftigen Grund gibt (von den Kosten ganz abgesehen), sich ein 350 kW starkes Auto anzuschaffen, ist eine Hochleistungszentrifuge für die Zentrifugation von Zellen nicht notwendig. Im Vergleich zu anderen sedimentierbaren Partikeln sind Zellen recht groß und schwer. Sie sedimentieren bei moderaten 100–200 g bereits nach 5–10 min. Höhere Zentrifugalkräfte würden die Zellen schädigen oder das Sediment verklumpen lassen. Eine Tischzentrifuge mit proportional geregelter Bremse und einer Leistung von bis zu 1000 g ist für unsere Zwecke vollkommen ausreichend.

Der Wahl des Rotors kommt ebenfalls eine nicht unerhebliche Bedeutung zu. Grundsätzlich unterscheidet man zwischen Festwinkel- und Ausschwingrotoren. Beide haben ihre spezifischen Vor- und Nachteile, die hier kurz aufgeführt werden sollen.

Festwinkelrotor
Bei diesen Rotoren wird ein unveränderlicher Neigungswinkel der Zentrifugenröhrchen erzwungen (Abb. 2.8). Vorteile: Die glatte und homogene Form des Rotors verursacht auch bei höheren Drehzahlen aufgrund des geringen Luftwiderstands kaum einen Temperaturanstieg im Rotorraum. Da die Partikel (oder Zellen) nur eine kurze Strecke bis zur Röhrchenwand zurücklegen müssen, ist die Sedimentationszeit kürzer als in einem Ausschwingrotor. Die maximal erreichbare Drehzahl einer mittelgroßen Tischzentrifuge mit diesem Rotortyp liegt bei 15.000 U min^{-1}. Nachteile: Die Flüssigkeit im Röhrchen wird umgewälzt, wodurch unterschiedliche Dichten im Gefäß entstehen (für die Dichtegradientenzentrifugation deshalb ungeeignet). Je flacher der Neigungswinkel, desto mehr „verschmiert" das Sediment entlang der Röhrchenwand. Die Röhrchen können nicht vollständig befüllt werden, da sich die Position des Meniskus im Laufe des Zentrifugationsvor-

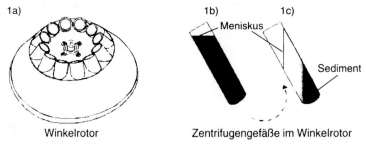

Abb. 2.8 Zentrifugenrotor mit festem Neigungswinkel (mit freundlicher Genehmigung aus: Ewald, F. J., Laborgeräte-ABC, 1999, Hoppenstedt, Darmstadt).

gangs ändert. Wegen der ungleichmäßigen Belastung besteht vor allem bei Glasröhrchen erhöhte Bruchgefahr.

Ausschwingrotor
In einem Ausschwingrotor sind die Zentrifugiergefäße beweglich aufgehängt. Während des Stillstands hängen sie senkrecht nach unten, während des Laufs schwingen sie in die horizontale Lage aus (Abb. 2.9 und 2.10). Vorteile: Die Zentri-

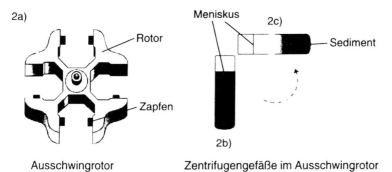

Abb. 2.9 Zentrifugenrotor mit ausschwingenden Röhrchenhaltern (mit freundlicher Genehmigung aus: Ewald, F.J., Laborgeräte-ABC, 1999, Hoppenstedt, Darmstadt).

Abb. 2.10 Tischzentrifuge mit Ausschwingrotor für zwei Röhrchengrößen.

fugenröhrchen können nahezu bis zum Rand befüllt werden, da der Meniskus seine Lage während des Zentrifugierens nicht ändert. Durch die gleichmäßige Belastung wird die Flüssigkeit nicht umgewälzt (wichtig bei der Dichtegradientenzentrifugation) und das Sediment sammelt sich konzentriert am Boden des Röhrchens. Zudem besteht nur eine geringe Bruchgefahr. Nachteile: Da die Partikel (oder Zellen) maximal die gesamte Länge des Zentrifugenröhrchens durchmessen müssen, bedarf es einer längeren Zentrifugationszeit als im Festwinkelrotor. In Kombination mit einem durch seine zerklüftete Form bedingten hohen Luftwiderstand führt das während der Zentrifugation zu einer Temperaturerhöhung im Rotorraum. Die maximal erreichbare Drehzahl einer mittelgroßen Tischzentrifuge mit diesem Rotortyp liegt bei 5000 U min^{-1}.

Ausstattung und Wartung
Ältere Zentrifugen, die zuweilen heute noch in Betrieb sind, besitzen keine abgedichtete Rotorkammer. Mit der durch den Rotorraum geführten Umluft können Schmutz und Keime hinein- und – im Falle eines Röhrchenbruchs – Aerosole hinausgelangen. Da diese Zentrifugen auch aufgrund fehlender Deckelverriegelung den Sicherheitsstandards nicht mehr entsprechen, sollte man sie mit erhöhter Vorsicht benutzen.

Moderne Zentrifugen sind geräuscharm laufende, einfach zu bedienende Geräte mit großem technischen Komfort. Ein kinderleichter Rotorwechsel erlaubt wahlweise den Einsatz von Zentrifugenröhrchen mit 15 bzw. 50 mL Volumen. Sicherheit ist bei den großen rotierenden Massen einer Zentrifuge oberstes Gebot. Ein gepanzerter Rotorraum, Überdrehzahlschutz und aerosoldichte Deckel mit Verriegelungsautomatik gehören zum Standard. Eine Unwuchtkontrolle prüft, ob die Zentrifuge gleichmäßig beladen ist. (Es kommt beim Befüllen nicht auf den letzten Tropfen oder das letzte Milligramm an; es reicht in der Regel aus, die Füllstände per Augenmaß zu kontrollieren.) Zentrifugen mit automatischer Unwuchtkorrektur gleichen eine Unwucht bis zu 50 g aus und bieten enorme Sicherheitsreserven beim Zentrifugieren von Zellkulturflaschen.

Gerade bei biologischem Material kann die Wärmeentwicklung im Rotorraum zu einem Problem werden. Da die Antriebsenergie der Zentrifuge nahezu vollständig in Wärme umgewandelt wird und der Ausschwingrotor durch Luftreibung zusätzlich Kalorien produziert, kann eine lange Zentrifugationszeit bei empfindlichen biologischen Proben (lebende Zellen, DNA, Ribosomen, Zellmembranen etc.) zur Denaturierung durch Überhitzung führen. (In Ultrazentrifugen, die Rotordrehzahlen von 150.000 U min^{-1} und mehr erreichen, muss aus diesem Grund der Rotorraum luftleer gepumpt werden.) Bei Zentrifugen mit regulierbarem Kühlaggregat lässt sich die gewünschte Temperatur einstellen. Die eingesetzten Kühlmittel sollten allerdings FCKW-frei sein.

In Versuchsvorschriften wird meist angegeben, mit welchem Vielfachen der Fallbeschleunigung eine Suspension zentrifugiert werden soll (z. B. 200× g). Da Zentrifugen in verschiedenen Labors selten baugleich sind, ist es ist nicht ratsam, in Versuchsprotokollen statt der g-Zahl die Drehzahl des Rotors (z. B. mit 5000 U min^{-1}) anzugeben, da eine Referenzzentrifuge mit kleinerem oder größerem Rotordurchmesser bei gleicher Drehzahl eine nach unten bzw. nach oben abweichende Fallbeschleunigung g erzeugt.

Drehzahl und g-Zahl stiften oft Verwirrung und werden mitunter sogar verwechselt oder gleichgesetzt. Abhilfe schafft ein Nomogramm, mit dem für jede beliebige Drehzahl die entsprechende g-Zahl – und umgekehrt – in wenigen Augenblicken ermittelt werden kann, vorausgesetzt, der Radius des Rotors der eigenen Zentrifuge ist bekannt (Abb. 2.11).

Zentrifugen sind an sich weitgehend wartungsarm. Dennoch muss besonders bei Nutzung durch mehrere Personen eine regelmäßige Reinigung der Rotorkammer und der Rotorbecher erfolgen, um eine Verkeimung zu verhindern.

Zentrifugen gehören zu den wenigen Laborgeräten, für die eine DIN besteht, an die Hersteller gebunden sind. Für den Betreiber im Labor gelten die Arbeitsstätten-Richtlinien und die Unfallverhütungsvorschrift für Zentrifugen der Berufsgenossenschaft der chemischen Industrie.

2.4.5
Kühlgeräte

Ein biologisch-medizinisches Labor kommt ohne Kühlgeräte zur Aufbewahrung von leichtverderblichen Produkten wie Nährmedien, Serum oder Enzymen nicht aus. Die unterschiedliche Haltbarkeit der Kühlgüter, ihre Lagerungsdauer und die Notwendigkeit stufenweiser Abkühlvorgänge (z. B. beim Einfrieren von lebenden Zellen) erfordern ein komplettes Kühlsystem, das einen möglichst breiten Temperaturbereich abdeckt. Die Funktionsweise all dieser Geräte geht grundsätzlich auf die Kälte erzeugende Kompressortechnologie zurück, die von Carl Linde in den 1870er Jahren entwickelt wurde.

Laborkühlschrank
Im Kühlschrank bewahren wir alle Substanzen auf, die für eine Lagerung bei +4 °C geeignet sind. Hierzu gehören auch die zubereiteten Nährlösungen für die Fütterung der Zellen. Im Allgemeinen ist ein geräumiger Haushaltskühlschrank ausreichend und wesentlich preiswerter als ein spezielles Laborgerät. In seinem Labor hat der Autor ein Kombinationsgerät mit Tiefkühlteil und einer Einrichtung zur Bereitung von Würfel- und Brucheis schätzen gelernt. Wer keinen Kühlschrank mit Tiefkühlfach zur Verfügung hat, benötigt eine Tiefkühltruhe.

Tiefkühltruhen
Eine Truhe ist einem Tiefkühlschrank vorzuziehen, da beim Öffnen des Deckels weniger kalte Luft verloren geht. Das verkürzt die Erholzeiten und spart Energiekosten. Die Truhen werden in den unterschiedlichsten Größen angeboten und erlauben eine individuelle Ausstattung des Labors.

Bei einer Temperatur von –20 °C werden alle Substanzen aufbewahrt, die diese Lagerungstemperatur benötigen oder tolerieren: z. B. Serum- und Medienvorräte, Enzyme und Proteinpräparate. Manche biologische Materialien wie Blutplasma,

Berechnungstabelle

Zur Ermittlung der relativen Zentrifugalbeschleunigung (RZB - Wert)
Entspricht dem Mehrfachen der Erdanziehungskraft [g]

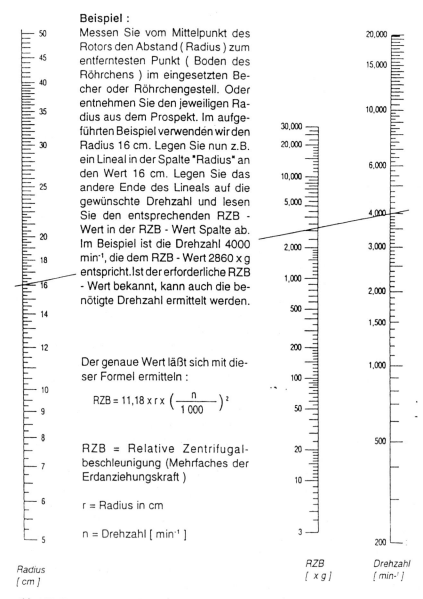

Beispiel :
Messen Sie vom Mittelpunkt des Rotors den Abstand (Radius) zum entferntesten Punkt (Boden des Röhrchens) im eingesetzten Becher oder Röhrchengestell. Oder entnehmen Sie den jeweiligen Radius aus dem Prospekt. Im aufgeführten Beispiel verwenden wir den Radius 16 cm. Legen Sie nun z.B. ein Lineal in der Spalte "Radius" an den Wert 16 cm. Legen Sie das andere Ende des Lineals auf die gewünschte Drehzahl und lesen Sie den entsprechenden RZB - Wert in der RZB - Wert Spalte ab. Im Beispiel ist die Drehzahl 4000 min^{-1}, die dem RZB - Wert 2860 x g entspricht. Ist der erforderliche RZB - Wert bekannt, kann auch die benötigte Drehzahl ermittelt werden.

Der genaue Wert läßt sich mit dieser Formel ermitteln :

$$RZB = 11{,}18 \times r \times \left(\frac{n}{1\,000}\right)^2$$

RZB = Relative Zentrifugalbeschleunigung (Mehrfaches der Erdanziehungskraft)

r = Radius in cm

n = Drehzahl [min^{-1}]

Radius [cm]   RZB [x g]   Drehzahl [min^{-1}]

Abb. 2.11 Nomogramm zur Umrechnung von g in U/min und umgekehrt (mit freundlicher Genehmigung der Hermle Labortechnik GmbH).

DNA, Restriktionsenzyme oder Gewebeproben müssen bei Temperaturen zwischen −70 °C und −85 °C eingefroren werden. Solche Truhen eignen sich auch zum Vorkühlen von Zellkonserven. Für die Daueraufbewahrung von Zellen kommen entweder Stickstoffbehälter oder Ultratiefkühltruhen in Frage, die eine Temperatur von −152 °C erzeugen. Näheres zu diesem Thema wird in Kapitel 5.8 erläutert.

Ausstattung und Wartung

Jeder, der schon das Vergnügen hatte, in einem Studentenwohnheim zu leben, wird diese Situation kennen: ein hoffnungslos überfüllter Kühlschrank, darunter auch Lebensmittel, die schon lange das Haltbarkeitsdatum überschritten haben. Ähnliche Verhältnisse herrschen leider auch in vielen Laborkühlschränken. Sie sind vollgestopft mit undichten Schälchen, halbverschlossenen Flaschen, Pröbchen, Röhrchen und zahlreichen anderen Behältnissen, denen wir oft nicht ansehen können, was sie enthalten, wem sie gehören und wie alt sie sind. Die gelagerten Substanzen können giftig, verdorben oder schlicht überflüssig sein. Deshalb sollte alles, was in den Kühlschrank gestellt wird, mit der Angabe des Inhalts, dem Datum der Zubereitung sowie mit dem Namen des Nutzers versehen sein. Was nicht eindeutig zugeordnet werden kann, herrenlos oder überaltert ist, muss konsequent entsorgt werden. Vor allem die proteinhaltigen Substanzen unterliegen schließlich Zersetzungsvorgängen, werden für die Zellen gefährlich und somit unbrauchbar. Zudem steigt die Gefahr der Besiedelung durch Schimmelpilze und andere Keime, wodurch der Kühlschrank zu einer potenziellen Kontaminationsquelle wird. Wir sollten es mit Bismarck halten, der einst sagte, nötige Geschäfte störten ihn wenig, die unnötigen aber würden ihn verbittern. Durch eine regelmäßige Säuberung sowie ein Mindestmaß an Übersichtlichkeit und Ordnung halten wir uns viele unnötige Probleme vom Hals. Für die rasche Auffindbarkeit von Proben in Kühlschränken und Tiefkühltruhen bei optimaler Raumausnutzung bieten Hersteller und Laborfachhandel Aufbewahrungssysteme wie Boxen, Körbe und Schubfächer aus kälteresistenten Materialien an.

Oft stellen die in den Tiefkühltruhen eingefrorenen Substanzen einen erheblichen Wert dar. Die in Ultratiefkühltruhen lagernden Zelllinien und Mikroorganismen repräsentieren nicht selten die Arbeit von Jahren. Temperaturschwankungen, die bis zum vollständigen Auftauen der Proben führen können, richten irreparable Schäden an. Je nach Ausstattung geben die Kühltruhen deshalb bei Stromausfall, bei nicht korrekt verschlossenem Truhendeckel oder bei verstopftem Lufteinlassfilter optischen und akustischen Alarm. Truhen mit besonders heiklem Inhalt können an eine Alarmfernanzeige oder an das Notstromnetz angeschlossen werden. Da die Labortiefkühlgeräte aus den eben erwähnten Gründen über keine Abtauautomatik verfügen dürfen, sind Wartungsarbeiten, wie die Entfernung von Eisbesatz und die Reinigung des Lufteinlassfilters, unumgänglich. Die hierfür nötigen Informationen entnehmen wir der Betriebsanleitung des jeweiligen Geräts.

2.4.6
Heizsysteme

Ein modernes Labor kommt ohne elektrisch erzeugte Wärme nicht aus. Viele chemische Reaktionen lassen sich durch Wärmezufuhr beschleunigen oder gar erst in Gang setzen. Salzlösungen und Nährmedien müssen auf Körpertemperatur erwärmt werden, bevor die Zellen damit in Berührung kommen. Zwei Standardgeräte sollen hier kurz vorgestellt werden.

Wasserbad

Für die Zellkultur ist das Wasserbad ein unverzichtbares Utensil. Es dient u. a. dem Erwärmen von proteinhaltigen Nährlösungen sowie dem schonenden Auftauen von tiefgefrorenen Seren oder Zellkonserven. Die gewünschte Temperatur lässt sich sehr genau einstellen und regeln. Durch seine Konvektionsströmung umfließt das warme Wasser die kühlen Gegenstände in der Wanne und sorgt für gleichmäßigen Wärmetransport.

Ein Phänomen, das schon Archimedes ein erstauntes „eureka" entlockte, wird uns auch bei der Benutzung eines Wasserbads ständig begegnen: Feste Körper verdrängen Wasser. Da es aus dem Badkörper nicht entweichen kann, steigt der Wasserspiegel mehr oder weniger an, sobald wir ein paar Flaschen hineinstellen. Es kann dann passieren, dass kleinere oder fast leere Flaschen durch den Auftrieb die Bodenhaftung verlieren und umkippen. Eine Verunreinigung des Flascheninhalts durch das Wasser ist somit nicht auszuschließen. Durch geeignete Tablare, Klammern, Halter, Schwimmer und Beschwerungsringe lassen sich die unterschiedlichsten Gefäßgrößen gleichzeitig erwärmen (Abb. 2.12).

Als der Autor eines Tages auf einem Zellkulturseminar den Deckel eines Wasserbads aufklappte, glaubte er, in ein Aquarium zu blicken: Wände und Boden waren dick mit Algen bewachsen. Ungeachtet des bescheidenen Nährwerts von Wasser finden immer einige unerwünschte Organismen den Weg in die wohlige Wärme des Wasserbads und siedeln sich dort an. Bereits nach einer Woche lässt sich mit dem Finger ein dünner, schleimiger Belag vom Edelstahl abwischen. Dann ist es Zeit, die Ablassschraube herauszudrehen, den Badkörper mit Seifenwasser, Schwamm und Flaschenbürste zu reinigen, mehrmals auszuspülen und mit frischem Wasser zu füllen. Zur Vermeidung von organischen Kontaminationen durch Bakterien, Pilze und Algen kann das Wasser mit keimtötenden Zusätzen wie dem aldehydfreien AquaClean (WAK-Chemie Medical) versetzt werden. Ein zugesetzter Farbindikator zeigt Proteinausfällungen visuell an. Laut Hersteller sollten das Wasser und das Additiv monatlich erneuert werden.

Heizplatte

Zum Erhitzen von Flüssigkeiten in Bechergläsern und Glaskolben kommen wir im Zellkulturlabor mit einer kleinen Heizplatte aus. Diese Geräte besitzen in der Regel keine sehr große Temperaturgenauigkeit. Äußerst praktisch und empfehlenswert sind Heizplatten mit integriertem Magnetrührwerk (Abb. 2.13). Ein unter der

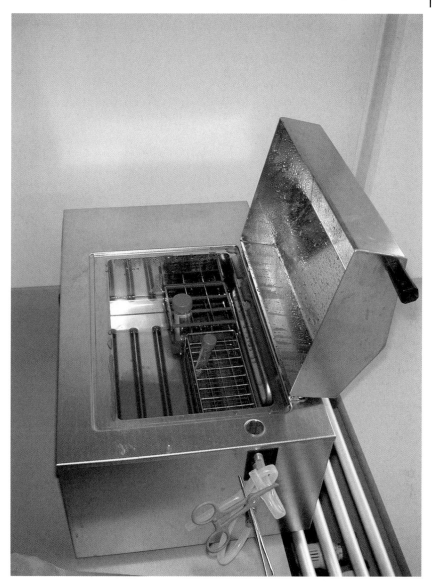

Abb. 2.12 Wasserbad mit Röhrchenständer.

meist runden Heizfläche rotierendes Magnetfeld bewegt ein mit Teflon ummanteltes Rührstäbchen („Rührfisch"), das sich im Gefäß dreht. Temperatur und Rotationsgeschwindigkeit lassen sich individuell regeln.

Abb. 2.13 Magnetischer Rührer mit Heizplatte (links) und Röhrchenschüttler („Vortexer").

2.4.7
Laborwaage

Obwohl wir auf eine Vielzahl im Handel angebotener, gebrauchsfertiger Lösungen für die Zellkultur zurückgreifen können, stehen wir häufig vor der Aufgabe, aus einzelnen Zutaten ein Präparat frisch zubereiten zu müssen. Eine verlässliche Waage gehört deshalb zur Grundausstattung des Zellkulturlabors. Laborwaagen arbeiten heute überwiegend nach dem elektromechanischen Prinzip. Sie sind durchweg bedienerfreundlich gestaltet, leicht zu reinigen und dank übersichtlicher Displays gut ablesbar.

Wer auf sehr genaue Wägeergebnisse angewiesen ist oder eichpflichtige Wägungen vornehmen muss, benötigt eine Präzisionswaage. Ihre kleinste ablesbare Massedifferenz beträgt $\geq$ 0,001 g (1 mg). Wesentlich preiswerter, jedoch mit geringerer Genauigkeit sind Tischwaagen mit einer Ablesbarkeit von 0,01 g. Sie genügen den Anforderungen in der Zellkultur weitgehend und verfügen ebenfalls über Taraausgleich und Sollgewichtskontrolle. Es empfiehlt sich, das Wägegut nicht direkt auf den Wägeteller zu legen, sondern Wägeschälchen oder Wägepapier zu benutzen.

2.4.8
pH-Meter

In Lehrbüchern lesen wir, der pH-Wert ist der umgekehrte Logarithmus der Hydroniumionenkonzentration in einer wässrigen Lösung. Etwas weniger wissenschaftlich ausgedrückt: Der pH-Wert sagt aus, wie sauer bzw. wie basisch eine Flüssigkeit ist. Um subjektive Geschmacksempfindungen in objektive Messwerte zu fassen, wurde eine Werteskala von 0–14 eingerichtet. Dem Wert 7, genau in der Mitte der Skala, entspricht der Neutralpunkt. Ihn messen wir in Flüssigkeiten wie frischem Leitungswasser oder Milch. Je kleiner der pH-Wert, desto saurer ist eine Probe. Orangensaft hat einen pH-Wert von 5, Coca Cola 3,5 , Magensaft ca. 2 und 0,4 %ige Salzsäure 1 (in der Praxis sind sogar Werte bis unter −3 messbar). Je weiter der pH-Wert über dem Neutralpunkt liegt, um so basischer ist die Probe: Meerwasser hat einen pH-Wert von 8, Ammoniak 11 und 0,4 %ige Natronlauge 13 (Werte von über 15 sind möglich).

Den pH-Wert kann man auf unterschiedliche Weise ermitteln. Am einfachsten funktionieren Indikatorfarbstoffe, wie sie z. B. in den Nährmedien verwendet werden, oder Teststreifen. Bei beiden Methoden geben Farbreaktionen über den sauren oder basischen Charakter einer Flüssigkeit Aufschluss. Definierte Ergebnisse erlaubt jedoch nur die elektrochemische Messung mittels pH-Meter. Das Gerät berechnet aus der elektrischen Spannung der angeschlossenen Messkette (meist als „Elektrode" bezeichnet) den pH-Wert der Probe.

Es würde hier zu weit führen, die Funktionsweise eines pH-Messgeräts im Detail zu erläutern. Für eine exakte Messung ist es jedoch erforderlich, dass wir auf einige wenige wichtige Faktoren achten. Zunächst muss das Gerät kalibriert werden. Hierzu wird die Elektrode in mindestens zwei, besser jedoch in drei, definierte Pufferlösungen getaucht und das Gerät auf den pH-Wert der entsprechenden Lösungen eingestellt. Da die Spannung der Messkette temperaturabhängig ist, sollte die Kalibrierung bei der Temperatur erfolgen, bei der auch gemessen wird und von Zeit zu Zeit überprüft werden.

Der eigentliche Messvorgang geht einfach und schnell vonstatten: Die Elektrode wird so lange in die Probe getaucht, bis sich die digitale Anzeige nicht mehr verändert. Um die Reproduzierbarkeit der Messungen zu verbessern, müssen die Probenvolumina so bemessen sein, dass eine stets gleiche Eintauchtiefe gewährleistet ist.

Nach jeder Messung muss die Elektrode mit entionisiertem Wasser gespült werden, da es sonst zu verfälschten Messergebnissen kommt und die Messkette Schaden nehmen kann. Solange die Elektrode nicht benutzt wird, muss die mit Elektrolytlösung gefüllte Schutzkappe aufgesteckt und die Nachfüllöffnung verschlossen sein. Detaillierte Hinweise zur Benutzung sind der jeweiligen Betriebsanleitung zu entnehmen.

2.4.9
Reinstwasserversorgung

Um genügend sauberes Wasser zur Verfügung zu haben, waren die Menschen bereits sehr früh zu wasseraufbereitenden Maßnahmen gezwungen. Die ersten schriftlichen Zeugnisse sind ca. 4.000 Jahre alt. Trotz der bereits etablierten Sandfiltration des Trinkwassers grassierten noch im 19. Jahrhundert in Europa Epidemien wie Cholera, Ruhr und Typhus. Angeregt durch die Erkenntnisse von Louis Pasteur wurden die modernen Techniken der Wasseraufbereitung entwickelt, wie z. B. die Desinfektion durch Chlor.

Für wissenschaftliche Anwendungen enthält sauberes, zum Trinken geeignetes Wasser aber immer noch zu viele Verunreinigungen. Wie in 2.3.1 dargestellt, wird bereits für Reinigungszwecke Wasser von besonderer Qualität gebraucht. Für die Zubereitung von Nährmedien und gepufferten Salzlösungen benötigen wir jedoch ultrareines Wasser, um den negativen Einfluss von gelösten Inhaltsstoffen auf die biochemischen Reaktionen in den Zellen so gering wie nur möglich zu halten. Eine Anlage zur Herstellung von Reinstwasser im Zellkulturlabor oder im Vorbereitungsraum macht sich deshalb bezahlt.

Reinstwasseranlagen werden heute in erfreulich kleinen Dimensionen angeboten. Ein Tisch- oder Wandgerät in Rucksackgröße findet selbst in beengteren Raumverhältnissen ein Plätzchen – einen Wasseranschluss vorausgesetzt. Ein wichtiger Punkt bei der Wahl der Aufbereitungsanlage ist die genaue Kenntnis der Speisewassergüte. Die Werte über Wasserhärte, Salz- und Kohlensäuregehalt können bei jedem örtlichen Wasser- oder Stadtwerk in Erfahrung gebracht werden.

Aufgrund der hohen Anforderungen an die Wasserqualität in der Wissenschaft und Industrie sind allgemeingültige Normen zur Beurteilung von ultrareinem Wasser geschaffen worden. Reinstwasser muss demnach praktisch frei sein von anorganischen und organischen Verunreinigungen (meist als TOC = „Total Organic Carbon" bezeichnet). Insbesondere für Zellkulturen und andere biologische Anwendungen wird die von der American Society for Testing and Materials (ASTM) erarbeitete Norm empfohlen. Sie schreibt unter anderem folgende Mindestwerte für ultrareines Wasser der Typ-1-Spezifikation vor:

max. Leitfähigkeit bei 25 °C	0,056 µS cm^{-1} [1]
min. Widerstand bei 25 °C	18,0 MΩ × cm [2]
Endotoxinbelastung	< 0,03 EU mL^{-1} [3]
TOC-Gehalt	100 ppb [4]

[1] µS = Mikrosiemens = 1 Millionstel Siemens; S ist die Maßeinheit der elektrischen Leitfähigkeit und der Kehrwert des Ohms

[2] MΩ = Megaohm = 1 Million Ohm; Ω ist die Maßeinheit des elektrischen Widerstandes

[3] EU = Endotoxin Units (Endotoxin-Einheiten)

[4] ppb = part per billion (engl. „billion" entspricht der dt. Milliarde); gibt an, dass auf eine Milliarde Teilchen einer Sorte (z. B. H$_2$O) ein Teilchen einer anderen Sorte kommt

Um sowohl die Salzfracht als auch die organische Belastung des Wassers derart drastisch reduzieren zu können, muss die Reinstwasseranlage mit entsprechend vorbehandeltem Reinwasser gespeist werden. Meist wird es durch Ionenaustausch, durch Umkehrosmose oder durch eine Kombination aus beiden gewonnen. Um die organische Belastung mit Bakterien, Endotoxinen und Enzymen wie RNAse weiter zu verringern, sind manche Geräte mit einer UV-Lampe ausgerüstet. Die ultraviolette Strahlung soll lebende Keime abtöten und organische Verbindungen durch Photooxidation zu CO_2 und H_2O abbauen. Die letzten Reste der organischen Fracht werden über ein Ultrafiltrationsmodul am Entnahmeventil zurückgehalten, sodass wir am Ende Wasser bekommen, das praktisch aus nichts als H_2O besteht. Dieses ultrareine Wasser ist für den sofortigen Gebrauch bestimmt und sollte nicht bevorratet werden, da es sich verhältnismäßig rasch mit Verunreinigungen anreichert und sich seine Leitfähigkeit sofort durch aus der Luft aufgenommenes CO_2 erhöht.

Nicht übersehen werden sollte, dass der Betrieb einer Reinstwasseranlage laufende Kosten verursacht, die von der Entnahmemenge, der Größe und der Bauart der Anlage abhängig sind. Da die Kunstharzpatronen des Ionenaustauschers nicht regeneriert werden können, müssen sie von Zeit zu Zeit durch neue ersetzt werden. In den letzten Jahren ist deshalb das Interesse an Aufbereitungsanlagen mit Elektrodenionisation gestiegen. Da sie ständig regeneriert werden können, entfällt hier der Austausch erschöpfter Kartuschen. Wer sich näher mit den technischen Einzelheiten der Wasseraufbereitung beschäftigen möchte, findet in der einschlägigen Fachliteratur reichlich Informationen.

2.4.10
Literatur

Ackerknecht E. H.: Geschichte der Medizin; 7. Auflage. Enke Verlag Stuttgart, 1992

Bendlin H.: Reinstwasser von A bis Z. Wiley-VCH Verlag, Weinheim, 1995

Berufsgenossenschaft der chemischen Industrie, Merkblätter Sichere Biotechnologie. Jedermann-Verlag Dr. Otto Pfeffer, Heidelberg, 1992

Berufsgenossenschaft der chemischen Industrie, Merkblatt B 011: „Sicheres Arbeiten an mikrobiologischen Sicherheitswerkbänken". Jedermann-Verlag Dr. Otto Pfeffer, Heidelberg, 2004

Distler P.: Zuverlässiges Konzept gegen mikrobielle Kontamination in CO_2-Inkubatoren. GIT Labor-Fachzeitschrift 10/03. GIT-Verlag, Darmstadt, 2003

Ewald F.-J.: Laborgeräte-abc. Verlag Hoppenstedt Darmstadt, 1999

Ewald K.: Die Welt des Zentrifugierens. LABO Magazin für Labortechnik + Life Sciences 9/00. Verlag Hoppenstedt Bonnier, Darmstadt, 2000

Flindt R.: Biologie in Zahlen; 6. Auflage. Spektrum Akademischer Verlag Heidelberg, 2002

Freshney R. I.: Culture of animal cells; fourth edition. Wiley-Liss, 2000

Guggolz E.: Tischzentrifugen. LABO Magazin für Labortechnik + Life Sciences 6/96. Verlag Hoppenstedt Bonnier, Darmstadt, 1996

Gundlach H.: Nobel-Preis für Frits Zernike (1888–1966) in Physik für die Entwicklung des Phasenkontrast-Verfahrens. Zellbiologie aktuell – Mitteilungen der Deutschen Gesellschaft für Zellbiologie 2/03, 2003

Güra B.: Laborglasaufbereitung Teil 2: Maschinelle Reinigung von Laborglas. LABO Magazin für Labortechnik + Life Sciences 9/00. Verlag Hoppenstedt Bonnier, Darmstadt, 2000

Hauptverband der gewerblichen Berufsgenossenschaften: Merkblatt für das Arbeiten an und mit mikrobiologischen Sicherheitswerkbänken. Carl Heymanns Verlag, Köln, 1987

Hinrichs T.: Sicherheitswerkbänke suggerieren Sicherheit – Nachprüfungen beweisen das Gegenteil. LABO Trend. Verlag Hoppenstedt Bonnier, Darmstadt, 1998

Internationale Sektion der IVSS (Internationale Vereinigung für Soziale Sicherheit) für die Verhütung von Arbeitsunfällen und Berufskrankheiten in der chemischen Industrie (Hrsg.): Sicherer Umgang mit biologischen Agenzien – Biotechnologie, Gentechnik; Teil 2 Arbeiten im Laboratorium. 2000

Internationale Sektion der IVSS (Internationale Vereinigung für Soziale Sicherheit) für die Verhütung von Arbeitsunfällen und Berufskrankheiten in der chemischen Industrie (Hrsg.): Sicherer Umgang mit biologischen Agenzien – Biotechnologie, Gentechnik; Teil 3 Arbeiten in der Produktion. 1999

Kusserow B.: Unter Dampf. Dampfsterilisatoren („Autoklaven") im Überlick. LABO Magazin für Labortechnik + Life Sciences 2/03. Verlag Hoppenstedt Bonnier, Darmstadt, 2003

Leyer D.-C., Steudten D.: Stand-by in Reinstwassersystemen. LABO Magazin für Labortechnik + Life Sciences 12/04. Verlag Hoppenstedt Bonnier, Darmstadt, 2004

Lindl T.: Zell- und Gewebekultur; 5. Auflage. Spektrum Akademischer Verlag Heidelberg, 2002

Mahl W.: Sicheres Arbeiten an mikrobiologischen Sicherheitswerkbänken. GIT Labor-Fachzeitschrift 11/05. GIT-Verlag, Darmstadt, 2005

Moeller E.: Schulungs- und Unterweisungsfolien für das Labor. WEKA Fachverlag für technische Führungskräfte, 1999

Morgan S. J., Darling D.C.: Kultur tierischer Zellen. Spektrum Akademischer Verlag Heidelberg, 1994

Ulrich H.-J.: Reinigung und Dekontamination in der Spülmaschine. BioTec 1/98. Verlag für Technik & Wirtschaft, Mainz, 1998

Unteregger G.: Strategien gegen Kontaminationen. BioTec 1/98. Verlag für Technik & Wirtschaft, Mainz, 1998

Voss W., Bendlin H.: Herstellung von Reinstwasser. LABO 12/03. Verlag Hoppenstedt, Darmstadt, 2003

Wagner J.: Nichts als Wasser. LABO 12/03. Verlag Hoppenstedt, Darmstadt, 2003

2.4.11
Informationen im Internet

Zusammenfassung Europäischer und internationaler Richtlinien am Belgischen Biosafety Server: http://biosafety.ihe.be/

Informationsseite der Arbeitsgruppe „Sicherheit der Biotechnologie" der Europäischen Föderation Biotechnologie: http://www.boku.ac.at/iam/efb/

3
Sicheres Arbeiten im Zellkulturlabor

Es ist allgemein bekannt, dass die Küche zu den gefährlichsten Aufenthaltsorten in der Wohnung zählt – es drohen Verbrühungen, Verbrennungen, Vergiftungen, Schnitt- und Stichverletzungen, Knochenbrüche sowie schmerzhafte Beulen. In einem Zellkulturlabor sind die Beschäftigten ebenfalls einer Vielzahl von Gefährdungen ausgesetzt. Eine wirksame Gefahrenverhütung setzt deshalb ausreichende Kenntnisse hinsichtlich des Gefährdungspotenzials und der Arbeitssicherheit voraus. In diesem Kapitel wollen wir uns zunächst einen Überblick über die Risiken im Labor verschaffen, ihre schädlichen Auswirkungen auf Mensch und Umwelt darstellen sowie auf entsprechende Sicherheitsmaßnahmen hinweisen.

3.1
Gefährdungen im Zellkulturlabor

3.1.1
Allgemeine Gefährdungen

Risiken für das Laborpersonal können be- oder entstehen durch:
- Belastungen durch die Arbeitsumgebung
  Belastungen dieser Art können u. a. durch die Klima- oder Belüftungsanlage (s. Kapitel 2), schlechte Beleuchtung oder ungeeignete Sitzmöbel ausgelöst werden.
- physikalische Einwirkungen
  Hierzu gehören Belastungen durch Strahlen, Ultraschall und ähnliche Emissionen.

Im Wesentlichen bestehen drei Hauptgefährdungen:
- α-Strahlung: Bei dieser sog. Korpuskularstrahlung werden Masseteilchen (die Kerne von Heliumatomen, bestehend aus 2 Protonen und 2 Neutronen) von einer Strahlungsquelle ausgesendet, die jedoch kaum ein Blatt Papier durchdringen können. Dennoch kann es bei unbeabsichtigter Aufnahme bestimmter radioaktiver Substanzen, z. B. von mit überschwerem Wasserstoff (^{3}H) markierten Nucleosiden (Bausteine der DNS bestehend aus Zucker und Phosphat) durch Verschlucken oder Einatmen aufgrund der frei werdenden weichen α-Strahlung zu lokalen Gewebezerstörungen z. B in der Schilddrüse kommen.

Leitfaden für die Zell- und Gewebekultur. Jürgen Boxberger
Copyright © 2007 WILEY-VCH Verlag GmbH & Co. KGaA, Weinheim
ISBN: 978-3-527-31468-3

- β-Strahlen: Als zweite Gefahrenquelle sind die harten α- und β-Strahler (z. B. Phosphor ^{32}P, Jod ^{125}J oder Jod ^{13}J) zu nennen. Bei der β-Strahlung werden schnelle Elektronen mit hoher Durchdringungskraft freigesetzt. Selbst bei kurzzeitigem Arbeiten mit ^{32}P sollte deshalb hinter einer 5 mm dicken Plexiglasscheibe oder hinter einem 2 mm starken Bleischirm Deckung gesucht und mit Handschuhen gearbeitet werden. Nach Beendigung der Arbeit muss der Arbeitsplatz sorgfältig gereinigt und gegebenenfalls dekontaminiert werden. Bei häufigeren Arbeiten muss er regelmäßig auf radioaktive Kontamination überprüft werden.
- γ- und UV-Strahlung: Die hochenergetischen elektromagnetischen Strahlen werden von Röntgenapparaten, Hochenergiequellen wie Kobalt ^{60}Co oder UV-Strahlern ausgesendet. Diese sehr energiereichen Strahlenquellen werden gewöhnlich in separaten Räumen mit entsprechenden Sicherheitseinrichtungen untergebracht und unterliegen strengen Kontrollen. UV-Strahler können Hautverbrennungen und Schädigungen der Augen bewirken (s. Abschnitt 3.2.4). Sie müssen deshalb sorgfältig abgeschirmt werden (Schutzbrille mit Sperrfilter).

Arbeiten unter radioaktiver oder sonstiger Strahlenbelastung müssen in der Regel in eigens dafür eingerichteten Labors unter Beachtung der dort geltenden Sicherheitsbestimmungen durchgeführt werden.

Brand- und explosionsgefährliche Stoffe

Hierunter fallen alle festen, flüssigen oder pastenförmigen Stoffe, die als entzündlich, leichtentzündlich, hochentzündlich, brandfördernd oder explosiv eingestuft sind. Zündquellen können offene Flammen, Funken oder heiße Gegenstände sein. Neben der Gefahr von Verbrennungen können sich Gefährdungen durch Sauerstoffmangel, Rauchvergiftung und Sichtbehinderung ergeben.

Der gleichzeitige Gebrauch von alkoholhaltigen Lösemitteln zum Reinigen oder Desinfizieren und offenem Feuer (z. B. beim Abflammen) birgt immer eine gewisse Brandgefahr. Alkohol brennt mit einer sehr blassen, kaum sichtbaren Flamme. Kleinere Brandherde werden deshalb mitunter nicht sofort bemerkt. Werden Instrumente unmittelbar vor dem Abflammen in Alkohol desinfiziert, ist deshalb unbedingt darauf zu achten, dass die Geräte nicht brennend in den Alkohol zurückgestellt werden. Verletzungsgefahr besteht auch, wenn die Flamme auf noch alkoholfeuchte Hände überspringt.

Elektrische Anlagen

Gefährdungen durch elektrischen Strom entstehen häufig durch defekte Geräte, beschädigte Kabel und unsachgemäß ausgeführte Reparaturen. Ab 500 mA ist ein Stromschlag tödlich (mA = Milliampere = 1 Tausendstel Ampere; A = Maßeinheit für die Stromstärke).

Mechanische Gefährdung

Schnitt- und Stichverletzungen durch Glasbruch, Skalpelle, Rasierklingen oder Injektionsnadeln sind die am häufigsten vorkommenden Unfälle im Labor. Für Glasbruch und scharfe Gegenstände müssen besondere Abfalleimer bereitstehen, die nicht für den allgemeinen Abfall verwendet werden dürfen. Benutzte Einmalkanülen sollten nicht in die Schutzhülle zurückgesteckt werden, da hierbei ein hohes Verletzungs- und Infektionsrisiko besteht. Die Nadeln sollten stets in speziellen Auffangdosen entsorgt werden.

Ungeschützt laufende Zentrifugenrotoren oder Rührwerke besitzen ebenfalls ein hohes Gefährdungspotenzial. Lange Haare sollten deshalb während der Arbeit aufgesteckt oder von einer Haube bedeckt sein.

Hitze und Kälte

Nicht nur Körperkontakt mit heißen Heizplatten, sondern auch mit extrem kalten Gegenständen führt zu sehr schmerzhaften Verletzungen (s. Abschnitt 5.8).

Allgemeine Gefahrstoffe

Darunter fallen alle Substanzen, die gefährliche oder schädigende Eigenschaften für Mensch und Umwelt besitzen:
a) Gesundheitsschädliche Stoffe
   Als gesundheitsschädlich gelten Gase, Dämpfe, Partikel, Flüssigkeiten oder Feststoffe, die durch Verschlucken, Einatmen oder Aufnahme über die Haut kurz oder langfristig die Gesundheit gefährden oder schädigen. Zu dieser Kategorie zählen ätzende, reizende und Allergien auslösende Substanzen. Einige dieser Stoffe wirken krebserzeugend (kanzerogen), verursachen vererbbare genetische Schäden, führen zu Fehlgeburten bzw. zu Missbildungen des Kinds im Mutterleib. Die meisten in der Zellkultur benutzten Gase (CO_2, O_2, N_2) sind in kleinen Mengen unschädlich, können aber bei falschem Umgang gefährlich werden. Die Druckgasflaschen, in denen die Gase geliefert werden, müssen unbedingt gegen Umfallen gesichert bzw. in einem Gasflaschenschrank aufbewahrt werden. Beim Austritt von CO_2 und N_2 besteht Erstickungsgefahr, im Falle von O_2-Austritt muss die Feuerwehr unverzüglich verständigt werden. Bei derartigen Havarien ist das Labor über die unverstellten Fluchtwege unverzüglich zu verlassen. Zuvor ist durch Öffnen der Fenster für eine maximale Durchlüftung und Verdünnung des ausgetretenen Gases zu sorgen. (Im Falle eines Laborbrands sind die Fenster hingegen zu schließen, um den Flammen möglichst keinen frischen Sauerstoff zu liefern.)
b) Giftige (toxische) Stoffe
   Gifte können die Haut, innere Organe oder das zentrale Nervensystem angreifen, indem sie die biochemischen Prozesse stören. Je nach Art der Aufnahme, Dosis und Einwirkdauer kann zwischen dem Zeitpunkt der Aufnahme und der gesundheitlichen Beeinträchtigung eine wenige Minuten bis mehrere Jahre dauernde Latenzzeit liegen. Pulverförmige Detergenzien für Spülmaschinen sind für gewöhnlich stark ätzende Substanzen (s. Abschnitt 2.3.1). Alles, was

zum Verstäuben dieser Stoffe führt, ist daher zu vermeiden und sicherheitshalber sollten beim Umgang damit Handschuhe getragen werden.

Eine speziell in der Zellkultur verwendete Chemikalie, mit der vorsichtig umgegangen werden muss, ist Dimethylsulfoxid (DMSO): eine farblose, hygroskopische, d. h. Luftfeuchtigkeit aufnehmende und an sich bindende Flüssigkeit, die aus Lignin gewonnen und als Industrielösemittel eingesetzt wird. DMSO ist ein extrem starkes Lösemittel, das Laborhandschuhe durchdringt und bei Hautkontakt als sog. „Carrier" (Stoff, der den Transport von anderen schädlichen Substanzen übernimmt) fungieren kann, z. B. für Mitogene oder Karzinogene. Diese sind gelegentlich in DMSO gelöst; mit ihnen sollte nur in Sicherheitsboxen gearbeitet werden.

c) Umweltgefährliche Stoffe
Als umweltgefährlich gelten Substanzen, die durch ihre Freisetzung die natürlichen Ressourcen Luft, Wasser und Erde oder sogar das Klima verändern können. Über die Nahrungskette können diese Stoffe für den Menschen indirekt gefährlich werden.

3.1.2
Gefährdung durch biologische Agenzien

Während die oben aufgeführten Gefährdungen auch auf andere Labors zutreffen, sind im Zellkulturlabor auch die spezifischen Risiken zu berücksichtigen, die von biologischen Agenzien ausgehen können. Diese sind sicher zu beurteilen, um die geeigneten Schutzmaßnahmen treffen zu können und sollen deshalb ausführlicher behandelt werden.

Zunächst wollen wir die Frage klären, was wir uns unter biologischen Agenzien vorzustellen haben. Der Mediziner bezeichnet einen medizinisch wirksamen Stoff, aber auch einen krankmachenden Faktor als Agens (lat. = „das Treibende", Mehrz. Agenzien). Diese etwas unscharfe Definition hilft uns hier jedoch nur wenig weiter. Der Biologe beansprucht denselben Begriff für mikroskopisch kleine Lebewesen. Die Bezeichnung „biologische Agenzien" (oder „biologische Arbeitsstoffe") ist jedoch kein wissenschaftlicher, sondern ein juristischer Begriff:

Biologische Agenzien sind Mikroorganismen, Zellkulturen und Humanendoparasiten, die Infektionen, Allergien oder toxische Wirkungen hervorrufen können (EU-Richtlinie 90/679/EWG).

Damit sind im Wesentlichen die Arbeitsstoffe gemeint, die in der medizinischen, biologischen und biochemischen Forschung eingesetzt werden. Der Begriff umfasst sowohl natürliche als auch gentechnisch veränderte Mikroorganismen oder Zellkulturen. Die obige Definition gibt uns Gelegenheit, weitere Begriffsbestimmungen anzuführen.

Als Mikroorganismen werden alle zellularen oder nichtzellularen mikrobiologischen Einheiten bezeichnet, die zur Vermehrung oder Weitergabe von Erbsubstanz (DNS) fähig sind. Alle Bakterien und einzelligen Pilze (z. B. die Bäckerhefe) werden als zellulare mikrobiologische Einheiten zusammengefasst. Da den Viren jedoch zwei wichtige Voraussetzungen für das Leben, wie wir es verstehen, fehlen (nämlich ein Stoffwechsel und die selbstständige Vermehrung), gelten sie aus der Sicht des Biologen eigentlich nicht als vollwertige Lebewesen. Da sie in der Wissenschaft eine wichtige Rolle spielen und mit den Lebensfunktionen von Zellen oft eng verbunden sind, hat man sie unter der Bezeichnung „nichtzelluläre mikrobiologische Einheiten" notgedrungen in die Klasse der Mikroorganismen aufgenommen.

Da es in jüngerer Zeit möglich geworden ist, unter Umgehung natürlicher „Kreuzung" und Rekombination Veränderungen der Erbsubstanz an Mikroorganismen vorzunehmen, war die neue Klassifizierung „gentechnisch veränderter Mikroorganismen" notwendig geworden (EU-Richtlinie 90/219/EWG). Unter die in der EU-Richtlinie 90/679/EWG nicht näher definierten Humanendoparasiten fallen u. a. zoologisch nicht korrekt als „Würmer" bezeichnete Schmarotzer oder Einzeller wie der Malariaerreger.

Wenig Verständnisschwierigkeiten bereitet uns hingegen der Begriff der Zellkultur: Er bezeichnet alle aus vielzelligen Organismen isolierten und *in vitro* (lat. „im Reagenzglas") vermehrten Zellen.

Wie bei fast allen Arbeitsstoffen, mit denen im Labor hantiert wird, geht auch von den biologischen Agenzien ein mehr oder weniger hohes Risiko für die Gesundheit des Laborpersonals aus. Entsprechend ihrem Gefährdungspotenzial werden biologische Agenzien deshalb in vier Risikogruppen eingeteilt, denen wiederum vier Sicherheitsstufen zugeordnet sind.

3.1.3
Gefährdungspotenziale und Risikogruppen

Um das Gefährdungspotenzial eines biologischen Arbeitsstoffs zu ermitteln, wird er nach festgelegten Kriterien beurteilt. Folgende Gesichtspunkte müssen hierbei berücksichtigt sein:
- Welche Krankheiten kann der Mikroorganismus beim Menschen hervorrufen und wie ansteckend ist er? Wie häufig und wie schwer sind die Erkrankungen in der Bevölkerung?
- In welchem Maße ist der Keim in der Bevölkerung verbreitet? Wie hoch ist die Immunitätsrate?
- Auf welchem Weg wird der Erreger auf den Mensch übertragen?
    a) durch direkten Kontakt: Aufnahme über die Haut durch Kontakt mit kontaminierten Gegenständen (Schmierinfektion) oder durch Verschlucken bzw. durch Einatmen von Aerosolen, die mit Mikroorganismen beladen sind (Tröpfcheninfektion)?
    b) durch indirekten Kontakt: Aufnahme von infizierten Lebensmitteln, kontaminiertem Wasser oder Übertragung über Versuchstiere?
- Wie hoch ist die Widerstandsfähigkeit des Mikroorganismus gegenüber äußeren Einflüssen (z. B. den Bedingungen im Labor)?
- Ist eine Vorbeugung (z. B. durch Impfung) oder eine Behandlung im Falle der Erkrankung möglich?

Je nach dem ermittelten Gefährdungspotenzial wird der Mikroorganismus einer Risikogruppe zugeordnet.

Einteilung der Risikogruppen nach der EG-Richtlinie 90/679/EWG

- Gruppe 1: Bei den der Gruppe 1 zugeordneten Mikroorganismen besteht nach dem derzeitigen Stand der Wissenschaft kein Risiko für die menschliche Gesundheit.

Vertreter dieser Gruppe werden vorwiegend in der Lebensmittelproduktion, in der pharmazeutischen Industrie und in einer Vielzahl von Zellkulturlabors eingesetzt. Prominente Vertreter dieser „dienstbaren Geister aus dem Bioreaktor" sind die für Molkereiprodukte unverzichtbaren Lactobazillen, die auch für das Brauereiwesen segensreiche Bäckerhefe *Saccharomyces cerevisiae*, zahlreiche Zelllinien sowie als Impfstoffe eingesetzte, geschwächte Virenstämme (z. B. Polioviren).

- Gruppe 2: Die biologischen Agenzien dieser Gruppe können beim Menschen Krankheiten hervorrufen und zu einer Gefahr für das Laborpersonal werden. Das Risiko wird aufgrund einer wirksamen Vorbeugung oder Behandlung aber als gering eingeschätzt. Eine Gefährdung der Bevölkerung ist unwahrscheinlich. Typische Vertreter dieser Gruppe sind unter den Bakterien die Erreger des Wundstarrkrampfs *Clostridium tetani*, unter den Pilzen der Erreger von Soor *Candida albicans*, unter den Einzellern die für die Amöbenruhr verantwortliche *Entamoeba histolytica* sowie die Masern- und Hepatitis-A-Viren.
- Gruppe 3: Die der Risikogruppe 3 zugeordneten Mikroorganismen können schwere Krankheiten hervorrufen und stellen eine Gefahr für das Laborpersonal dar. Das Risiko für die Beschäftigten und für die Bevölkerung wird unter Berücksichtigung der Ansteckungsfähigkeit der Erreger, der Verfügbarkeit von wirksamen Impfstoffen und Behandlungsmethoden als mäßig eingestuft.

In dieser Gruppe finden wir den Erreger der Tuberkulose *Mycobacterium tuberculosis*, unter den Pilzen den Erreger der Lungenplasmose *Histoplasma capsulatum*, unter den Einzellern den Malariaerreger *Plasmodium falciparum* sowie das berüchtigte AIDS-Virus HIV.

- Gruppe 4: Zu der höchsten Risikogruppe gehören biologische Arbeitsstoffe, die beim Menschen schwere Krankheiten hervorrufen. Sie stellen für das Laborpersonal eine ernste Gefahr dar. Die Gefahr einer Verbreitung in der Bevölkerung ist unter Umständen groß. Vorbeugende Maßnahmen und wirksame Therapien existieren in der Regel nicht.

Bisher sind in der höchsten Risikogruppe nur Viren eingestuft. Typische Vertreter sind das Pockenvirus Variola, das Lassa- sowie das Ebola-Virus.

Leider ist in manchen Fällen keine eindeutige Zuordnung von Mikroorganismen zu einer Risikogruppe möglich. Auch exakte Zuordnungen müssen nicht ewig Bestand haben. Neue wissenschaftliche Forschungsergebnisse können eine Hochstufung notwendig machen oder zu einer Herabstufung berechtigen.

3.1.4
Sicherheitsstufen

Es liegt auf der Hand, dass beim Umgang mit hochinfektiösem Material aus den Risikogruppen 3 oder 4 andere Anforderungen an die Schutzmaßnahmen am Arbeitsplatz gestellt werden müssen als das bei harmloseren biologischen Agenzien der Fall ist. Je nach dem Gefährdungspotenzial der Mikroorganismen, mit denen gearbeitet wird, sind bestimmte Schutzmaßnahmen zwingend vorgeschrieben. Den vier Risikogruppen werden deshalb die entsprechend gestaffelten Sicherheitsstufen gegenübergestellt. Leider geht es auch hier nicht ganz einheitlich zu. Während in der Gentechnik-Sicherheitsverordnung die Sicherheitsstufen für Laboratorien und Produktionsbereiche mit S1 bis S4 bezeichnet werden, heißen sie in den Unfallverhütungsvorschriften L1 bis L4 (für Laboratorien) bzw. P1 bis P4 (für Produktionsbereiche). Aus ihnen ergeben sich die jeweils zu ergreifenden Schutzmaßnahmen. Da in den allermeisten Fällen mit Organismen der Risikogruppen 1 und 2 gearbeitet wird, soll hier ausführlich auf die hierfür notwendigen Sicherheitsmaßnahmen eingegangen werden. Zunächst wollen wir jedoch kurz die beiden höchsten Sicherheitsstufen betrachten.

- Sicherheitsstufe S4/L4: Die Arbeitsräume sind meist in einem separaten Gebäude oder in einem besonders gesicherten Bereich eines Gebäudes untergebracht und mit dem Symbol für Biogefährdung gekennzeichnet. Es muss absolut sichergestellt sein, dass keine kontaminierte Luft, Materialien oder Geräte aus dem Sicherheitsbereich nach außen gelangen können. Der S4/L4-Bereich ist deshalb an ein gesondertes Belüftungssystem angeschlossen und wird ständig unter Unterdruck gehalten. Durch die gerichtete Luftströmung von außen in Richtung der Arbeitsplätze mit dem größten Risiko vermeidet man ein unbeabsichtigtes Entweichen von Erregern in die Umgebung. Die Fenster müssen deshalb abgedichtet, aus bruchsicherem Glas und stets verschlossen sein. (Zu diesem Zweck werden gern die Griffe abmontiert.) Abfälle und andere Materialien müssen über einen Durchreicheautoklaven entsorgt werden.
Wer in einem Labor dieser Sicherheitsstufe arbeitet, muss ein gehöriges Maß an Gleichmut mitbringen. Ein derartiger Hochsicherheitstrakt kann nicht nach Lust und Laune betreten und wieder verlassen werden. Personenschleusen mit Dekontaminations- und Desinfektionsduschen sowie Umkleideräume zum Ablegen der persönlichen Kleidung und Anlegen der sterilen Arbeitskleidung gestalten den Arbeitsantritt umständlich und zeitraubend. Die Arbeit darf nur an mikrobiologischen Werkbänken der Klasse 3 (s. Abschnitt 2.4.1) oder unter Benutzung von Vollschutzanzügen mit Fremdbelüftung nach Art der Helmtaucher durchgeführt werden. Neben weiteren S4/L4-spezifischen Schutzmaßnahmen müssen die Maßnahmen für die Sicherheitsstufen S1/L1 bis S3/L3 zusätzlich beachtet werden.
- Sicherheitsstufe S3/L3: In abgeschwächter Form ähnelt das S3/L3-Labor dem Labor der Sicherheitsstufe S4/L4. Auch dieser Sicherheitsbereich darf nur von fachkundigen Personen über eine Schleuse betreten oder verlassen werden und ist mit dem Symbol für Biogefährdung zu kennzeichnen. Meist genügt jedoch ein Handwaschbecken mit Ellbogen-, Fuß- oder Sensorbetätigung sowie Ablagemöglichkeiten für Kleidung. Der Arbeitsbereich wird unter ständigem Unterdruck gehalten. Es müssen Sicherheitswerkbänke der Klasse 2 sowie ein Autoklav zur Inaktivierung von Müll vorhanden sein. Die Fenster dürfen nicht zu öffnen sein. Pasteurpipetten aus Glas, Rasierklingen, Skalpelle und Injektionsnadeln stehen von dieser Sicherheitsstufe an aufwärts auf dem Index. Zu groß wäre bei einer Verletzung die Gefahr, dass infektiöses Material in den Blutkreislauf ge-

langen könnte. Es gelten zudem die Sicherheitsmaßnahmen für die Sicherheitsstufen S2/L2 und S1/L1. Die ausführlichen Bestimmungen zu Arbeiten mit biologischen Agenzien in Sicherheitsstufe S3/L3 werden in den Kompendien und Merkblättern der Berufsgenossenschaft der chemischen Industrie und der IVSS erläutert.

- Sicherheitsstufe S2/L2: Für den Zugang in ein Labor dieser Sicherheitsstufe ist keine separate Schleuse notwendig. Es ist jedoch mit dem Symbol für Biogefährdung zu kennzeichnen. Eine Doppelspüle mit Handwaschbecken sowie Spender für Desinfektionsmittel, Seife und Papierhandtücher müssen jedoch vorhanden sein (Abb. 3.1). Das Tragen von Atemschutzmasken kann in speziellen Fällen erforderlich sein. Die filtrierenden Einwegmasken (Typ FFP3 SL) sollen zuverlässig vor Aerosolen schützen; reine Staubschutzmasken, wie sie im Tierstall benutzt werden, genügen deshalb nicht. Je nach Gefährdungsgrad der biologischen Agenzien kann auch das Tragen von Schutzhandschuhen erforderlich sein (s. Abschnitt 3.2.5). Fenster und Türen müssen während der Arbeit geschlossen bleiben. Nach dem sicheren Verwahren der verwendeten biologischen Agenzien und der Desinfektion aller kontaminierten Arbeitsflächen können die Fenster geöffnet werden. Die Gefahr des Eintrags von Staub und Keimen sollte jedoch nicht außer Acht gelassen werden. Sicherheitswerkbänke der Klasse I und II sind vorgeschrieben, ebenso die Entsorgung der organischen Abfälle durch Sterilisieren. Kontaminierte Gerätschaften können zur Sterilisierung aus dem Labor gebracht werden, wenn sie zuvor desinfiziert wurden. Falls der Gebrauch von

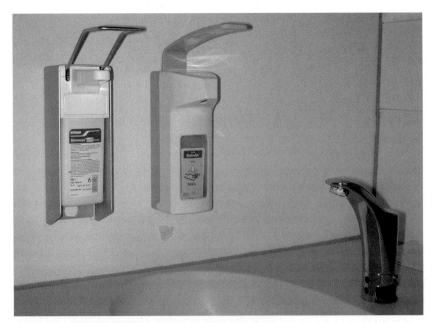

Abb. 3.1 Der Wasserhahn an diesem Laborhandwaschbecken wird mittels Bewegungssensor in Gang gesetzt. Der Desinfektionsmittel- und der Seifenspender können mit dem Ellbogen betätigt werden.

scharfen und spitzen Gegenstände wie Klingen und Kanülen erforderlich ist, sollten diese nach ihrer Verwendung bis zur Entsorgung in stichfesten Entsorgungsbehältern gelagert werden. Injektionsnadeln sollten niemals in ihre Schutzhülle zurückgesteckt werden, da sie bei Verkantung den weichen Kunststoff leicht durch- und in Finger eindringen können. Durch eine Abstreifvorrichtung am Entsorgungsbehälter lassen sich Kanülen ohne Anfassen gefahrlos von den Spritzen trennen. Über die grundlegende Ausstattung des Laborraums wurde bereits in 2.4 berichtet. Im übrigen gelten zudem die Sicherheitsmaßnahmen für die Sicherheitsstufen S1/L1.

- Sicherheitsstufe S1/L1: Die überwiegende Zahl der Zellkulturlabors wird auf der untersten Sicherheitsstufe betrieben. Hier gelten die allgemeinen Regeln für das Arbeiten in Laboratorien. Die wichtigsten Regeln sollen hier in tabellarischer Form wiedergegeben werden. Es empfiehlt sich dennoch, möglichst viele Hygiene- und Schutzmaßnahmen der Sicherheitsstufe S2/L2 zu übernehmen:
  - stets geeignete und saubere Schutzkleidung tragen (Labormantel und -schuhe, Handschuhe, Atemschutzmaske und Schutzbrille bei Bedarf)
  - nach jedem Arbeitsgang und vor dem Verlassen des Labors Hände waschen
  - kein Lagern oder Verzehren von Pausenbroten und Getränken im Labor
  - das Labor zum Rauchen, Schminken o. ä. verlassen
  - niemals mit dem Mund pipettieren und Aerosolbildung vermeiden
  - flüssige und feste Abfälle nach den geltenden Richtlinien entsorgen
  - die richtige Sicherheitsstufe anwenden (Sicherheitsbeauftragten fragen!)
  - Labor und Arbeitsflächen stets sauber und aufgeräumt halten
  - Türen und Fenster während der Arbeit geschlossen halten
  - Spitzen, Klingen und Injektionsnadeln mit äußerster Vorsicht handhaben
  - neue, unerfahrene Mitarbeiter sorgfältig unterrichten und anleiten
  - alle Arbeiten stets sorgfältig planen und vorbereiten

Begeben wir uns nun unverzüglich in das Sterillabor und befolgen die Sicherheitsmaßnahmen in sinnvoller Reihenfolge.

3.1.5
Persönliche Laborhygiene

Schutzkleidung
Da unsere normale Kleidung allerlei mikroskopisch kleinen Unrat wie Staub, Flusen, Pollen, Haare, Hautschuppen, Milben etc. beherbergt, soll der Laborkittel den Schmutzeintrag in den Sterilbereich vermindern. Deshalb haben wir uns vor dem Betreten des Laborbereichs bereits mit der persönlichen Schutzausrüstung ausstaffiert. Der Labormantel oder -kittel mit langen Ärmeln soll die persönliche Kleidung bis zum Knie bedecken. Auch bei höheren Temperaturen sollte er deshalb zugeknöpft und die Ärmel sollten nicht aufgekrempelt sein.

Dieses Kleidungsstück kann jedoch nur dann seinen Zweck erfüllen, wenn es in regelmäßigen Abständen gewaschen wird. Labormäntel, die zu Hause zum Auto waschen oder für die Gartenarbeit zweckentfremdet werden, können ihrer Aufgabe ebenfalls nicht gerecht werden. Leider sind auch viele Kittelträger der Meinung, sie müssten ihre Arbeitskluft auch in der Bibliothek oder bei den Mahlzeiten tragen. Diese Unsitte ist alles andere als vorbildlich, weshalb wir uns von ihr bewusst distanzieren.

Zur Grundausstattung der persönlichen Schutzkleidung gehören geschlossene Laborschuhe. Auf keinen Fall sollte ein Zellkulturlabor mit gewöhnlichen Straßenschuhen betreten werden. Jüngere Leute bevorzugen bei der Wahl ihres Schuhwerks häufig Sohlen mit einem Profil, dass einem LKW zur Ehre gereichen würde. Im Negativprofil können sich unter Umständen große Mengen an feuchter Erde, Matsch etc. festsetzen, die nach dem Trocknen zwischen den Profilblöcken herausfallen und auf dem Laborboden verteilt werden. Dort geraten die Schmutzbrocken unter die Räder von Rollwagen und Laborstühlen oder werden zertrampelt und tragen somit zu einer erhöhten Staub- und Keimbelastung bei. Ein Schuhwechsel vor dem Betreten des Sterilbereichs ist deshalb sehr zu empfehlen.

Händedesinfektion

Nach dem Eintritt ins Labor und dem Schließen der Tür erwartet uns zunächst die Reinigung und Desinfektion unserer wichtigsten Werkzeuge: der Hände. Während im Alltag einfaches Händewaschen den hygienischen Ansprüchen genügt, müssen bei der Laborarbeit andere Maßstäbe herangezogen werden. Gerade unsere Hände, mit denen wir tausend Dinge am Tag berühren, sind von Millionen von Keimen dicht besiedelt. Neben den Bakterien unserer natürlichen Hautflora (wie Staphylokokken) tummeln sich dort auch zahlreiche sog. Kontaktkeime, die wir bei jeder Berührung aufnehmen oder weitergeben. Da eine Weitergabe der Keime im Sterillabor fatale Folgen hätte, müssen die Hände hygienisch desinfiziert werden.

Desinfektion bedeutet die Reduzierung von krankheitserregenden Keimen durch chemische oder physikalische Verfahren mit dem Ziel, ihnen ihre Fähigkeit zur Infektion zu nehmen. Desinfektion bedeutet also nicht das Abtöten aller Keime (vergl. „Sterilisation" in Abschnitt 2.3.2).

Die hygienische Desinfektion zielt darauf, mögliche Infektionsketten zu unterbrechen. Voraussetzung für eine effektive und sichere Händedesinfektion ist die Beachtung der Wirkstoffkonzentration, der Einwirkzeit sowie des Wirkungsspektrums des Desinfektionsmittels.

Immer wieder sorgt der Umstand für Verwirrung und ungläubiges Erstaunen, dass die Hände vor dem Waschen desinfiziert werden müssen. Wäscht man die Hände zuerst, werden die Keime lediglich im Handwaschbecken verteilt und gelangen durch Spritzer auf die Kleidung. Um derartige Desinfektionslücken zu vermeiden, müssen die Desinfektionsschritte deshalb in einer bestimmten Reihenfolge ausgeführt werden:

1. Armbanduhr und Schmuck ablegen
2. reichlich Desinfektionslösung auf den Handflächen verreiben
3. mit den feuchten Handflächen über die Handrücken reiben
4. Handflächen mit verschränkten, gespreizten Fingern aneinander reiben
5. Außenseite der Finger auf gegenüberliegender Handfläche mit verschränkten Fingern reiben

6. kreisendes Reiben des rechten Daumens in der geschlossenen linken Handfläche und umgekehrt
7. kreisendes Reiben mit geschlossenen Fingerkuppen der rechten Hand in der linken Handfläche und umgekehrt
8. Reinigungsmittel in leicht angefeuchtete Hände geben und verreiben
9. Hände unter Zugabe von wenig Wasser mit einem Reinigungsmittel waschen
10. Hände gründlich abspülen und abtrocknen

Die hygienische Händedesinfektion soll gründlich und gleichzeitig hautschonend sein. Die Wahl des Desinfektions- und Reinigungsmittels sollte deshalb auf die persönlichen Erfordernisse (also auf den individuellen Hauttyp) abgestimmt sein. Als Desinfektionsmittel eignet sich eine 70%ige Ethanol- oder Propanollösung. Für empfindliche Hauttypen empfehlen sich alkoholische Desinfektionsmittel, die mit Pflege- und Rückfettungssubstanzen versetzt sind. Spezielle seifenfreie Waschlotionen sorgen für eine schonende Reinigung der Haut. Die flüssigen Wasch- und Desinfektionsmittel entnimmt man praktischerweise aus Spendern mit Ellbogenbedienung. Für das Abtrocknen der Hände sollten saubere Papierhandtücher zur Verfügung stehen, die nach Gebrauch in einen Behälter entsorgt werden. Textilhandtücher und Handtrockner, wie sie in öffentlichen Bedürfnisanstalten installiert sind, gelten als wahre Keimschleudern und haben im Labor nichts verloren.

Arbeiten im sterilen Bereich der Werkbank
Die nächsten Schritte bestehen nun darin, unseren Arbeitsplatz vorzubereiten. Da in S2/L2-Labors das Lüften während der Arbeitspausen erlaubt ist, vergewissern wir uns, dass die Fenster geschlossen sind. Das Wasserbad wird eingeschaltet und die zu erwärmenden Flaschen hineingestellt. Beabsichtigen wir an der sterilen Werkbank zu arbeiten, aktivieren wir das Gerät, fahren die Frontscheibe hoch und schalten die Luftumwälzung samt Beleuchtung ein (gegebenenfalls muss die UV-Lampe ausgeschaltet werden).

Die Arbeitsfläche der sterilen Werkbank sprühen wir mit einer 70%igen Ethanol- oder Propanollösung ein und wischen sie mit einem Papiertuch aus. Wie bereits in 2.4.1 dargestellt, dürfen wir auf der Arbeitsfläche nur die Gegenstände und Utensilien deponieren, die für den beabsichtigten Arbeitsgang notwendig sind. Einzeln verpackte Einmalpipetten, Spritz- und Sprühflaschen, Papiertuch- und Handschuhspender können neben dem Arbeitsplatz auf einem Beistelltisch oder auf einem Rollwagen griffgünstig bereitgestellt werden (Abb. 3.2).

Die im Wasserbad angewärmten Flaschen trocknen wir ab, bevor wir sie auf die Arbeitsfläche stellen. Zur Sicherheit kann man sie zusätzlich mit einem mit 70%igem Alkohol befeuchteten Papiertuch abwischen. Doch Vorsicht: Die Etikettierung kann dadurch unleserlich werden. In diesem Falle sollte die Beschriftung möglichst vor dem Zurückstellen des Gefäßes erneuert werden.

Die Gegenstände, die wir auf der Arbeitsfläche benötigen, arrangieren wir so, dass sie ohne umständliche Armverrenkungen erreichbar sind. Auch sollten wir nicht über geöffnete Gefäße hinweg greifen. Leicht könnte der Ärmel die Gefäßöffnung streifen oder sich unsterile Partikel von ihm lösen und in das Gefäß fallen.

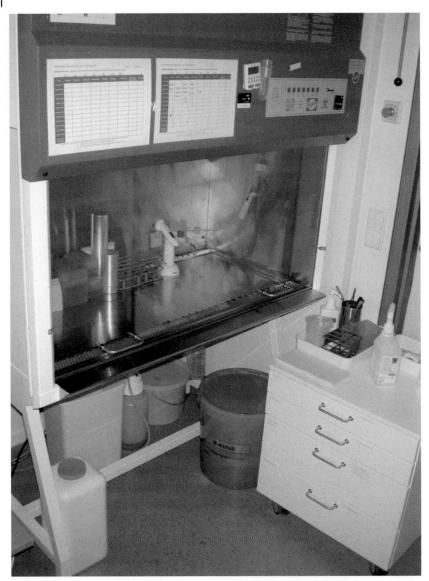

Abb. 3.2 Eine sterile Werkbank der Klasse II im Ruhezustand. Auf der Arbeitsfläche erkennt man (v. links nach rechts) – etwas zu viele – Behälter für Pasteurpipetten und Spitzen. In der Mitte steht eine automatische Pipettierhilfe, an der Seitenwand hängt die Absaugvorrichtung. Unter der Werkbank befinden sich diverse Abfallbehälter zur Aufnahme von festem und flüssigem Müll. Das Rollschränkchen beinhaltet u. a. den Pipettenvorrat, Papierhandtücher sowie eine Sprühflasche mit Desinfektionsmittel.

Das Stehen lassen offener Flaschen ist zudem auf ein Mindestmaß zu beschränken. Ob Schraubkappen mit der Öffnung nach unten oder nach oben abgelegt werden sollten, kann nicht eindeutig beantwortet werden. Im ersten Fall muss vor allem die Ablagefläche mit alkoholischer Lösung desinfiziert sein, im zweiten Fall gilt vornehmlich, nicht über die nach oben offenen Schraubverschlüsse hinweg zu greifen.

Wir sollten uns angewöhnen, auch während des Arbeitens hin und wieder mit einem mit 70%igem Alkohol befeuchteten Papiertuch über die Arbeitsfläche zu wischen, um die Sterilität aufrechtzuerhalten. Werden Flüssigkeiten verschüttet, nimmt man sie mit einem saugfähigen Tuch auf und wischt die Stelle mit Alkohol ab. Die Papiertücher werden je nach Notwendigkeit in den Normalabfall oder in einen Autoklavierbeutel entsorgt.

Tipp: Da alkoholische Lösungen eine fixierende Wirkung auf Proteine ausüben, können sich mit der Zeit hartnäckige Flecken auf dem Edelstahl der Arbeitsfläche ansammeln. Diese lassen sich mit einer für den Sanitär- und Lebensmittelbereich geeigneten Scheuermilch (z. B. Green Care N° 6 von Tana) leicht und ohne Kratzer entfernen.

Bei jedem Herausgreifen aus der sterilen Werkbank bzw. bei jedem Anfassen von unsterilen Gegenständen (z. B. beim Mikroskopieren) vermehrt sich die Anzahl der Keime an unseren Händen wieder. Deshalb ist es auch hier geboten, die Händedesinfektion mittels einer griffbereit stehenden Sprühflasche mit alkoholischer Lösung von Fall zu Fall zu erneuern. Es bedarf keiner weiteren Erläuterung, dass unbewusste Gesten wie am Kopf kratzen, die Augen reiben oder eine Haarsträhne aus der Stirn schieben den Effekt der Desinfektion zunichte machen.

Ist der Arbeitsgang beendet, wird die Arbeitsfläche bis auf die wenigen Gegenstände, die ständig dort verbleiben (Pipettierhilfe, Pipettendose, Absaug- und Abflammvorrichtung) geräumt und gründlich mit alkoholischer Lösung gewischt. Sämtliche geöffneten Gashähne werden geschlossen. Vor dem Verlassen des Labors desinfizieren und waschen wir die Hände nochmals. Da der wiederholte Kontakt mit Wasser, Reinigungsmittel und Desinfektionslösung den natürlichen Säureschutzmantel der Haut angreift, kommt der anschließenden Verwendung von fett- und feuchtigkeitshaltigen Hautpflegemitteln eine hohe Bedeutung zu.

3.2
Allgemeine Regeln für das sterile Arbeiten im Zellkulturlabor

Die Arbeit in einem Zellkulturlabor wird geprägt durch einige sich stets wiederholende Arbeitsabläufe. Das hat den Vorteil, dass man sich die nötigen Handgriffe schnell einprägt, kann aber auch dazu führen, sich ungeeignete oder falsche Handgriffe anzugewöhnen. Wir wollen deshalb im Folgenden einige für die Zellkultur typischen Techniken und Methoden näher betrachten und auf mögliche Fehlerquellen aufmerksam machen.

3.2.1
Pipettieren

Der Gebrauch von Pipetten gehört bei der Zellkultur zu den häufigsten Tätigkeiten. Die früher gebräuchliche (und auch heute noch hin und wieder anzutreffende) Art, mit dem Mund zu pipettieren, indem man die Flüssigkeit wie mit einem Strohhalm ansaugt, gehört mit Fug und Recht der Vergangenheit an und sollte weder praktiziert noch akzeptiert werden. Zum einen könnten sterile Lösungen durch Tröpfcheninfektion kontaminiert, zum anderen der Saugende durch Flüssigkeiten mit gesundheitsschädlichen Inhaltsstoffen gefährdet werden. Es stehen heute erprobte Pipettierhilfen zur Verfügung, mit denen das Pipettieren kinderleicht und sicher vonstatten geht.

Am preiswertesten ist der Peleusball, ein etwa zitronengroßer Gummiball, der auf das stumpfe Ende der Pipette gesteckt wird (Abb. 3.3). Durch Zusammendrücken des Balls entsteht ein Unterdruck, der zum Ansaugen der Flüssigkeit genutzt wird. Durch Betätigen eines Ein- bzw. eines Auslassventils kann der Vorgang gesteuert werden. Der Ball muss stets sauber gehalten werden. Vor allem im Innern darf sich kein Schmutz oder organisches Material ansammeln. Für routinemäßiges und häufiges Pipettieren ist der Peleusball zu unsicher und zu umständlich. Wesentlich besser und komfortabler arbeiten wir mit elektrischen Pipettierhilfen.

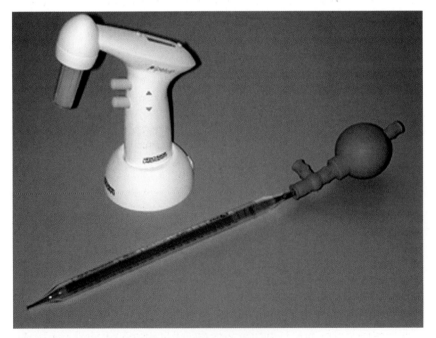

Abb. 3.3 Peleusball mit aufgesteckter 25 mL-Pipette. Daneben eine elektrische Pipettierhilfe auf ihrer Ladestation. Zu erkennen sind der Ansaug- und der Auslassknopf sowie oben das LCD-Display.

Waren die elektrischen Pipettierhilfen früherer Zeiten noch mit allerlei Verkabelungen ausgestattet, sind die modernen Akkugeräte glatt, funktionell – ohne störenden Kabelsalat – und liegen gut in der Hand. Praktischerweise werden sie am Arbeitsplatz in der sterilen Werkbank in einer Halterung griffbereit fixiert (Abb. 3.3). Ist der Akku erschöpft, wird er über ein Ladegerät mit Strom aufgeladen; selbstverständlich kann die Pipettierhilfe auch mit Kabel betrieben werden.

Die elektrische Pipettierhilfe wird ähnlich wie eine Pistole gehalten und bedient. Durch Knöpfe, die mit Zeige- und Mittelfinger gedrückt werden, lassen sich das Ansaugen und das Ausblasen stufenlos regeln. Das Gehäuse sollte gelegentlich mit alkoholischer Lösung abgewischt werden, um das Kontaminationsrisiko zu vermindern. Ein Scheibenfilter über dem Silikonadapter, der die eingesteckte Pipette festhält, sorgt im Normalfall dafür, dass nur keimfreie Luft ausgeblasen wird. Dennoch empfiehlt es sich, den herausnehmbaren Adapter regelmäßig zu autoklavieren. Ein Rückschlagventil aus Teflon verhindert zwar, dass versehentlich zuviel angesaugte Flüssigkeit in das Innere der Pipettierhilfe gerät; durch die Vermehrung von Keimen im nassen Adapter kann sich dieser jedoch unbemerkt zu einem permanenten und zuverlässigen Infektionsherd entwickeln. In einem besonders krassen Fall wurden nicht nur etliche Zellkulturen, sondern auch die Nährlösungen von mehreren Personen so lange mit Hefepilzen verseucht, bis der Adapter als Ursache der Kontamination erkannt war.

Gerade im wissenschaftlichen Laborbetrieb ist das Abmessen kleiner und kleinster Flüssigkeitsmengen ein alltäglicher Routinevorgang. Technisch betrachtet gehören die Pipetten zu den Dosiersystemen. Nicht selten muss das Dosieren mit hoher, bisweilen sogar mit allerhöchster Präzision durchgeführt werden. Gewöhnlich werden im Zellkulturlabor drei verschiedene Pipettenarten benötigt: serologische Pipetten, Pasteurpipetten und Mikropipetten.

Serologische Pipetten
Diese Pipettengattung ist sehr gut zum Verteilen von Flüssigkeiten geeignet. Beispielsweise beim Zubereiten von Nährmedien, dem Füttern von Zellen oder dem Füllen von mehrkammerigen Kulturgefäßen werden serologische Pipetten der Größen 1 mL, 2 mL, 5 mL, 10 mL, 25 mL und 50 mL verwendet. Um die jeweilige Größe rasch erkennen zu können, sind die Pipetten am stumpfen Ende entweder mit einem farbigen Ring markiert oder mit farbiger Watte gestopft (1 mL = gelb, 2 mL = grün, 5 mL = blau, 10 mL = orange, 25 mL = rot, 50 mL = violett). Die Pipetten sind skaliert und erlauben somit eine genaue Dosierung beim Ansaugen wie beim Ausblasen der Flüssigkeit. Der Benutzer hat die Wahl zwischen gläsernen und aus transparentem Kunststoff gefertigten Pipetten. Der Vorteil der gläsernen Pipetten ist ihre häufige Wiederverwendbarkeit. Der Arbeitsaufwand ist jedoch hoch, da Glaspipetten nach dem Gebrauch mit der Spitze nach unten in mit Wasser oder Desinfektionslösung gefüllte Pipettenständer getaucht, nach dem Entfernen der Wattestopfen in der Spülmaschine gereinigt, anschließend von Hand oder maschinell mit hitzeresistenter Watte gestopft und schließlich bei 180 °C hitzesterilisiert oder autoklaviert werden müssen. Durch diese Prozedur „erblindet" mit der Zeit die Skalierung, sodass ein genaues Ablesen nur noch mühsam möglich ist.

Ein weiterer Nachteil des Werkstoffs Glas besteht in der erhöhten Verletzungsgefahr durch brechende Pipetten. Die Glaspipetten werden in hitzeresistenten Metallbehältern gelagert. Da sie daraus nur unter sterilen Bedingungen entnommen werden dürfen, müssen die Behälter bei Bedarf auf die Arbeitsfläche der sterilen Werkbank gestellt bzw. gelegt werden. Bei der Verwendung verschiedener Pipettengrößen kann sich die Anzahl der Behälter auf der Arbeitsfläche negativ auf die Strömungsverhältnisse in der Bank auswirken und das Kontaminationsrisiko erhöhen (s. Abschnitt 2.4.1).

Eine sich in den letzten Jahren steigender Beliebtheit erfreuende Alternative zu den gläsernen Pipetten sind Einwegpipetten aus Kunststoff. Sie sind leicht, bequem zu handhaben und können nach Gebrauch einfach entsorgt werden. Sie besitzen allerdings auch handfeste Nachteile. Da für ihre Herstellung der Rohstoff Erdöl benötigt wird, ist ihre Anschaffung zunehmend kostspieliger geworden. Zudem verursachen sie aufgrund des ungeheuren Verbrauchs gewaltige Müllberge. (Ob die Umweltbilanz der Glaspipetten angesichts des Strom- und Wasserbedarfs für Reinigung und Trocknung sowie der Abwasserbelastung durch Detergenzien günstiger ausfällt, sei dahingestellt.)

Da sie einzeln steril verpackt sind, kann man die Kunststoffpipetten außerhalb der Werkbank auf einem Rollwagen oder auf einem Beistelltisch in beliebiger Anzahl bereitlegen. Die Handhabung der serologischen Pipetten ist leicht, allerdings erfordert ihr korrekter Gebrauch ein wenig Übung. Eine Glaspipette darf bei der Entnahme aus dem Behälter nur am stumpfen Ende angefasst werden und wird fest auf die Pipettierhilfe aufgesteckt. Pipetten, die vom Adapter nicht fest genug umschlossen werden, fallen unter Umständen während des Pipettiervorgangs wieder heraus oder saugen nicht, da sie Nebenluft ziehen. Die Verpackung von Kunststoffpipetten reißt man am stumpfen Ende nur ein Stück weit auf, damit die Pipette auf die Pipettierhilfe gesteckt werden kann. Anschließend wird die Verpackung von der Pipette gezogen und in einen bereitstehenden Abfalleimer geworfen.

Für Anfänger ist es mitunter nicht ganz einfach, die Pipette in die enge Öffnung einer Zellkulturflasche zu bugsieren. Wird die Pipettierhilfe mit zittriger – weil ungeübter – Hand geführt, wackelt die Spitze der Pipette so stark, dass eher der äußere Flaschenhals oder die haltende Hand „getroffen" werden. Eine Pipette, die mit einer unsterilen Stelle in Berührung gekommen ist oder sein könnte, sollte vorsichtshalber weggeworfen werden, da sie alles kontaminieren kann, was noch mit ihr in Kontakt kommt.

Beim Ansaugen der gewünschten Flüssigkeitsmenge in die Pipette bedürfen folgende Punkte der Beachtung: Manche Hersteller versehen ihre Pipetten neben einer aufsteigenden zusätzlich mit einer absteigenden mL-Skala. Die Skalen dürfen beim Ansaugen nicht verwechselt werden, da wir sonst zu wenig oder zuviel Flüssigkeit aufnehmen könnten. Die Pipette sollte zudem nicht zu flach gehalten werden, damit sich der Meniskus nicht zu sehr verzerrt und sich womöglich über mehrere Skalenstriche erstreckt. Man sollte stets die für das gewünschte Flüssigkeitsvolumen geeignetste Pipette wählen; es macht kaum Sinn (und treibt die Kosten unnötig in die Höhe), für ein Volumen von 3,5 mL eine 10 mL-Pipette zu ver(sch)wenden.

Solange wir die Pipettierhilfe nicht „blind" beherrschen, empfiehlt es sich, den Ansaugknopf nicht bis zum Anschlag zu drücken. Ansonsten „schießt" vor allem bei Pipetten mit kleinen Volumina die Flüssigkeitssäule schlagartig in die Höhe. Da der Blick erfahrungsgemäß wie gebannt auf der Pipettenspitze ruht, bleibt der Vorgang unbemerkt und der Ansaugknopf weiter gedrückt. Die Flüssigkeit wird somit ununterbrochen von der unter Volllast ziehenden Pipettierhilfe über den als Notbremse fungierenden Wattestopfen hinaus in den Adapter gesaugt. Eine überfüllte Pipette darf nicht weiter verwendet und muss samt Inhalt verworfen werden. Der benetzte Adapter muss sofort gereinigt und desinfiziert, unter Umständen sogar autoklaviert werden, damit sich kein Kontaminationsherd bilden kann. Dem Anfänger sei empfohlen, die Saugkraft seiner Pipettierhilfe in Ruhe kennen zu lernen. Zum Üben können schrittweise Pipetten mit 10 mL, 5 mL, 2 mL und 1 mL benutzt werden.

Die angesaugte Flüssigkeit verbleibt so lange in der Pipette (vorausgesetzt, sie zieht keine Nebenluft), bis der Ausblasknopf an der Pipettierhilfe betätigt wird. Das sollte erst dann geschehen, wenn sich die Pipettenspitze innerhalb des Zielgefäßes befindet. Halten wir die Spitze hingegen frei schwebend in der Luft, werden die beim Ausblasen stets aus dem Flüssigkeitsstrahl herausgeschleuderten winzigen Aerosoltröpfchen über die Arbeitsfläche verteilt. Auf diese Weise können die Inhaltsstoffe dieser Tröpfchen (z. B. Giftstoffe oder Keime) in andere geöffnete Gefäße gelangen und deren Inhalt kontaminieren.

Ein Aerosol ist ein Gas, das Flüssigkeitströpfchen oder Partikel in fein zerstäubter Form enthält (Prinzip der Sprühflasche).

Pasteurpipetten
Diese preiswerten, meist aus dünnerem Glas hergestellten und ungestopften Pipetten haben sich vor allem beim Absaugen von Flüssigkeiten sehr bewährt. Angeschlossen an eine Absauganlage (Abb. 3.2) oder eine Vakuumpumpe erlauben sie ein zügiges Absaugen ohne abzusetzen. Sie werden in metallenen Pipettendosen bei 160–180 °C hitzesterilisiert, nach Gebrauch in einem mit Desinfektionsmittel befüllten Behälter gesammelt und gemäß den Richtlinien der jeweiligen Sicherheitsstufe entsorgt. Meist lohnt sich ihre Wiederverwendung aufgrund des geringen Anschaffungspreises nicht.

Mikropipetten
Etliche analytische und präparative Arbeiten in der Zellkultur erfordern hochpräzises Dosieren kleinster Flüssigkeitsmengen im Mikroliterbereich (1 µL = 1 Millionstel Liter). Pipette und Pipettierhilfe bilden hier eine bauliche Einheit und lediglich die Pipettenspitzen sind austauschbare Einmalartikel (Abb. 3.4a).

Die sog. Kolbenhubpipetten sind grundsätzlich ähnlich aufgebaut. Im Griffstück verbergen sich der Kolben sowie der Zylinder. In diesem Teil der Pipette erfolgt die Abmessung der Flüssigkeit, während sie an der Dosierspitze aufgenommen bzw. abgegeben wird. Zylinder und Dosierspitze kommunizieren über einen Luftkanal miteinander. Am Griffstück befindet sich zudem die Mechanik zum Betätigen des Kol-

(a)

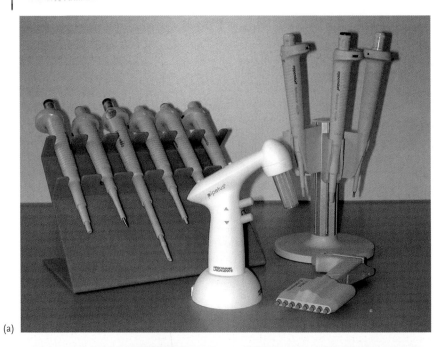

(b)

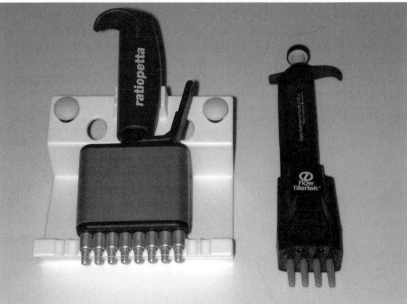

Abb. 3.4 (a) Im Hintergrund Mikropipetten auf Pipettenständern. Vorne eine elektrische Pipettierhilfe sowie eine Mehrkanalpipette. (b) Mikroliterpipetten mit 4 und 8 Kanälen.

bens bzw. dessen Rückführung durch Federkraft, zum Abwerfen benutzter Spitzen sowie zum Einstellen des gewünschten Pipettiervolumens. Die meisten Pipettiergeräte arbeiten nach dem Luftpolsterprinzip. Ein vom Kolben bewegtes Luftpolster zwischen Flüssigkeit und Kolben wirkt als elastische Feder, mit der die Flüssigkeit in die Pipettenspitze gezogen wird. Pipetten dieser Bauart sind so konstruiert, dass äußere Einflüsse wie Temperatur, Druck und Luftfeuchtigkeit unter Normalbedingungen keinen Einfluss auf die Genauigkeit haben. Kommt es weniger auf eine hohe Dosiergenauigkeit als vielmehr auf korrekturfreies Pipettieren von Flüssigkeiten unterschiedlicher Dichte und Viskosität an, werden Pipettiergeräte nach dem Prinzip der Direktverdrängung bevorzugt. Um die Anzahl der Pipettiervorgänge beim Befüllen von Mikrotiterplatten (z. B. beim Klonieren) zu reduzieren, werden Luftkolben-Mehrkanalpipetten mit vier, acht oder zwölf Spitzen angeboten (Abb. 3.4 a,b). Mit ihnen lassen sich gleichzeitig mehrere identische Volumina ansaugen und abgeben. Elektronische Pipetten bieten neben größerer Präzision eine hohe Reproduzierbarkeit, voreinstellbare Dosiergeschwindigkeiten und zeitsparende Funktionsspeicherung: Alle Einstellungen lassen sich auf einem kleinen Display ablesen.

Moderne Pipettiersysteme sind verhältnismäßig wartungsarm. Die rein mechanischen Geräte lassen sich sogar bei 121 °C autoklavieren (Herstellerangaben unbedingt beachten!). Wenn sie nicht benutzt werden, sollten die Pipetten an einem speziellen Ständer mit der Spitze nach unten hängen und nicht der direkten Sonneneinstrahlung ausgesetzt sein (Abb. 3.4 a). Kolbenhubpipetten sind für das Pipettieren von Volumina zwischen 0,5 und 1000 µL ausgelegt. Zur besseren Unterscheidung sind die Pipetten unterschiedlicher Volumenbereiche oft farblich gekennzeichnet. Beim Einstellen des gewünschten Volumens darf eine mechanische Pipette niemals über- oder unterdreht werden, da es sonst zu einem „Kolbenklemmer" kommen kann, der mit dem Bordwerkzeug nicht mehr behoben werden kann. Die Pipette muss dann in einer Fachwerkstatt in Stand gesetzt und neu kalibriert werden. Wer mehrere Pipettensätze zur Verfügung hat, sollte jährlich je einen Satz zur Inspektion und Kalibrierung schicken. Die Kalibrierung kann auch mit dem „Bordwerkzeug" der Pipette nach den Anweisungen in der Bedienungsanleitung selbst durchgeführt werden.

Die Verwendung von Einwegpipettenspitzen beim Gebrauch von Kolbenhubpipettiergeräten hat sich allgemein durchgesetzt. Herrscht auf dem Pipettenmarkt eine erfreuliche Vielfalt, so ist das Angebot von Spitzen kaum noch zu überschauen. Material, Form und Passgenauigkeit üben einen entscheidenden Einfluss auf die Exaktheit des Pipettiervorgangs aus. Leider ist es bei einigen Fabrikaten mit der Kompatibilität nicht weit her; die Suche nach geeigneten Spitzen gestaltet sich ähnlich schwierig wie die Wahl eines passenden Staubbeutels für einen bestimmten Staubsaugertyp. Einheitlich ist hingegen das Erscheinungsbild der verschiedenen Größen: farblos (0,1–20 µL), gelb (1–200 µL) und blau (500–1000 µL). Manche Fabrikate sind zusätzlich mit Filtern zum Schutz gegen Kontaminationen ausgerüstet (Abb. 3.5).

Die Pipettenspitzen werden in entsprechenden Kunststoffboxen autoklaviert und anschließend getrocknet, um die Restfeuchte über der engen Austrittsöffnung zu entfernen. Zur Entnahme wird der Pipettenkonus mit Nachdruck in die Spitze gepresst und mitsamt der fest sitzenden Spitze wieder herausgezogen. Damit ein

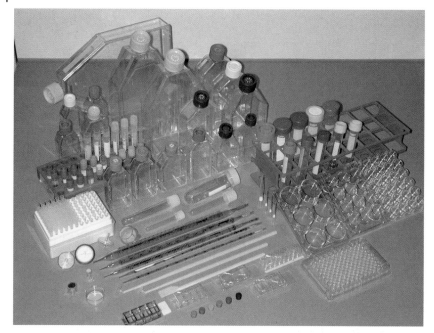

Abb. 3.5 Eine Auswahl an Kunststoffverbrauchsmaterial verschiedener Hersteller. Im Hintergrund Zellkulturflaschen unterschiedlicher Größe mit und ohne Ventilöffnungen im Schraubdeckel, links dazwischen einige Kryoröhrchen. In der Mitte (v. links nach rechts) Mikropipettenspitzen, Vorsatzfilter für Spritzen, Membraneinsätze für Mehrlochplatten, ein Sortiment serologische Pipetten, Zellschaber und diverse Röhrchen für verschiedene Zwecke. Im Vordergrund Mehrlochplatten und Kulturkämmerchen auf Objektträgern.

luftdichter Sitz der Spitze gewährleistet ist, muss der Spitzenkonus der Pipette absolut sauber sein. Um Flüssigkeit aufzunehmen, wird der Druckknopf, der den Kolben in den Zylinder schiebt, langsam und gleichmäßig bis zum ersten Druckpunkt in das Gehäuse gedrückt (am besten mit dem Daumen). Nachdem die Spitze nicht mehr als 2–3 mm in die Probe getaucht wurde, lässt man den Druckknopf langsam in seine Ausgangsposition zurückgleiten. Wenn der Vorgang korrekt ausgeführt wurde, darf die in die Spitze gesaugte Flüssigkeit keinerlei Luftbläschen enthalten. Durch erneutes Drücken des Stempels, diesmal über den ersten Druckpunkt hinaus bis zum Anschlag, entleert sich die Spitze (auch hier ist mit einer Aerosolbildung zu rechnen). Die gebrauchte Spitze wird durch Betätigung der Abwurfmechanik in ein bereit stehendes Gefäß entsorgt.

3.2.2
Gießen

Auch wenn man es hin und wieder anders liest: Das Gießen von sterilen Flüssigkeiten von einem Gefäß in ein anderes kann zur Ausbildung von Flüssigkeitsbrücken zwischen der eventuell unsterilen Außenfläche und dem sterilen Innenraum führen, über die Keime leicht in die Flasche gelangen können. Vor dem Gießen ist deshalb ein sorgfältiges Abflammen der Gefäßöffnungen zu empfehlen, sofern die Flaschen nicht aus Kunststoff gefertigt sind. Sauberes Pipettieren ist sicherer als Gießen und macht zudem das Flambieren überflüssig.

3.2.3
Flambieren

In manchen Labors werden die Öffnungen von Glasflaschen sowie die dazugehörigen Drehverschlüsse vor dem Verschließen durch eine Gasflamme geführt. Wenn die Flaschenöffnung jedoch nicht lange genug erhitzt und hierbei nicht um volle 360° gedreht wird, kann der gewünschte Effekt möglicherweise durch Aerosolbildung oder durch die Verbreitung keimhaltigen Staubs nicht oder nur unvollständig eintreten. Mit anderen Worten: Das Abflammen ist dann zwecklos. Diese Methode kann ohnehin nur bei Flaschen und Verschlüssen angewendet werden, die nicht aus Kunststoff hergestellt sind. Häufiges Abflammen führt zudem zu Verwirbelungen des laminaren Luftstroms in der sterilen Werkbank und mindert somit ihren Kontaminationsschutz (s. Abschnitt 2.4.1). Flambieren von Flaschen sollte deshalb die Ausnahme, nicht die Regel sein.

Arbeitsinstrumente wie Scheren, Pinzetten oder Präpariernadeln müssen unter Umständen während des Arbeitsvorgangs durch Ausglühen über der Gasflamme mehrmals nachsterilisiert werden. Eine Alternative zur offenen Flamme stellen kleine Tischsterilisierer dar, wie sie auch zur Hitzesterilisation von chirurgischen Instrumenten verwendet werden (Fa. FST). Die Metallgegenstände, die zuvor von anhaftendem organischem Material gereinigt sein müssen, werden für 20 s mit ihrer Spitze in ein mit auf 250 °C erhitzten Glaskügelchen gefülltes Reservoir gestellt und stehen anschließend wieder zur Verfügung. Bei längerer Verweildauer in dem Gerät können die Gegenstände allerdings nicht mehr mit der bloßen Hand entnommen werden.

3.2.4
Ultraviolettes Licht

Eine Entkeimung mit Infrarotstrahlern, wie z. B. in Bäckereien, ist aufgrund der dabei entstehenden Hitze (120–160 °C) im Laborbetrieb nicht praktikabel. Deshalb sollen UV-Lampen zur physikalischen Verminderung der Keime innerhalb der sterilen Werkbank beitragen. Da eine vollständige Sterilisation der Luft sowie der glatten Flächen (z. B. durch Schattenwurf) in der Regel nicht zu erzielen ist, wird die Desinfektion durch UV-Strahlung kritisch bewertet und für den sicheren Betrieb von sterilen Werkbänken für nicht unbedingt erforderlich gehalten. Um den Sinn und die Mängel dieser Methode verstehen zu können, kommen wir nicht umhin, unsere Kenntnisse der Biophysik zu bemühen.

Die Nukleinsäuren in den Zellen absorbieren die UV-Strahlen des Wellenlängenbereichs um 255 nm (1 nm = 1 Nanometer = 1 Milliardstel Meter). Das führt zu einer Verbindung zweier gleichartiger, benachbarter Thyminmoleküle (Dimerisierung), was die Replikation der DNS verhindert. Voraussetzung ist ein hoher Anteil an UV-C (200–280 nm). Sporen sind jedoch für die UV-Strahlen weitgehend undurchlässig.

Vegetative Mikroorganismen besitzen zudem verschiedene Reparaturmechanismen, die den schädigenden Effekt wieder aufheben können. Bei der Einwirkung von sichtbarem Licht werden die nach UV-Einwirkung entstehenden Dimere mithilfe des Enzyms Photolyase wieder gespalten. Die UV-Strahlung müsste daher für längere Zeit im Dunkeln einwirken, um den Reparaturprozessen entgegenzuwirken. Unglücklicherweise gibt es jedoch auch Reparaturprozesse, die kein Licht benötigen.

Für die Desinfektion mittels UV-Lampe wird eine Anwendungsdauer zwischen 20 und 30 Minuten empfohlen. Überalterte Lampen senden allerdings nur noch UV-A (315–400 nm) und UV-B (280–315 nm) aus, die keine desinfizierende Wirkung besitzen. Ausgebrannte UV-Lampen mit einer Leistung unter 30 % der ursprünglichen Strahlungsabgabe oder mit zu großem Abstand (> 30 cm) sind unwirksam, da die Strahlung mit dem Quadrat der Entfernung abnimmt. Man sollte sich also von dem charakteristischen blauen Licht nicht täuschen lassen. Die Angaben über die Lebensdauer von UV-Lampen bei einer sparsamen Anwendung von 20 min/Tag schwanken zwischen 1000 und 8000 Betriebsstunden beträchtlich. Wann eine handelsübliche Lampe ausgetauscht werden muss, erfährt man vom Hersteller.

3.2.5
Arbeiten mit Schutzhandschuhen

Das Tragen von Einmalhandschuhen vermindert – richtige Anwendung vorausgesetzt – das Kontaminationsrisiko sowohl für die Kultur als auch für die damit arbeitende Person. Bei Arbeiten auf den Sicherheitsstufen 1 und 2 ist die Verwendung von Schutzhandschuhen noch nicht zwingend vorgeschrieben. Es bleibt jedem selbst überlassen, ob er bei bestimmten Arbeiten Handschuhe tragen möchte. Allerdings hängt es – ähnlich wie bei den UV-Lampen – von der Kenntnis einiger Faktoren ab, ob die Handschuhe ihre Schutzwirkung entfalten oder selbst zum Risiko für den Träger werden.

Einmalhandschuhe sind nur als Spritzschutz gedacht. Die Wahl des Materials entscheidet darüber, wie groß dieser Schutz tatsächlich ist. Latex-, Vinyl- und Nitrilhandschuhe halten zwar 30 %iges H_2O_2, konzentrierte HCl oder 10 %ige Essigsäure zuverlässig von der Haut fern, versagen aber beim Kontakt mit Benzol, Chloroform oder konzentrierter Schwefelsäure. Untersuchungen der Abteilung Arbeitssicherheit der Universität Freiburg haben gezeigt, dass Latexhandschuhe bereits nach sehr kurzer Zeit von Ethidiumbromid durchdrungen werden, während Handschuhe aus Nitril unter denselben Bedingungen keine nachweisbare Durchdringung zeigten. Daher sollte sich der Anwender im Zweifel nach den Spezifikationen des jeweiligen Materials erkundigen. Diese sind meist in Form von Datenblättern bei den Herstellern erhältlich.

Seit Ende der 1980er Jahre greift jedoch ein anderes Problem um sich: Rund 20 % aller in Deutschland mit Einweghandschuhen arbeitenden Personen reagieren überempfindlich auf Naturlatex. Es empfiehlt sich also, sich über die eigene potenzielle Latexunverträglichkeit Kenntnis zu verschaffen. Allerdings muss man zwischen allergischen und pseudoallergischen Reaktionen unterscheiden:
1. Bei der irritativen Kontaktdermitis, die durch chemische Rückstände hervorgerufen und durch Handschuhpuder (modifizierte Maisstärke) mechanisch verstärkt

wird, handelt es sich um Abschürfungsverletzungen der Haut (dem Einreiben der Hände mit einer Schleifpaste vergleichbar). Die Verwendung von ungepuderten Handschuhen schafft hier Abhilfe.

2. Eine andere Art der Unverträglichkeit sind die allergischen Reaktionen auf chemische Beimischungen oder Latexproteine. Als Auslöser der allergischen Typ IV-Kontaktdermitis kommen die bei der Herstellung eingesetzten chemischen Zusätze wie Akzeleratoren (Beschleuniger), Antioxidantien (Zusätze zur Verhinderung der Oxidation) und Vulkanisatoren (Zusatzstoffe, die Kautschuk in Gummi umwandeln) in Frage. Die Thiurame gelten dabei in 50–80 % aller Fälle eines allergischen Kontaktekzems als Hauptsensibilisatoren. Vermittelt wird dieser Allergietyp durch T-Lymphocyten. Die Symptome (Bläschen, Jucken, Nässen, Rötungen), die erst nach 6–8 h nach Kontakt mit dem Allergen auftreten und sich noch nach Tagen verstärken können, lassen sich oft durch einen Wechsel der Handschuhmarke beseitigen.

3. Die allergische Typ I-Kontaktdermatitis (Urtikaria) wird durch körpereigene Immunglobuline der Klasse IgE vermittelt. Die Symptome zeigen sich nach weniger als einer halben Stunde nach Kontakt mit dem Allergen an Knöcheln und Handgelenken. Oft kommen wässrige Augen, Ausschläge und Krämpfe im Bauchbereich hinzu. Bei gegen Latexproteine sensibilisierten Personen können die Überreaktionen bis hin zum schweren anaphylaktischen Schock mit lebensbedrohlichen Zuständen reichen. Auslöser sind latexspezifische Eiweißstoffe, die jedoch noch kaum identifiziert sind. Präventiv können Latexhandschuhe mit geringem Proteingehalt getragen werden. Bei gepuderten Handschuhen kann die allergene Wirkung der Latexproteine über Stärkepartikel in der Luft noch verstärkt werden. Das würde auch erklären, warum überempfindliche Menschen, die selbst nicht direkt mit Latexmaterial in Kontakt kommen, in Räumen mit durch Stärke belasteter Luft unter Asthmaanfällen und Fließschnupfen leiden. Abhilfe schaffen Handschuhe aus Ersatzmaterialien wie Nitril oder Vinyl.

Die Ursache der Latexallergien sind aber nicht ausschließlich Latexproteine. So kommt es häufig zu Kreuzreaktionen zwischen Latex und exotischen Früchten wie Ananas, Kiwi, Banane, Mango, Melone und Pfirsich. Tatsächlich fiel der Prick-Test bei 52 von 76 Typ I-Allergikern gegen Latex auch positiv auf mindestens zwei dieser Früchte aus.

3.2.6
Sterilfiltration

Die Filtration ist ein uraltes physikalisch-mechanisches Trennverfahren, bei dem ein poröser Filter von einer flüssigen oder gasförmigen Phase durchströmt wird. Darin fein verteilte Feststoffpartikel oder Flüssigkeitströpfchen werden auf der Filteroberfläche oder in der Filtermatrix festgehalten. Die Phasentrennung fest-flüssig wird jeden Tag millionenfach bei der Kaffeezubereitung eingesetzt und ist auch im Labor die häufigste Filtriermethode.

Voraussetzung für eine Filtration ist eine Druckdifferenz vor und hinter dem Filter. Im einfachsten Falle genügt die Erdanziehung als treibende Kraft und ein Papierfilter, das aus regellos gelagerten Fasern besteht (nicht von ungefähr besitzen die Worte Filter und Filz die gleiche urdeutsche Wurzel „*felti*" = Gestampftes). Die Wahl des geeigneten Filtermaterials hängt von der Art, Menge und Größe der abzutrennenden Partikel sowie von der Beschaffenheit der flüssigen Phase ab. Bei der Abtrennung von Bakterien und anderen Keimen aus Flüssigkeiten werden vorwiegend Doppelmembranfilter aus veresterter Cellulose eingesetzt, an denen sich die biologischen Agenzien abscheiden. Bei der Filtration serumhaltiger Nährmedien sollte man darauf achten, dass das Filtermaterial eine möglichst geringe Affinität für Proteine besitzt, da sich die Filterporen sonst sehr rasch zusetzen.

Gebrauchsfertige, steril verpackte Membranfilter mit Durchmessern von 30 und 50 mm eignen sich zur einmaligen Steril- und Klarfiltration von 10–100 mL Flüssigkeit. Für die Filtration kleinerer Volumina werden Filterhalter mit 13 bzw. 3 mm Durchmesser angeboten (Abb. 3.5). Die erforderliche Druckdifferenz wird dadurch hergestellt, dass das Einmalfilter auf eine Einmalspritze gesteckt und die Lösung durch die Membran gedrückt wird. Die einzelnen Schritte müssen unter sterilen Bedingungen ausgeführt werden und sollten vor der ersten „echten" Filtration geübt werden:

1. Auf- und Entnahmegefäß öffnen
2. Stempel einer Einmalspritze der erforderlichen Größe ganz herausziehen
3. Blisterpackung des Filterhalters öffnen
4. Membranfilter fest auf die Spitze der Spritze stecken
5. Flüssigkeit in die Spritze pipettieren oder gießen
6. Spritze mit Filter senkrecht auf die Öffnung eines sterilen Röhrchens o. ä. setzen
7. Stempel vorsichtig einführen und möglichst ohne abzusetzen bis zum Anschlag durchdrücken

Größere Flüssigkeitsmengen lassen sich bequemer und sicherer mit Druck- oder Vakuumfiltrationsgeräten filtrieren. Prinzipiell können alle Membranfilter mit einer mittleren Porengröße von 0,45 µm und 0,2 µm biologische Agenzien zurückhalten. Allerdings bieten erst Filter mit einer mittleren Porengröße von 0,1 µm Schutz vor den in der Zellkultur gefürchteten Mycoplasmen (s. Abschnitt 6.7). Viren, Prionen und Endotoxine lassen sich aufgrund ihrer extremen Winzigkeit durch Filtration leider nicht abscheiden (Näheres hierzu in Abschnitt 6 und 4.3).

Wieder verwendbare Filterhalter müssen nach dem Einlegen der unsterilen Filtermembranen autoklaviert werden. Das Einlegen muss jedoch mit Sorgfalt und Fingerspitzengefühl erfolgen, da die empfindlichen Membranen beim Verschließen der Halterungen beschädigt werden können. Eine Kontrolle, ob die Membran unversehrt ist, kann in der Regel erst nach der Filtration erfolgen.

3.2.7
Verbrauchsmaterial aus Glas und Kunststoff

Zellkulturartikel aus Glas
Es mag verblüffen, doch physikalisch betrachtet ist Glas kein kristalliner Festkörper, sondern eine hochviskose, klare Flüssigkeit. Zur Herstellung von Laborgläsern wird Kieselsäure (SiO_2) mit verschiedenen Zuschlägen wie Bortrioxid (B_2O_3) zur Erhöhung der chemischen und thermischen Resistenz verwendet. Diese Borosili-

katgläser werden je nach Beständigkeit gegen Wasser und Säuren in hydrolytische Klassen eingeteilt. Allgemein hat sich die Glasqualität der ersten hydrolytischen Klasse als besonders zellverträglich erwiesen. Da Borosilikatglas einen sehr viel höheren Schmelzpunkt als sog. Weichglas besitzt, sollten verbrauchte Pasteurpipetten aus Weichglas und Glasbruch aus Borosilikat getrennt gesammelt und entsorgt werden.

Die klassischen Utensilien für die Zellkultur wie Petrischalen, Kulturflaschen, Pipetten und Zentrifugenröhrchen bestanden und bestehen z. T. noch heute aus Glas. Zwar wachsen viele Zelltypen auch auf Edelstahl und Porzellan, doch letztlich hat sich Glas aufgrund seiner optischen Transparenz durchsetzen können. Es ist zudem ein außerordentlich zellverträgliches Substrat. Voraussetzung ist jedoch eine geeignete Behandlung der Glaswaren. Fabrikneue wie gebrauchte Gläser müssen daher in der Spülmaschine mit dem speziellen Programm für Zellkulturartikel gewaschen werden, um sie von herstellungsbedingt anhaftenden Trennmitteln bzw. von organischen Verunreinigungen zu befreien. Die Auswahl geeigneter Reinigungsmittel spielt hierbei eine wichtige Rolle. Es sollten alkalische Reiniger ohne Tenside und saure Neutralisatoren, frei von Phosphaten, stickstoffhaltigen Komplexbildnern und Tensiden verwendet werden (s. auch Abschnitt 2.3.1). Zellkulturartikel aus Glas können nach folgender Methode gereinigt werden:

- Glasartikel nach Gebrauch über Nacht in Desinfektionslösung untertauchen (eingetrocknete Anhaftungen lassen sich ungleich schwerer entfernen)
- Bei der Dosierung des Detergens (z. B 7X von ICN) bzw. des Desinfektionsmittels (z. B. Natriumhypochlorit) ist die vom Hersteller angegebene Konzentration zu beachten.
- Flaschen innen mit Flaschenbürste säubern und anschließend mehrmals mit Leitungswasser spülen. Schraubkappen aus Polypropylen (Duran) können zusammen mit den Flaschen gereinigt werden. Flaschenverschlüsse aus Aluminium reagieren auf alkalische Detergenzien mit Korrosion und dürfen daher weder länger als 20–30 min damit behandelt noch zusammen mit den Flaschen gereinigt werden
- Gegenstände in der Spülmaschine mit dem Programm für Zellkulturartikel reinigen
- bei mindestens 160 °C im Trockenschrank für 2 h trocknen oder autoklavieren (s. Abschnitt 2.3.2)

Tipp: Festsitzende Glasstopfen nie mit Gewalt oder einer Zange bearbeiten; das Verletzungsrisiko durch Splitter und scharfe Bruchkanten ist sehr hoch. Mit einer 1:1-Mischung aus Ether und Milchsäure benetzt lösen sie sich nach einiger Zeit von selbst (Abzug benutzen!).

Trotz ihrer Wiederverwendbarkeit werden Glasflaschen meist nur noch zum Aufbewahren von Medien, Seren, Lösungen und Reagenzien verwendet. Objektträger und die dazugehörigen Deckgläschen werden bei der Herstellung von Zellpräparaten wie Ausstrichen oder Färbungen (z. B. für die Immunfluoreszenz) aber nach wie vor gebraucht. Werden besonders saubere und rückstandsfreie Objektträger benötigt, stellt man sie – in einen gläsernen Färbetrog einsortiert – über Nacht in eine Detergenslösung (z. B. 7 X) und nach kurzem Wässern für eine weitere

Nacht in eine 25 %ige Lösung aus Ethylalkohol und konzentrierter Essigsäure (2 %). Nach dem Wässern mit demineralisiertem Wasser können die Objektträger wahlweise getrocknet oder autoklaviert werden.

Die dazugehörigen Deckgläschen werden in einer Petrischale aus Glas mit absolutem, unvergällten Ethylalkohol überschichtet, über Nacht stehen gelassen, anschließend getrocknet oder für 2 h bei 180 °C hitzesterilisiert. Für die sichere Handhabung der sehr zerbrechlichen Gläschen werden im Fachhandel spezielle Pinzetten mit breit abgeflachten Spitzen nach Art einer Briefmarkenpinzette angeboten.

Wer serologische Pipetten verwendet und sie selbst reinigen muss, kann nach folgendem Protokoll verfahren:
- Pipetten nach Gebrauch sofort (Medium nicht eintrocknen lassen!) mit der Spitze nach unten mindestens für 2 h in einen mit Detergens- und Desinfektionslösung gefüllten Pipettenzylinder stellen
- Wattestopfen an den stumpfen Enden der Pipetten mit spitzer Pinzette oder mit Pressluft entfernen
- in einem Pipettenspüler mit Spitze nach oben für 4 h mit Leitungswasser spülen; alternativ kann auch eine Spülmaschine mit Zellkulturprogramm verwendet werden
- Pipetten dreimal mit demineralisiertem Wasser spülen und anschließend möglichst mit der Spitze nach oben in einem Heißluftsterilisator trocknen
- stumpfes Ende mit hitzebeständiger Watte stopfen (für diese mühsame Arbeit lohnt sich die Anschaffung eines halbautomatischen Stopfgeräts)
- Pipetten nach Größe sortiert und mit der Spitze nach unten in Pipettendosen aus Aluminium füllen und mindestens eine halbe Stunde bei 180 C hitzesterilisieren (Dose und Dosendeckel können zum Schutz vor unbeabsichtigtem Öffnen mit Sterilisationsband verbunden, die gesamte Dose kann zum Schutz vor eindringendem Staub in Aluminiumfolie eingeschlagen werden)

Zellkulturartikel aus Kunststoff
Die Glasutensilien sind heute fast ausnahmslos durch Kunststoffmaterial ersetzt worden. Selbst Objektträger und Deckgläschen können heute in Kunststoffausführung bezogen werden. Flaschen, Schalen und Röhrchen bestehen vorwiegend aus Polystyrol. Die chemisch inerten (reaktionsträgen) Plastikoberflächen erlauben zwar nach der Beschichtung mit Agar ein hinreichend gutes Bakterienwachstum, bei der Kultivierung adhärenter Zellen aber kommt es zu Veränderungen der Zellgestalt (Morphologie) und zu einer drastischen Reduzierung der Zellvermehrung (Proliferation). Erst mit der Entwicklung geeigneter Verfahren zur Veredelung von Kunststoffoberflächen konnte das „tissue culture treated polystyrene" seinen weltweiten Siegeszug antreten.

Eine große Rolle bei diesen Oberflächenbehandlungen spielen Gasentladungsplasmen. Diese Plasmen bestehen aus einer hochreaktiven Mischung aus Elementarteilchen und Molekülen, die mit der inerten Oberfläche des Polystyrols wechselwirken. Dies führt zum Einbau von chemischen Gruppen mit definierter Ladung in die Oberfläche und damit zu deren besseren Hydrophilierung (Benetzbarkeit durch Wasser). Besonders günstig verhalten sich Oberflächen, die neben den üblichen sauerstoffhaltigen auch stickstoffhaltige Gruppen tragen. Auf solchen Oberflächen lassen sich selbst Primärzellen sehr gut kultivieren.

Die Auswahl an Kulturgefäßen und Röhrchen ist sehr groß (Abb. 3.5). Sie sind in vielen verschiedenen Größen erhältlich. Für spezielle Anwendungen werden diverse Mehrlochplatten angeboten. Mehrere Hersteller bieten zu ihren Platten passende sterile Filtermembraneinsätze mit diversen Porendurchmessern an. Leider sind die Einsätze und Mehrlochplatten verschiedener Hersteller nicht immer kompatibel.

Die Produkte sind gebrauchsfertig sterilisiert und oberflächenbehandelt. Qualitätsunterschiede zwischen den Fabrikaten können jedoch zu unterschiedlichen Ergebnissen bei der Kultur von Zellen führen. Es empfiehlt sich daher, diverse Muster auf die optimale Zellverträglichkeit hin zu testen.

Zell- und Gewebekulturflaschen

Kulturflaschen aus Polystyrol sind die eigentlichen „Wohncontainer" kultivierter Zellen. Je nach der zur Verfügung stehenden bzw. der durch Zellvermehrung gewünschten Zellmenge kann zwischen Flaschen mit unterschiedlichem Volumen (für Suspensionszellen) oder Wachstumsfläche (für adhärente Zellen) gewählt werden (Abb. 3.5). Die vier gängigen Flaschengrößen werden allgemein mit T-25, T-75, T-175 und T-300 bezeichnet, wobei jede Zahl die jeweilige effektive Wachstumsfläche in cm^2 angibt.

Für besonders geringe Zellmengen (z. B. bei der Kultivierung frisch gewonnener Primärzellen) werden spezielle Flaschen mit nur 12 cm^2 Wachstumsfläche angeboten (Falcon). Eine Vergrößerung der Wachstumsfläche bei gleichbleibender Grundfläche wird bei Multi-Etagen-Flaschen erzielt. Durch zwei weitere, übereinander liegende Zellkulturböden wird die Grundfläche nahezu verdreifacht. Eine Weiterentwicklung dieses Prinzips stellen die Wannenstapel dar (s. Abschnitt „Petrischalen").

Bei Anwendungen, bei denen die adhärenten Zellen mechanisch mittels eines Schabers von der Wachstumsfläche abgeerntet werden müssen, bieten Flaschen mit abziehbarem Foliendeckel – den Petrischalen vergleichbar – einen direkten Zugang zum Zellrasen. Die Flasche wird ähnlich wie eine Sardinenbüchse geöffnet, das lästige Herumhantieren mit dem Zellschaber durch den engen Flaschenhals hindurch entfällt.

Bei den Flaschen für Suspensionszellen wird auf eine aufwändige Behandlung des Kunststoffs zur Verbesserung der Zellverträglichkeit verzichtet, da diese Zellen ohnehin kaum Neigung zeigen, sich am Flaschenboden anzuheften. Bei der Kultivierung von Zellen im Begasungsbrutschrank ist es unbedingt erforderlich, dass die mit CO_2 angereicherte Brutschrankatmosphäre in die Flaschen eindringen kann (s. Abschnitt 2.4.2). Die konventionellen Schraubkappen dürfen deshalb niemals luftdicht verschlossen werden, da das Kulturmedium sonst rasch übersäuern würde. Die Schraubverschlüsse sollten also auf ihrem Gewinde noch etwas beweglich sein, damit der Gasaustausch stattfinden kann. Neben der Gefahr des unbeabsichtigten Verschließens kann es bei diesem Verschlusstyp zum Austritt von Medium und somit zu einer Kontamination kommen, wenn die Flasche zufällig schräg gehalten oder stark erschüttert wird. Sehr zu empfehlen sind deshalb Schraubverschlüsse, die oben kleine Lüftungsschlitze besitzen (Abb. 3.6). Sie können unbedenklich bis zum Anschlag zugeschraubt werden. Zum Schutz vor Kontamination sind die Öffnungen mit einer Filterfolie hinterlegt. Sie sorgt mit ihren 0,22 µm kleinen Poren nach Art der Goretexmembran – unter Zurückhaltung von Partikeln – für den ungehinderten Einstrom von Gas und Wasserdampf, verhindert jedoch

Abb. 3.6 Multi-Etagen-Zellkulturflasche mit Ventilöffnungen im Schraubdeckel.

den Austritt von Flüssigkeit. Flaschen dieser Art bieten ein Höchstmaß an Sicherheit und Funktionalität, allerdings muss dies mit einem hohen Abfallaufkommen und einem entsprechend hohen Preis bezahlt werden.

Für die Massenzucht von Zellen, die mitunter in speziell klimatisierten Wärmeräumen erfolgen kann, werden häufig sog. Rollerkulturen angelegt. Hierzu drehen sich zylindrische Kunststoffflaschen (Rollerflaschen) auf langsam rotierenden Gummiwalzen um ihre Längsachse. Die adhärenten Zellen werden bei jeder Umdrehung der Flaschen für einige Zeit von Medium überspült, sodass eine Art „Ebbe und Flut" entsteht. Da die komplette innere Oberfläche von den Zellen besiedelt werden kann, bieten Flaschen dieser Art effektive Wachstumsflächen von 850–2000 cm^2. Eine weitere Möglichkeit, die Wachstumsfläche zu vergrößern besteht darin, adhärente Zellen auf mikroskopisch kleinen sog. „beads" oder „microcarriers" aus Kunststoff oder modifiziertem Kohlenstoff wachsen zu lassen. Die mit Zellen beladenen Kügelchen werden in einer Spinnerflasche (engl. *to spin* = sich um die eigene Achse drehen, herumwirbeln) von einem Rührwerk ständig in Suspension gehalten. Die sehr hohen Zelldichten, die in der Spinnerflasche erzielt werden können, werden z. B durch eine Membranbegasung mit O_2 und CO_2 versorgt.

Eine immense Vergrößerung der Wachstumsfläche wird auch durch die Verwendung von Hohlfasern als Zellträger erreicht. Mit dieser Technik lassen sich Anheftungsflächen im Quadratmeterbereich in erstaunlich kleinen Behältern erzielen (Fa. Dunn).

Petrischalen
Zellkultur ist grundsätzlich auch in Petrischalen aus vorbehandeltem Polystyrol möglich. Allerdings ist das Kontaminationsrisiko im Vergleich zur Flasche bei geöffneter Schale und die Verdunstung bei geschlossener Schale größer. Petrischalen eignen sich sehr gut zur Gewebekultur, da sie unmittelbaren Zugriff auf das Material bieten. Standfähige Filtermembraneinsätze (Fa. Millipore; Fa. TPP) können als Wachstumsflächen ebenfalls in den Schalen verwendet werden. Ferner eignen sich Petrischalen für eine ganze Reihe präparativer Arbeiten. Sie werden mit unterschiedlichen Durchmessern und Wachstumsflächen zwischen 10 und 177 cm^2 angeboten – und auch quadratisch.

Bei speziellen Petrischalen sind diverse Unterteilungen, Marken, Muster oder Raster (Zählscheiben) in den Schalenboden eingelassen. Sie dienen der schnelleren und bequemeren Orientierung und erleichtern sowohl Zählungen als auch die Dokumentation. Auch Petrischalen mit elastischen (Fa. Dunn) oder gasdurchlässigen Folienböden (Fa. Greiner; Fa. KMF) werden angeboten.

Eine Modifikation des Prinzips der Multi-Etagen-Flaschen (s. Abschnitt „Zell- und Gewebekulturflaschen") stellen sog. Wannenstapel dar. Zahlreiche fest miteinander verbundene rechteckige Schalen bilden kommunizierende Systeme, die je nach Ausführung bis zu 10 m^2 Wachstumsfläche bieten.

Testplatten

Diese für die Zell- und Gewebekultur nahezu unverzichtbaren Zellkontainer sind auch unter der Bezeichnung Mehrlochplatten oder Multi-Well-Platten weit verbreitet. Sie sind vielfältig nutzbar: Je nach der Anzahl der näpfchenartigen Vertiefungen (Kalotten, Kavitäten) können zum Beispiel unterschiedliche Zellen parallel kultiviert oder Testreihen angelegt werden. Für die meisten Testplatten werden passende Filtermembraneinsätze zum Einstellen oder Einhängen angeboten.

Die Testplatten der meisten Hersteller verfügen über sechs, zwölf, 24, 48 und 96 Kalotten mit Wachstumsflächen von 0,32 cm^2 bis 9,60 cm^2 pro Vertiefung (Abb. 3.5). Zur besseren Orientierung ist die Koordination der Vertiefungen nach Art eines Schachbretts alphanumerisch auf dem Plattenrand eingelassen. Die 96er Platten eignen sich besonders zum Klonieren von Zellen. Je nach Bedarf sind Vertiefungen mit flachem Boden, Rundboden (U-Profil) und V-Profil erhältlich.

Die mikroskopische Kontrolle der Zellen gestaltet sich in Kavitäten mit nur wenigen Millimetern Durchmesser etwas schwierig. Grund ist der Meniskus (gr. „meniskos" = kleiner Mond), eine Eigenart von Flüssigkeiten, die sich in engen Röhren befinden. Die Oberflächenspannung erzwingt eine Wölbung der Flüssigkeitsoberfläche nach innen, sodass das einfallende Licht wie durch eine konkave Linse gebrochen wird. Eine kontrastreiche, unverzerrte Beobachtung der Zellen ist deshalb nur im zentralen Bereich der Kavität möglich. Spezielle Zellkulturplatten (Fa. Nerbe) erlauben es, den Plattendeckel von der normalen Belüftungsposition in die Mikroskopierstellung zu bringen. Durch Einebnung des Meniskus wird eine verzerrungsfreie Beobachtung der nahezu gesamten Fläche möglich. Die optische Beeinträchtigung bei U- und V-Böden lässt sich allerdings nicht korrigieren.

Sogenannte Mikrotiter- bzw. Mikrotestplatten sind für die PCR-Technik entwickelte Platten, die 384 oder sogar 1536 Näpfchen aufweisen. Eine korrekte Befüllung ist schon auf aufgrund der großen Anzahl von Vertiefungen und des nur wenige Mikroliter betragenden Volumens nur mittels Dosierautomaten und ihre optische Kontrolle nur mithilfe spezieller Plattenlesegeräte möglich. Oft sind diese Platten aus autoklavierbarem Material gefertigt und können mehrfach verwendet werden.

3.2.8
Chemische Desinfektionsmittel

Die chemische Desinfektion von Gegenständen, Flächen und Abfällen ist weniger standardisiert als die physikalischen Sterilisationsmethoden (s. Abschnitt 2.3.2). Um mit der höchstmöglichen Sicherheit und Effektivität desinfizieren zu können, müssen wir uns zunächst einen Überblick über die gängigen Desinfektionsmittel, deren spezifische Wirkungsspektren, Einwirkzeiten und Wirkstoffkonzentrationen verschaffen. Da einige Desinfektionsmittel gesundheitsschädlich oder gar toxisch sind, dürfen zudem die entsprechenden Sicherheitsmaßnahmen beim Umgang mit chemischen Desinfektionsmitteln nicht außer Acht gelassen werden.

Bei der Beseitigung biologischer Kontaminationen werden meist folgende Mittel eingesetzt oder empfohlen:
- Alkohole: Ethanol, Propanol und Isopropanol (auch als Ethyl-, Propyl- und Isopropylalkohol bezeichnet) sind wegen ihrer Materialfreundlichkeit die am häu-

figsten verwendeten Desinfektionsmittel. Alkoholische Lösungen werden zur Hände-, Geräte- und Flächendesinfektion eingesetzt. Ihre schnelle keimtötende Wirkung beruht auf Dehydration und Fixierung von Proteinen. Das breite Wirkungsspektrum umfasst alle Bakterienarten (mit Ausnahme der Sporen!) sowie die meisten Viren. Gegen die widerstandsfähigeren Pilze und Hefen wirken Alkohole nur bedingt; Isopropanol ist gegen Viren unwirksam. Die mittlere effektive Konzentration liegt bei 70 %.

Zusätze von Formaldehyd oder Hypochlorit steigern die Wirksamkeit von alkoholischen Lösungen wesentlich. Die Herstellung und Anwendung dieser Mischpräparate ist jedoch aufgrund ihrer gesundheitsgefährdenden Eigenschaften problematisch.

- Natriumhypochlorit: Diese chlorfreisetzende Verbindung ist ein verbreitetes Desinfektionsmittel mit breitem Wirkungsspektrum (einzig Bakteriensporen werden nur bedingt angegriffen). Natriumhypochlorit wird bei der Flächendesinfektion, der Desinfektion von Pipetten und zur Inaktivierung von flüssigen Medienabfällen eingesetzt. Der empfohlene Konzentrationsbereich liegt zwischen 0,01 und 5 %. Nachteile: Natriumhypochlorit greift sogar Edelstahl an und ist deshalb für metallische Gegenstände völlig ungeeignet. Außerdem belastet es das Abwasser stark. Da seine desinfizierende Wirkung durch biologische Substanzen rasch inaktiviert wird, muss die Lösung täglich frisch angesetzt werden. Bei der gleichzeitigen Verwendung von Hypochlorit und Formaldehyd entstehen krebserregende Reaktionsprodukte!

- Aldehyde: Die hochwirksamen Aldehyde werden trotz ihrer bedenklichen negativen Eigenschaften immer noch zur Desinfektion von Geräten, Flächen und Flüssigkeiten in einer Konzentration von 0,5–3 % verwendet. Vornehmlich an Metalloberflächen wird Glutaraldehyd als Alternative zum korrosiven Natriumhypochlorit eingesetzt. Eine Begasung von Brutschränken oder gar Räumen mit Formaldehyd sollte nur in absoluten Ausnahmefällen durchgeführt werden. Zu diesem Zweck ist das wesentlich harmlosere Wasserstoffperoxid vorzuziehen. Obwohl das Wirkungsspektrum sämtliche Viren, Bakterien und Pilze sowie deren Sporen umfasst, ist vom Einsatz von Aldehyden abzuraten. Das an sich bereits giftige Formaldehyd steht zudem im Verdacht, Krebs auszulösen. Zur Vermeidung von Hautreizungen, Atembeschwerden und Allergien sollte auf jeden Fall geeignete Schutzkleidung getragen und für eine ausreichende Lüftung gesorgt werden.

- Wasserstoffperoxid: H_2O_2 und andere Peroxyverbindungen stellen eine äußerst wirkungsvolle Alternative zu den sehr gesundheitsschädlichen Aldehyden dar. Dank des lückenlosen Wirkungsspektrums führt eine Desinfektion von Flächen, Räumen und Flüssigkeiten mit H_2O_2 in Sekunden zur vollständigen und radikalen Inaktivierung aller Bakterien, Pilze, Sporen und Viren. Wasserstoffperoxid wird gewöhnlich in einer Konzentration von 1–3 % (z. B. auch für die Desinfektion von Kontaktlinsen) eingesetzt. Bei zu starker Haut- und Atemwegsreizung durch H_2O_2 kann alternativ das weniger hautschädliche Kaliumperoxomonosulfat verwendet werden. Auf die deutlich stärker desinfizierende, aber auch wesentlich gefährlichere Peroxyessigsäure kann normalerweise verzichtet werden. Als einziges Desinfektionsmittel zersetzt sich Wasserstoffperoxid mit der Zeit selbst zu Wasser und Sauerstoff.

- Phenole: Die in wässriger Lösung und in geringer Konzentration (0,1–1 %) wirksamen Phenolverbindungen sind sehr stabil und lagerfähig. Allerdings weist das Wirkungsspektrum bei Bakterien und Viren einige Lücken auf. Sporen gegenüber erweisen sich Phenole ebenfalls als unwirksam. Da sie die Haut leicht durchdringen können, lagern sie sich als lipophile (fettliebende) Substanzen im Fettgewebe ein und können so zu Schädigungen der Haut, Leber und des Nervengewebes führen.
- Quarternäre Ammoniumbasen: Diese oberflächenaktiven Substanzen werden vornehmlich zur Desinfektion der sensiblen Brutschrankinnenräume verwendet (s. Abschnitt 2.4.2). Sie besitzen ein breites Wirkungsspektrum mit nur leichten Abstrichen bei den gramnegativen Bakterien. Vor allem die zuverlässige Inaktivierung von Pilzen, die Materialverträglichkeit und die von allen Desinfektionsmitteln geringste Toxizität machen diese kationischen Verbindungen zu nahezu idealen Reagenzien für die Brutraumdesinfektion.

Um das gesundheitliche Risiko so gering wie möglich zu halten, empfiehlt es sich, nicht gleich „mit Kanonen auf Spatzen zu schießen", sondern das für den jeweiligen Zweck geeignetste Desinfektionsmittel mit der geringsten Gesundheitsbelastung zu verwenden und für Atem-, Haut- und Augenschutz zu sorgen. Konzentrations- und Dosierungsanweisungen sowie die Gefahrenhinweise können den Datenblättern der Hersteller entnommen werden.

3.3
Literatur

Adelmann S. et al.: Sicherheit in der Biotechnologie – Rechtliche Grundlagen. Hüthig Buch Verlag, Heidelberg, 1992

Adelmann S., Schulze-Halberg H.: Handbuch für den Arbeitsschutz in Biotechnologie und Gentechnik. Springer Verlag, Berlin, 1994

Berufsgenossenschaft der chemischen Industrie, Merkblätter Sichere Biotechnologie. Jedermann-Verlag Dr. Otto Pfeffer, Heidelberg, 1992

Freshney R. I.: Culture of animal cells; fourth edition. Wiley-Liss, 2000

Heese A.: Dermatologische Klinik Erlangen; Deutsches Ärzteblatt/Ärztliche Mitteilungen 46/1989

International Conference „La Maison de la Chimie": Latex Allergy – the latest position, 1995

Internationale Sektion der IVSS (Internationale Vereinigung für Soziale Sicherheit) für die Verhütung von Arbeitsunfällen und Berufskrankheiten in der chemischen Industrie (Hrsg.): Sicherer Umgang mit biologischen Agenzien – Biotechnologie, Gentechnik; Teil 2 Arbeiten im Laboratorium. 2000

Lindl T.: Zell- und Gewebekultur; 5. Auflage. Spektrum Akademischer Verlag Heidelberg, 2002

Minuth W. W. et al.: Von der Zellkultur zum Tissue engineering; Pabst Science Publishers Lengerich, 2002

Morgan S. J., Darling D.C.: Kultur tierischer Zellen. Spektrum Akademischer Verlag Heidelberg, 1994

Schröder K., Ohl A.: Plasmafunktionalisierung von Kunststoffen für die Kultivierung adhärenter Zellen. In Vitro News 01/2001. Sartorius Group, Publication No. SL-1027-d00111

Smid F.-M.: Pipettenservice – wen kümmert es? LABO Magazin für Labortechnik + Life Sciences 4/05. Verlag Hoppenstedt Bonnier, Darmstadt, 2005

Turjanmaa K.: Incidence of immediate allergy to latex glove in hospital personnel. Contact Dermatitis 17/1987

Wallhäußer: Praxis der Sterilisation, Desinfektion, Konservierung. Georg Thieme Verlag Stuttgart 1988

3.4
Informationen im Internet

Zum Thema Latexallergie:
www.delab-net.de/labortag/labtag2003/labtip/tnatur.htm; www.vorsorge-online.de
   Zum Thema UV: www.laborjournal.de/rubric/methoden/methoden/v12.html

4
Nährmedien für die Zellkultur

Entgegen einer weit verbreiteten Meinung ist es keineswegs trivial, Zellen außerhalb des Organismus am Leben zu erhalten (s. Abschnitt 1.1). Die eigenen Erwartungen an das, was die Zellkultur zu leisten vermag, sind häufig sehr hoch, während die Ansprüche der Zellen an die Kulturbedingungen dagegen häufig unterschätzt werden. Beispielsweise entsteht bei der *in vitro*-Rekonstruktion von Geweben („tissue engineering") nur dann ein für die Wiederherstellung von geschädigtem Gewebe geeigneter, transplantierbarer Gewebeersatz, wenn sehr viele Bedingungen erfüllt sind. Auch die konventionelle Zellkultur mit vergleichsweise „anspruchslosen" Zelllinien wird nur dann von Erfolg gekrönt sein, wenn die wichtigen Parameter stimmen. Für isolierte Zellen muss daher ein Milieu geschaffen werden, das den natürlichen Verhältnissen im intakten Organismus möglichst nahe kommt. Konstante, standardisierte Kulturbedingungen gelten als eine notwendige Voraussetzung, um reproduzierbare Ergebnisse zu erzielen.

Die Kulturbedingungen für Säugerzellen können auf folgende praktische Ziele ausgerichtet sein:
- die Produktion möglichst großer Zellmengen in kürzester Zeit. Die maximale Zellvermehrung (Proliferation) wird angestrebt, wenn bestimmte Bestandteile der Zelle (z. B. Membranen oder Mitochondrien) in großer Zahl benötigt werden.
- die Erhaltung spezieller Zellfunktionen und kontrollierte Differenzierungsleistungen. Diese Zielsetzung ist mit einer Massenproduktion meist unvereinbar und verlangt nach völlig anderen Kulturbedingungen.

Welche Zielsetzung wir letztendlich verfolgen ist einerlei. Die Zellen in Kultur benötigen in jedem Fall, besonders aber während des Wachstums und der Teilung eine externe Energiequelle, die sicherstellt, dass die biochemischen Reaktionen in die gewünschte Richtung ablaufen können. Diese Energie gewinnen die Zellen durch Aufnahme und nachfolgende Verstoffwechselung der Nährstoffe, die ihnen in Form von Zellkulturmedium zugeführt werden. Das klingt zunächst sehr einfach, wir werden aber noch sehen, dass die Zusammensetzung des Mediums mit großer Sorgfalt ausgewählt werden muss (Abb. 4.1). Diese Mühe zahlt sich aus und steht in keinem Verhältnis zu den Anstrengungen, die unternommen werden mussten, um die erste Standardformulierung für ein Zellkulturmedium zu finden.

Leitfaden für die Zell- und Gewebekultur. Jürgen Boxberger
Copyright © 2007 WILEY-VCH Verlag GmbH & Co. KGaA, Weinheim
ISBN: 978-3-527-31468-3

84 | 4 Nährmedien für die Zellkultur

Abb. 4.1 Nichts bringt die hohen Ansprüche der Zellen an die Kulturbedingungen treffender zum Ausdruck! (mit freundlicher Genehmigung von BioConcept).

4.1
Zusammensetzung von Standardmedien

Im Jahre 1907 gelang es Ross Grenville Harrison erstmals, aus einem kaltblütigen Organismus isoliertes Gewebe in einer Petrischale am Leben zu erhalten. Die erste permanente *in-vitro*-Kultur wurde von dem französisch-amerikanischen Arzt und Nobelpreisträger Alexis Carell 1912 angelegt. Es sollten jedoch mehr als 40 Jahre vergehen, ehe es möglich wurde, Säugerzellen in definierten Kulturflüssigkeiten über Jahre hinweg lebensfähig zu halten. In mehreren bahnbrechenden Artikeln beschrieb Harry Eagle zwischen 1955 und 1959 nicht nur erstmals die Nährstoffansprüche einer Säugerzelle, sondern schlug auch Rezepte für die *in vitro*-Aufzucht von Zellen außerhalb des Organismus vor. Das „Basal Medium Eagle" (BME) trägt noch heute seinen Namen und ist aus Substanzen zusammengesetzt, die das Wachstum mehrerer bekannter Zelllinien ermöglicht. Das Medium wurde vor allem für die Züchtung von HeLa-Zellen und Fibroblasten aus der Maus entwickelt. Später formulierten Autoren wie Dulbecco, Ham, McCoy, Iscove, Leibovitz, Evans und Waymouth zahlreiche Anpassungen und neue Medien, die bis heute erfolgreich in der Zellkultur eingesetzt werden.

Was macht nun ein chemisch definiertes Nährmedium aus? Zunächst sind folgende Grundsubstanzen zu nennen:
- anorganische Salze: Zweiwertige Calciumionen (Ca^{2+}) werden für die Anheftung adhärenter Zellen am Substrat, bei der Ausbildung von Zell-Zell-Kontakten und bei der Durchleitung von Signalen durch die Zelle (Signaltransduktion) benötigt. Die einwertigen Natrium-, Kalium- und Chlorionen (Na^+, K^+, Cl^-) regeln das sog. Membranpotenzial, um die empfindliche Zellmembran vor Schäden zu bewahren. Anionen wie SO_4^{2-} (Sulfat), PO_4^{3-} (Phosphat) und HCO_3^- (Hydrogencarbonat) werden bei der Biosynthese von Makromolekülen und der Regelung der intrazellulären Ladungsverhältnisse benötigt. Einige Elektrolyte spielen als Co-Faktoren bei enzymatischen Reaktionen eine Rolle und sorgen für die Aufrechterhaltung der osmotischen Balance. Das dynamische Gleichgewicht zwischen Wasser und Salzen in der Zelle zu gewährleisten, war eine der kniffligsten Aufgaben bei der Formulierung der Nährmedien – denn über die Osmolarität des Mediums lässt sich die Zellproliferation ebenso anregen wie über die stimulierenden Serumfaktoren. Als Grundlage für Zellkulturmedien sind deshalb eine Reihe basaler Salzlösungen (engl.: Balanced Salt Solutions, BSS) entwickelt worden, z. B.:
  – Dulbecco's Phosphate Buffered Saline (PBS)
  – Earle's Buffered Saline Solution (EBSS)
  – Gey's Buffered Saline Solution (GBSS)
  – Hank's Buffered Saline Solution (HBSS)
  – Puck's Salzlösung

Welche Salzlösung einem Medium zugrunde liegt, wird aus den Angaben im Katalog bzw. auf dem Etikett ersichtlich. Medien mit Hanks's Salzen sind für Zellkulturen geeignet, die ohne CO_2-Begasung auskommen, während Medien mit Earle's Salzen stärker mit Bicarbonat gepuffert sind und eine entsprechende CO_2-Spannung in der Brutschrankatmosphäre benötigen.

Die reinen Salzlösungen werden als Puffersysteme zur Stabilisierung der Zellen, die sich zum Zwecke des Passagierens oder des Waschens außerhalb des Mediums befinden, eingesetzt. Ähnlich wie die Basismedien werden sie in verschiedenen Darreichungsformen und Varianten angeboten: als gebrauchsfertige Lösungen mit oder ohne Phenolrot, als Konzentrate (10 ×) ohne $NaHCO_3$ sowie als Trockensubstanz. Um osmolaren Stress zu vermeiden, sollten die verwendeten Salzlösungen mit den Zellkulturmedien harmonieren (z. B. EBSS und MEM mit Earle's Salzen).

Osmolarität und Osmolalität sind zwei Begriffe, die hin und wieder im Zusammenhang mit der Zellkultur in der Literatur auftauchen. Nicht allein wegen ihres scheinbaren Gleichklangs sorgen sie oft für ratlose Gesichter. Wir wollen uns deshalb kurz um eine Klärung der Zusammenhänge bemühen.

Der Flüssigkeitshaushalt einer Zelle hängt vom osmotischen Druck ab (gr. „osmos" = stoßen, schieben). Dieser Druck entsteht – vereinfacht ausgedrückt – wenn sich im Inneren der Zelle eine höhere Konzentration an gelösten Ionen (Elektrolyten) befindet als im Außenmedium. Das Lösemittel (Wasser) strömt nun so lange durch die Zellmembran in die Zelle, bis der dadurch entstehende hydrostatische Druck den osmotischen Druck ausgleicht. (Dieser Effekt ist sehr schön zu beobachten, wenn schrumpelige Rosinen ins Wasser gelegt werden.) Die Osmolarität gibt die Anzahl der osmotisch aktiven Teilchen (Osmolyten) pro Liter Lösemittel an. Die Größe oder Art der Teilchen spielt hierbei keine Rolle. Die Einheit der Osmolarität bezieht sich auf das Volumen des Lösemittels: Osmol L^{-1} bzw. mOsmol L^{-1} (1 Osmol ist die Masse von $6,023 \times 10^{23}$ osmotisch aktiver Partikel in wässriger Lösung.)

Auch in Körperflüssigkeiten muss das Gleichgewicht zwischen Aufnahme und Ausscheidung von Wasser und Osmolyten aufrechterhalten werden. Da hier jedoch keine einfachen wässrigen Salzlösungen vorliegen, sondern viskose Flüssigkeiten mit relativ hohen Konzentrationen an Zuckermolekülen und Proteinen, verwendet man in der medizinischen Analytik statt der Osmolarität üblicherweise den Begriff der Osmolalität bzw. des osmotischen Werts. Er gibt bei Flüssigkeiten wie Blut oder Serum die Teilchenzahl der osmotisch aktiven Substanzen pro Kilogramm Lösemittel an. Die Einheit der Osmolalität bezieht sich also auf die Masse: Osmol kg^{-1} bzw. mOsmol kg^{-1}.

Während die meisten Zellen in Kultur nur geringe Schwankungen des pH-Werts tolerieren, variiert der physiologische Bereich für die Osmolalität in Abhängigkeit von Zelltypus und Spezies zwischen 260 und 340 mOsmol kg^{-1} H_2O. Zum Vergleich: Der osmotische Wert des menschlichen Bluts beträgt ca. 300 mOsmol kg^{-1}.

Der osmotische Wert der meisten Basismedien wird mit 280–340 mOsmol kg^{-1} angegeben. Die Osmolalität des frisch hergestellten Vollmediums sollte sich noch innerhalb dieses physiologischen „Fensters" bewegen. Man kann sie nach der pH-Wert-Einstellung mit einem Osmometer überprüfen. Als Messprinzip dient die Gefrierpunktserniedrigung, da die Anzahl der in einem Lösemittel gelösten Teilchen den Gefrierpunkt der Lösung herabsetzt. Diesen Effekt macht man sich im Winter zunutze, indem man durch Streuen von Salz den Gefrierpunkt von Wasser erniedrigt. (1 Osmol kg^{-1} H_2O verursacht eine Gefrierpunktserniedrigung von 1,85 °C.)

Eine Osmolalitätsbestimmung kann nützlich sein, um Fehler beim Einwiegen oder bei der Verdünnung von selbst hergestelltem Medium aufzudecken. Besonders wichtig ist die Überwachung des osmotischen Werts dann, wenn mehrere Komponenten des Mediums ausgetauscht oder in ihrer Konzentration geändert werden. Auch ein Zusatz von 25 % Serum oder Albumin aus Rinderserum kann die Osmolalität des Mediums allein durch seine Masse erheblich beeinflussen. Bei einem „normalen" Gebrauch von Medium und Zusätzen, wie er hier beschrieben wird, ist jedoch kaum mit einer drastischen Verschiebung des osmotischen Werts zu rechnen.

- Aminosäuren: Zellen benötigen für die Biosynthese 13 essentielle Aminosäuren, die vom tierischen/menschlichen Organismus nicht selbst synthetisiert werden können. Der individuelle Bedarf variiert jedoch von Zelle zu Zelle. Die meisten Zellen können nur die L-Isoform verarbeiten (Ausnahme: Epithelzellen besitzen ein Enzym, mit dessen Hilfe sie D-Isoformen in L-Aminosäuren umwandeln können.)
- Kohlenhydrate: Zucker, die „Kalorienbomben" im Medium, sind die Hauptenergielieferanten. Je nach Formulierung werden Glukose, Galaktose, Maltose oder Fruktose als Einzelkomponenten oder in Kombination (z. B. eine Mischung aus Ribose und Pyruvat) zugesetzt. Die Zuckerkonzentration liegt in Basalmedien bei 1 g L^{-1} und kann in komplexen Medien bis 4,5 g L^{-1} betragen.
- Vitamine: Vitamine aus der B-Gruppe (Thiamin, Niacinamid, Riboflavin, Fol- und Pantothensäure, Pyridoxin sowie Biotin) sind für das Zellwachstum und die Zellvermehrung unbedingt erforderlich. Einige Medien enthalten zudem die Vitamine A und E sowie die antioxidativ wirkende Ascorbinsäure (Vitamin C).

Da die Basismedien rein wässrige Lösungen sind, enthalten sie ausschließlich wasserlösliche Vitamine. Medien, die nicht mit Blutserum ergänzt werden (s. Abschnitt 4.3), müssen mit weiteren Substanzen angereichert werden:
- Peptide und Proteine wie Albumin, Transferrin, Fibronectin und Fetuin
- Lipide und Fettsäuren (z. B. Cholesterol oder Steroide)
- Spurenelemente wie Eisen, Zink, Kupfer, Vanadium, Molybdän und Selen: Diese Substanzen werden von den Zellen sowohl als Grundbausteine für die Biosynthese von Peptiden und Proteinen, als auch zur Energiegewinnung oder als Katalysatoren für diese Prozesse benötigt, um die lebensnotwendigen Funktionen aufrechtzuerhalten. Der Mangel einer oder mehrerer Komponenten führt in der Zellkultur zu reduziertem Wachstum bzw. zu einer erhöhten Absterberate der Zellen.

Als Lösemittel bei der Herstellung der Flüssigmedien dient Reinstwasser (s. Abschnitt 2.4.9). Da die Komposition des Mediums eine entscheidende Rolle bei der Kultivierung von Zellen spielt, müssen alle Medienbestandteile in einem ausgewogenen Verhältnis untereinander vorliegen und dürfen sich zudem nicht gegenseitig negativ beeinflussen. Denn neben einem Mangel an notwendigen Nährstoffen kann auch ein nachteiliger synergetischer (zusammenwirkender) Effekt rasch zu biochemischen und morphologischen Rückbildungen (Degeneration) der Zellen bis hin zum Zelltod führen. Studiert man die Rezeptur eines der „einfachsten" Medien (BME), das sich aus knapp 30 verschiedenen Substanzen zusammensetzt, kann man sich eine vage Vorstellung davon machen, wie viel Konzentrationen und Kombinationen ausgetestet werden mussten, bis die optimale Rezeptur gefunden war.

Das BME war von Eagle nach den Bedürfnissen der HeLa-Zellen, einer aus einem Karzinom des Gebärmutterhalses isolierten humanen Zelllinie, zusammengestellt worden. Der Wunsch und die Notwendigkeit ständig weitere Zelllinien in Kultur zu nehmen, führte jedoch bald zu der Erkenntnis, dass das für die HeLa-Zellen optimale Medium den Ansprüchen anderer Zelltypen nicht genügte. So wie die Ernährungsgewohnheiten eines Büroangestellten nicht mit denen eines Leistungssportlers zu vergleichen sind, unterscheiden sich auch die Ansprüche von Nerven- und Muskelzellen hinsichtlich des Kulturmediums. Primärkulturen beanspruchen darüber hinaus eine viel weitergehende Spezialversorgung als die meist aus transformierten Zellen bestehenden Zelllinien. Die Vorstellung von einem Universalmedium für alle Zelltypen wird wohl auch weiterhin ein wahrscheinlich unerfüllbarer Wunschtraum bleiben.

Stattdessen entstanden im Laufe der Jahre zahlreiche Modifikationen der Originalmedien, denn jeder Zelltyp scheint aufgrund seiner ganz spezifischen Nährstoffansprüche eine besondere „Diät" zu benötigen. Für Hunderte von Zelltypen ein maßgeschneidertes Medium zu entwickeln, ist kaum praktikabel. Für die Zuordnung spezieller Medien zu bestimmten Zelltypen stehen jedoch auf praktischen Erfahrungen beruhende Empfehlungen zu Verfügung. Wenngleich diese nicht als allgemein gültige Richtlinien anzusehen sind, ist die Produktliste der Medienhersteller mittlerweile sehr umfangreich. Als kleine Orientierungshilfe für Anfänger ist nachfolgend eine Auswahl einiger häufig benutzter Medien aufgeführt und kurz beschrieben:

Einfache Medien
Basal Medium Eagle (BME) und Minimal Eagle's Medium (MEM)

Das Basalmedium wurde für HeLa-Zellen entwickelt. Das Minimalmedium ist eine mit Aminosäuren angereicherte Variante, die in der Kultur von Säugerfibroblasten Verwendung findet, sich aber auch für zahlreiche andere Säugerzellen und permanente Zelllinien eignet (z. B. CHO, Fibroblasten, HeLa, L929).

MEM modifiziert für Suspensionskulturen
Die für die Anheftung adhärenter Zellen notwendige hohe Konzentration an Ca^{2+}-Ionen ist in diesem Medium überflüssig. Durch eine Verzehnfachung der Konzentration von Natriumhydrogenphosphat ($NaH_2PO_4 \cdot H_2O$) gegenüber dem Standard-MEM sind Suspensionskulturen in diesem phosphatgepufferten Medium nicht auf eine CO_2-Begasung angewiesen. Das ermöglicht zudem eine problemlose Verwendung in Spinner- und Rollerflaschen.

Dulbecco's Minimal Eagle's Medium (DMEM)
Manche Aminosäuren liegen im Vergleich zum MEM in doppelter, die meisten Vitamine in vierfacher Konzentration vor. Das Medium enthält die nichtessentiellen Aminosäuren Glycin und Serin, Eisen-(III)-nitrat, Natriumpyruvat und je nach Formulierung 1000–4500 mg L^{-1} Glukose. Wegen der hohen Konzentration an Natriumbicarbonat ist eine Begasung mit CO_2 erforderlich. Die Modifikation DMEM/Ham's F 12 wird erfolgreich in der serumfreien Zellkultur eingesetzt (s. Abschnitt „Komplexe Medien"). DMEM eignet sich für stark proliferierende Säuger- und Hybridomazellen (z. B. 3T3, Endothelzellen, MDCK, neuronale Zellen, BHK 21).

Komplexe Medien für serumarme Applikation
Iscove's MEM
Eine Modifikation für die serumfreie Kultur von schnellwachsenden Zellen mit großer Dichte.

Iscove's Modified Dulbecco's Medium (IMDM)
Enthält zusätzlich vier weitere Aminosäuren und zwei Vitamine sowie Natriumselenit und Natriumpyruvat. Eisennitrat ist durch Kaliumnitrat ersetzt. Als Puffersystem wird eine Kombination aus Natriumbicarbonat und HEPES verwendet. Das Medium wurde zur Kultivierung von B- und T-Lymphocyten der Maus, Knochenmarkszellen und den Stammzellen von Macrophagen und Erythrocyten entwickelt.

Leibovitz L-15 Medium
Dieses Medium wurde speziell für die Zellkultur ohne CO_2-Begasung entwickelt. Die Pufferwirkung wird anstelle von Natriumbicarbonat durch basische Aminosäuren (L-Arginin, L-Histidin und L-Cystein) sowie durch Natriumhydrogenphosphat erzielt. Als Glukoseersatz dienen Galactose, Na-Pyruvat und L-Alanin. Aufgrund seiner Unabhängigkeit von CO_2 eignet sich L-15 gut für Roller-, Spinner- und Perfusionskulturen.

Ham's F 10
Dieses Medium eignet sich für die Anzucht von diploiden Zellen von Mensch und Meerschweinchen sowie für die Leukocytenkultur. Mehrere Mäuse- und Rattenzelllinien wachsen in diesem mit Zink-, Kupfer- und Eisensalzen angereicherten Medium ebenfalls gut.

Ham's F 12
Diese Modifikation zeichnet sich durch einen erhöhten Gehalt einiger Aminosäuren und weiterer zusätzlicher Substanzen wie Linolsäure aus. Das Medium ist gut für den klonalen Toxizitätsassay mit Meerschweinchen-Zellen (CHO) geeignet. Es unterstützt, mit geringem oder ohne Serumzusatz, das Wachstum einer Vielzahl normaler (z. B. Chondrocyten) und transformierter Zellen. Kaighn's Modification F 12 K weist einen weiter erhöhten Aminosäure- und Pyruvatgehalt auf.

DMEM/Ham's F 12
Die 1:1-Kombination aus den hochkonzentrierten Nährstoffen des DMEM mit dem breiten Spektrum an Wirkstoffen des Ham's F 12 eignet sich für viele Zelllinien und Primärkulturen (z. B. Gliazellen, Tumorzellen, Epithelzellen) und findet bei der Kultur von Nieren- und Hodenzellen (Leydig-, Sertolizellen) Anwendung. Das Medium wird auch in der serumfreien Zellkultur eingesetzt.

RPMI 1640
Ein weit verbreitetes, vor allem für Lymphocyten verschiedener Herkunft entwickeltes Medium, das auch für die Kultur vieler Zelltypen in Suspensions- und Monolayertechnik Verwendung findet (z. B. hematopoetische und leukemische Zellen, Epithel- und Tumorzellen). Die Abkürzung steht für „Rosswell Park Memorial Institute".

M 199

Ein weiteres Medium mit einer reichhaltigen Palette an Aminosäuren, Vitaminen, anorganischen Salzen und anderer Substanzen. Unter Serumzusatz bietet M 199 breite Einsatzmöglichkeiten für die Kultur vieler Zelltypen, insbesondere in der Langzeitkultur nichttransformierter Zellen wie Endothelzellen und Melanocyten. Es hat sich auch in der serumfreien Zellkultur bewährt.

Waymouth Medium

Ein für die serumfreie Zellkultur ausgelegtes Medium mit breitem Aminosäuren- und Vitaminangebot.

Eine vollständige Auflistung aller derzeit im Handel erhältlichen Medien wäre für den Neuling wenig hilfreich, stürzt doch das unübersichtliche und ständig wachsende Angebot selbst den erfahrenen Anwender in Verwirrung. Es sei deshalb an dieser Stelle lediglich erwähnt, dass es neben den zahlreichen Medien und Medienvarianten noch weitere Spezialmedien gibt. Besonders die Kultur von Primärzellen und die Gewebekultur führten zu einer rasch anwachsenden Zahl speziell zusammengesetzter Medien mit sehr eingeschränktem Anwendungsbereich. Einige Hersteller bieten bereits die „Maßanfertigung" von Medien nach Kundenwünschen an. Zu nennen wären zudem sog. Mangelmedien, mit denen sich z. B. unerwünschtes Fibroblastenwachstum in Primärkulturen unterdrücken lässt. Nicht näher eingegangen werden kann hier auf Medien für die Kultur von Insekten- und Pflanzenzellen.

Die Zellbanken, welche in vielen Fällen als Bezugsquellen der Zelllinien dienen, geben dem Anfänger gerade bei neuen oder wenig verbreiteten Zelllinien mittels Datenblättern Hilfestellung bezüglich der Auswahl des Mediums, der Anreicherung mit Zusätzen und der generellen Kulturbedingungen. Entsprechende Angaben in wissenschaftlichen Fachartikeln sind mit einiger Vorsicht zu betrachten. Zum einen, weil hin und wieder ein kleines aber entscheidendes Detail im methodischen Teil „vergessen" worden sein könnte. Zum anderen, weil die Angaben von Autor zu Autor über Jahre hinweg tradiert worden sein könnten, ohne die in der Zwischenzeit möglicherweise erfolgten Ergänzungen, Verbesserungen oder neuen Erkenntnisse zu berücksichtigen. Wir sind in jedem Falle gut beraten, wenn wir zwei oder drei unabhängige, aktuelle Quellen zu Rate ziehen. Für viele permanente Zelllinien genügen Medien wie Eagle's MEM oder DMEM, sofern sie den speziellen Bedürfnissen durch Zugabe von geeigneten Zusätzen angepasst werden (s. Abschnitt 4.3). Doch manche Zellen stellen hohe spezifische Anforderungen an ihr Kulturmedium: Wenn z. B. die Passagierung bei sehr geringer Zelldichte erfolgt oder die Expression ganz spezieller Zellfunktionen angestrebt wird, werden komplexere Medien bevorzugt. Die „klassischen" Standardmedien unterstützen in erster Linie die Zellproliferation. Als sie entwickelt wurden, genoss die schnelle Vermehrung der Zellen absolute Priorität. Die Zellzahl nimmt zwar rasch zu, viele Zellen verlieren jedoch einen Großteil ihrer charakteristischen Eigenschaften. Unter gewebespezifischen Bedingungen würden sich jedoch viele Zelltypen nicht mit dieser Geschwindigkeit vermehren.

Wir dürfen nicht vergessen, dass die Zellteilung nur einen Teil des Arbeitspensums einer Zelle ausmacht. Die meisten Zellen im Organismus spezialisieren sich so extrem, dass sie den Aufwand für eine Zellteilung gar nicht mehr betreiben können. In diesem Stadium produzieren sie unter anderem Hormone, Wachstumsfaktoren, Schleim, Enzyme oder Komponenten der extrazellulären Matrix (z. B. Kollagen) oder sie erfüllen komplizierte mechanische Aufgaben wie Cilienschlag (Zellen des Flimmerepithels), aktives Wandern (Makrophagen) oder Kontraktionen (Muskelzellen). In der konventionellen Zellkultur werden Bedingungen erzeugt, wie sie in den embryonalen, fetalen oder jugendlichen Wachstumsphasen, aber nicht wie sie in der funktionellen Differenzierungsphase vorgefunden werden. In der Biotechnologie oder dem „tissue engineering" stehen aber gerade diese Differenzierungsleistungen der Zellen im Vordergrund. Eine andauernde Stimulation der Zellen zur Vermehrung ist hier unerwünscht. Die Grenzen vieler Nährmedien treten unter solch komplexen Kulturbedingungen offen zu Tage. Das ist der Grund, weshalb immer neue Spezialmedien entwickelt werden, die den Ansprüchen differenzierter Zellen gerecht werden.

4.2
Medienzusätze

Die oben erwähnten Basismedien reichen in der Regel nicht aus, Zellen am Leben zu erhalten. Der Grund ist darin zu suchen, dass besonders instabile Komponenten wie Peptide und Proteine nicht bereits bei der Herstellung der Medien hinzugefügt werden können. Sie würden sich besonders bei unsachgemäßer Lagerung mehr und mehr zersetzen und das Medium unbrauchbar machen. Vor dem Einsatz in der Zellkultur müssen wir das Basismedium deshalb durch Hinzufügen weiterer Zusätze komplettieren. Diese Zusätze erfüllen unterschiedliche Aufgaben und sollten stets in der jeweils geeigneten Konzentration verabreicht werden.

L-Glutamin
L-Glutamin ist eigentlich eine nichtessentielle Aminosäure, da sie im Körper aus anderen Aminosäuren (Valin und Isoleucin) gebildet werden kann. Sie kann aber auch als eine essentielle Aminosäure betrachtet werden, da sie bei körperlichen Belastungen nicht in ausreichender Menge zur Verfügung steht und zusätzlich mit der Nahrung zugeführt werden muss. L-Glutamin ist deshalb nicht nur bei Bodybuildern eine sehr begehrte Zutat der Kraftnahrung, sondern wird auch von nahezu allen Säugerzellen unter Kulturbedingungen benötigt. Sie dient den Zellen als Energie- und Kohlenstoffquelle. L-Glutamin wird in einer 200 mM wässrigen Lösung gebrauchsfertig angeboten. Die Endkonzentration von L-Glutamin in vielen Medien liegt üblicherweise bei 2 mM. Bei einigen wird eine höhere bzw. geringere Konzentration empfohlen:

Medium	L-Glutamin 200 mM (mL L^{-1})
M 199	3,4
F 10, F 12	5
BME und MEM	10
L-15 und RPMI 1640	10,3
DMEM und DMEM/Ham's F 12	20

Andere Medien sollten gemäß den Herstellerangaben mit L-Glutamin ergänzt werden. Das sehr instabile L-Glutamin zerfällt bereits ab einer Temperatur von −10 °C aufwärts. Seine Halbwertszeit beträgt bei +4 °C drei Wochen und der Zerfall geht bei 37 °C auch ohne Einwirkung der Zellen rasch vonstatten. Durch spontane Abspaltung der Aminogruppe (Desamination) entsteht Ammoniak (NH$_3$), ein typisches Verwesungsprodukt organischer Stoffe. NH$_3$ bildet in Wasser das für die Zellen giftige Ammoniumion (NH$_4^+$), sodass ein regelmäßiger Medienwechsel geboten ist. Den Konzentrationsabfall von L-Glutamin im Medium sollten wir nicht durch weitere Glutaminzugaben auszugleichen versuchen. Zum einen ist es kaum möglich, den tatsächlichen Glutamingehalt exakt zu kontrollieren und zum anderen würden wir dadurch auch die Konzentration der toxischen Ammoniumionen heraufsetzen. Es empfiehlt sich also, das L-Glutamin dem Medium erst unmittelbar vor Gebrauch zuzusetzen und lange Lagerzeiten zu vermeiden. Es sollte ohnehin nicht mehr Medium zubereitet werden, als in einer Woche verbraucht werden kann.

Die Instabilität von L-Glutamin führt auch bei der Bevorratung der 200 mM Stammlösung zu Problemen. Leider gibt es widersprüchliche Empfehlungen für die richtige Lagerung. Vielfach wird empfohlen, die Stammlösung im Tiefkühlfach bei −20°C einzufrieren, um dem Zerfall der Substanz Einhalt zu gebieten. In diesem Fall muss das L-Glutamin zuvor in geeigneten Reaktionsgefäßen oder Röhrchen portioniert werden, um ein wiederholtes Einfrieren bzw. Auftauen zu vermeiden. (Sinnvollerweise sollte die Portion dem wöchentlichen Mediumbedarf entsprechen.) Es existiert allerdings auch die Auffassung, das gelöste L-Glutamin sei bei +4 °C am stabilsten und sollte nicht eingefroren werden, da viele Komponenten bei einer Lagerung unter 0 °C irreversibel ausfallen. Berücksichtigt man allerdings die doch sehr bescheidene Halbwertszeit bei Kühlschranktemperatur, so hat man eigentlich nur die Wahl zwischen zwei Übeln. Es empfiehlt sich, die Angaben der Produkthersteller zu beachten.

Der Neuling im Zellkulturlabor wie auch der Profi erspart sich durch die Verwendung von Medien mit stabilem Glutamin die umständliche Handhabung des L-Glutamins – ohne einen Vorteil zu verlieren. Statt der instabilen Aminosäure enthalten diese Medien Glutamindipeptide mit einer α-Aminogruppe, die wesentlich hitzestabiler als das natürliche L-Glutamin sind. Das Derivat L-Alanyl-L-Glutamin ist ebenso effektiv und bleibt zudem über lange Zeit stabil. Es hat sich als eine universelle Alternative zu L-Glutamin bewährt. Die Zellen verschaffen sich das Glutamin, indem sie die Peptidbindung spalten. Auf diese Weise wird stets nur so viel Glutamin verbraucht, wie von den Zellen tatsächlich benötigt wird. Es ist deshalb vollkommen überflüssig Medium, das bereits stabiles Glutamin enthält, zusätzlich mit L-Glutamin anzureichern. Das wäre ungefähr so, als ob man Kaffee sowohl mit Zucker als auch mit Süßstoff süßen wollte.

Natriumpyruvat
Na-Pyruvat dient als Energielieferant und wird von den Zellen über den Citratzyklus in den Energiestoffwechsel eingeschleust. Die 100 mM wässrige Lösung kann vor allem bei stark proliferierenden Zellen als zusätzliche Energie- und Kohlenstoffquelle zugefüttert werden (10 mL L^{-1}). Bei sorgfältiger Sterilhaltung der Stammlösung und Beachtung des Verfalldatums bereitet die Aufbewahrung im Kühlschrank kein Problem.

Nichtessentielle Aminosäuren (NEA)
Nichtessentielle Aminosäuren werden häufig zugesetzt, um die fehlende Kapazität bestimmter Zellen zur Synthese einzelner Aminosäuren auszugleichen. Die maximal erreichbare Zellzahl wird gewöhnlich bestimmt durch die Aminosäurenkonzentration im Medium, während die Zusammensetzung des Aminosäurengemisches die Vitalität und das Wachstum der Zellen beeinflusst. NEA werden meist als 100fach konzentrierte Lösung mit der Zusammensetzung L-Alanin, L-Asparagin, L-Asparaginsäure, L-Glutaminsäure, Glycin, L-Prolin und L-Serin angeboten. Eine Zugabe von 10 mL L^{-1} genügt in den meisten Fällen.

Natriumhydrogencarbonat (Natriumbicarbonat)
Wie bereits in Abschnitt 2.4.2 „Feucht- bzw. Begasungsbrutschränke" erwähnt, benötigen Zellen in Kultur neben ausreichend Feuchtigkeit und einer konstanten Temperatur im Brutschrank einen konstanten pH-Wert des Mediums, um optimal wachsen zu können. Die meisten Zellen sowie die transformierten Zelllinien benötigen ein Medium, dessen pH-Wert zwischen 7,0 und 7,4 eingestellt ist, während z. B. Fibroblasten pH-Werte zwischen 7,4 und 7,7 bevorzugen.

Ein exakt eingestellter pH-Wert des Mediums bleibt jedoch nur kurze Zeit konstant. Denn bei allen Kulturen ist anfangs nach der Aussaat der Zellen aufgrund eines Diffusionsverlusts an gelöstem CO_2 eine Verschiebung des pH-Werts in den alkalischen Bereich zu verzeichnen. Starkes Zellwachstum hat indessen durch die Produktion von Laktat und anderen Stoffwechselprodukten eine rasche Übersäuerung des Mediums zur Folge. Diese Milieuveränderungen wirken hemmend auf die Stoffwechselaktivität und die Proliferationsrate der Zellen. Das Ausmaß und die Dauer dieser Verschiebungen sind abhängig von Faktoren wie Zellart, CO_2-Bindungsvermögen, Zelldichte und Mediumbeschaffenheit.

Um pH-Wert-Schwankungen aufgrund saurer oder basischer Valenzen (chemische Wertigkeit) zu verhindern, müssen den Medien Puffersubstanzen zugesetzt werden. Die gebräuchlichen Medien enthalten zur Pufferung Natriumhydrogencarbonat $NaHCO_3$ (Natriumbicarbonat, „Natron") und/oder organische Puffersysteme (z. B. HEPES). Natriumhydrogencarbonat ist auch in höheren Konzentrationen nicht toxisch und kann von den Zellen sogar als Nahrungsquelle genutzt werden. Da verschiedene Zelltypen sehr spezifische Stoffwechselaktivitäten und Wachstumsraten aufweisen können, werden Medien mit unterschiedlichen Pufferkapazitäten angeboten. Je nach Bicarbonatgehalt des Mediums ist ein bestimmter, korrespondierender CO_2-Partialdruck in der Brutschrankatmosphäre notwendig, um den gewünschten pH-Wert aufrechtzuerhalten. Da die pH-Konstanz ein sehr wichtiges Kennzeichen biologischer Systeme darstellt, müssen wir unser Verständnis der zugrunde liegenden physikalisch-chemischen Vorgänge etwas vertiefen.

Sobald wir Zellen in das Medium einsäen, beginnen diese mit der Aufnahme der Nährstoffe und anderer Bestandteile. Diese durchlaufen in den Zellen komplizierte biochemische Stoffwechselprozesse, in deren Verlauf neue, komplexere Verbindungen entstehen (Proteinbiosynthese). Gleichzeitig findet auch ein Abbau statt, vergleichbar dem Verdauungsvorgang in unserem Körper, an dessen Ende saure Stoffwechselendprodukte stehen, die von der Zelle ausgeschieden werden. Da diese Abfallprodukte nicht wie im Körper abgeführt werden können, sondern im Medium verbleiben, reichern sie sich mit zunehmender Zellzahl immer schneller im Zellkulturgefäß an und bewirken so eine Absenkung des pH-Werts bis in den unphysiologischen Bereich. Das im Medium gelöste Natriumhydrogencarbonat neutralisiert nun die aus dem Zellstoffwechsel ausgeschleusten sauren Wasserstoffionen (H^+-Ionen bzw. Protonen), wobei Kohlensäure (H_2CO_3) entsteht. Die chemischen Vorgänge, die hier zugrunde liegen, werden verständlicher, wenn wir uns die einzelnen Teilreaktionen in vereinfachter Form vor Augen führen. Betrachten wir zunächst das Medium ohne Zellen und bei niedrigem CO_2-Partialdruck:

(1) Das Natriumhydrogencarbonat dissoziiert zu Na^+ und Kohlensäure, die Wassermoleküle sind ebenfalls zu H^+ (Protonen) und OH^- (Hydroxidionen) dissoziiert:

$$NaHCO_3 + H_2O \Leftrightarrow Na^+ + HCO_3^- + H^+ + OH^-$$

(2) Bei normalem atmosphärischem CO_2-Partialdruck (0,03 Vol%) verläuft die Reaktion vorwiegend nach rechts. Aus der Kohlensäure entsteht Kohlendioxid und durch das Übergewicht der „basischen" Hydroxidionen wird das Medium zunehmend alkalischer und der pH-Wert steigt an:

$$Na^+ + H_2CO_3 + OH^- \Leftrightarrow Na^+ + H_2O + \mathbf{CO_2 + OH^-}$$

(3) Setzen wir das Medium in der Brutschrankatmosphäre einem stark erhöhten Kohlendioxidpartialdruck (z. B. 5 Vol%) aus, wird das CO_2 (das Anhydrid der Kohlensäure) zu Kohlensäure hydratisiert, die wiederum in ihre Dissoziationsprodukte zerfällt:

$$H_2O + CO_2 \Leftrightarrow H_2CO_3 \Leftrightarrow H^+ + HCO_3^- \Leftrightarrow \mathbf{2H^+ + CO_3^{2-}}$$

So wird durch die vermehrte Freisetzung „saurer" Protonen eine Erhöhung des pH-Werts unterbunden, während im Gegenzug eine Übersäuerung durch das Natriumbicarbonat kompensiert wird (H_2CO_3/HCO_3^--Puffersystem).

(4) Sobald wir Zellen einsäen, können sich saure oder basische Stoffwechselendprodukte im Medium anreichern und den pH-Wert nach unten oder nach oben treiben. Das H_2CO_3/HCO_3^--Puffersystem reagiert dann nach folgenden Gleichungen:

bei Zunahme von H^+: $\mathbf{H^+} + HCO_3^- \Leftrightarrow H_2CO_3 \Leftrightarrow H_2O + CO_2$

bei Zunahme von OH^-: $\mathbf{OH^-} + H_2CO_3 \Leftrightarrow HCO_3^- + H_2O$

Dieser etwas ausführlichere Exkurs (dass er im Interesse des Lesers nicht absolut im Sinne des Chemikers sein kann, möge der Fachmann bitte großzügig nachsehen) soll die Bedeutung des Zusammenhangs zwischen dem Bicarbonatgehalt des Mediums, der erforderlichen CO_2-Konzentration und dem gewünschten pH-Wert unterstreichen. Nun verstehen wir, dass sich der gewünschte physiologische pH-Wert des Mediums (je nach Zelltyp zwischen 7,0 und 7,7) nur einregeln lässt, wenn bei einem gegebenen Kohlendioxidpartialdruck im Inkubator ein Medium mit entsprechendem Bicarbonatgehalt verwendet wird und dass keiner der Parameter verändert werden kann, ohne den anderen zu beeinträchtigen. Oder mit anderen Worten: Verschiedene Bicarbonatkonzentrationen benötigen äquivalente CO_2-Konzentrationen.

Wozu aber gibt es Medien mit unterschiedlichen Pufferkonzentrationen? Die Antwort liegt in der Vielfalt der Zelltypen und ihrer zum Teil sehr verschiedenen Stoffwechselaktivitäten begründet. Am Beispiel der Zellteilungsdauer wird die beträchtliche Varianz von Zelltyp zu Zelltyp deutlich: Während Leberzellen aus der Ratte für eine komplette Zellteilungsphase mehr als 5 h benötigen, haben Hühnchenfibroblasten den gleichen Vorgang nach gut einer Stunde abgeschlossen. (Die Fruchtfliege *Drosophila melanogaster* wird in der Genetik und in der Entwicklungsbiologie auch deshalb so geschätzt, weil sich ihre Zellen während der Furchung rekordverdächtig alle 6 min 20 s teilen.) Es liegt auf der Hand, dass Zellen mit einer vergleichsweise hohen Proliferationsrate die Nährstoffe des Mediums schneller verbrauchen als solche, die sich langsamer teilen. Im Gegenzug wird das Medium auch rascher mit Abfallprodukten belastet und der pH-Wert in unphysiologische Werte abdriften. Man hat deshalb Zellkulturmedien mit abgestuften Pufferkapazitäten entwickelt, die den zellulären Unterschieden Rechnung tragen.

Je nach der „Aktivität" unserer Zellen können wir ein Medium mit hoher, mittlerer oder geringer Pufferkapazität wählen. Für Zellen, die sich in Kultur rasant vermehren, eignen sich nur Medien mit einem hohen Bicarbonatgehalt. Bei Zellen mit durchschnittlicher Proliferationsrate haben sich hingegen Medien mit mittlerer Na-Hydrogencarbonatkonzentration bewährt. Ist die Stoffwechselaktivität der Zellen außerordentlich niedrig, genügen Medien mit lediglich 0,35 g L^{-1} $NaHCO_3$. Für jedes Medium mit vorgegebener Na-Hydrogencarbonatkonzentration ist daher ein bestimmter CO_2-Partialdruck zur Einstellung des korrekten pH-Werts und der Osmolalität erforderlich. Einer der häufigsten Fehler ist das wahllose Inkubieren unterschiedlicher Zelltypen oder Zelllinien in einem vom Werk aus auf 5 % CO_2-Partialdruck eingestellten Brutschrank. Um dem Anfänger eine Orientierungshilfe an die Hand zu geben, ist der $NaHCO_3$-Gehalt einiger ausgewählter Medien mit den korrespondierenden CO_2-Partialdrücke zur Einregelung eines pH-Werts von 7,4 im Folgenden aufgelistet:

Medium	NaHCO3 (g L)$^{-1}$	CO2 in %	pH-Wert
DMEM	3,70	8,5	7,4
DMEM/Ham's	2,45	5,5	7,4
BME mit Earle's Salzen	2,20	5,0	7,4
MEM mit Earle's Salzen	2,20	5,0	7,4
M199 mit Earle's Salzen	2,20	5,0	7,4
RPMI1640	2,00	4,5	7,4
Ham's F10	1,20	2,5	7,4
Ham's F12	1,17	2,5	7,4
BME mit Hanks's Salzen	0,35	0,5	7,4
MEM mit Hanks's Salzen	0,35	0,5	7,4

HEPES (4-(2-Hydroxyethyl)-1-piperazinethansulfonsäure)

Im Gegensatz zum anorganischen Na-Hydrogencarbonat ist die organische HEPES sehr stabil und wird den Medien bereits bei der Herstellung in Konzentrationen zwischen 10 und 50 mM zugesetzt. HEPES hat eine sehr gute Pufferkapazität im physiologischen Bereich zwischen pH 7,2 und pH 7,6. Es eignet sich daher gut für hohe Zelldichten bzw. für Zellen mit hohen Proliferationsraten. Dennoch ist bei dem Gebrauch von HEPES Vorsicht geboten. Der Puffer ist zwar organisch verträglich, in höheren Konzentrationen verabreicht kann er aber zu cytotoxischen Effekten führen und ist daher für empfindliche Zellen wie Primärkulturen nicht zu empfehlen. Ein weiteres Phänomen von mit HEPES gepufferten Medien stellt die Abhängigkeit des pH-Werts von der Temperatur dar. Bei 37 °C beträgt der pH-Wert des Mediums 7,33 – steigt jedoch bei Abkühlung auf Raumtemperatur (20 °C) bis auf 7,57 an. Aus diesem Grund sollte das frische Medium vor dem Mediumwechsel stets sorgfältig auf 37 °C angewärmt werden. Man erspart den Zellen damit sowohl einen Temperaturschock als auch den Stress durch einen zu hohen pH-Wert.

Ursprünglich sollte die Pufferung des Mediums mit HEPES die CO_2-Begasung vollständig überflüssig machen. Die ausschließliche Verwendung von HEPES ohne CO_2 hat sich in vielen Fällen jedoch als unzureichend erwiesen. Vor allem bei einer geringen Zellzahl sollte auf atmosphärisches CO_2 nicht verzichtet werden, da die im Medium gelöste und von vielen Zellen benötigte Kohlensäure sonst restlos eliminiert würde. Allgemein wird deshalb empfohlen, auch HEPES-gepufferte Medien mit 0,5 bis 25 mM Bicarbonat und dem entsprechenden CO_2-Partialdruck (0–5 %) zu unterstützen.

Trotz der geringeren Pufferkapazität des H_2CO_3/HCO_3^--Puffersystems und seiner Abhängigkeit von einer äquivalenten CO_2-Zufuhr sollte der weniger geübte Anfänger sich zunächst dieses erprobten Systems bedienen, bevor er sich dem mitunter kniffligen Jonglieren mit HEPES-gepufferten Medien zuwendet.

Phenolrot
Zur einfachen pH-Wert-Kontrolle wird den meisten Medien Phenolrot (genauer: Phenolsulfonphtalein) als Farbindikator zugesetzt. Obwohl Phenolrot gerade im pH-Bereich zwischen 7,2 und 7,4 nicht ganz zuverlässig ist, hat sich dieser Indikator in der Zellkultur aufgrund seines Umschlagintervalls und seiner geringen Cytotoxizität bewährt. Die Farbe stellt eine optische Orientierungshilfe zur Beurteilung des pH-Werts dar. Das charakteristische Rot frischen Mediums bei pH 7,4 verändert sich bei zunehmender Ansäuerung über ein Orange am Neutralpunkt bis zu einem kräftigen Gelb, wenn sich der pH-Wert in den sauren Bereich bewegt. Das Medium ist dann dringend erneuerungsbedürftig. Ein basisches Medium verrät sich hingegen durch seine violette Färbung. Der Farbumschlag wird durch eine ganze Reihe von Faktoren beeinflusst:
- der Konzentration des Indikatorfarbstoffs
- der Salzfracht des Lösemittels
- Serumproteinen
- der Temperatur

Für die Belange der Zellkultur reicht der näherungsweise Umschlagsintervall ohne Salz- und Proteinkorrektur aus. Bei Bindungsstudien mit Steroidhormonen sollten Medien ohne Phenolrot verwendet werden, da dies bei Zellen mit entsprechenden Membranrezeptoren einen Östrogeneffekt vortäuschen kann.

4.3 Serum

Blutserum, der am häufigsten verwendete Medienzusatz, ist aufgrund seiner Komplexität von solcher Bedeutung für die Zellkultur, dass wir ihm ein eigenes Kapitel widmen wollen. Darin beschäftigen wir uns vor allem mit der Herkunft und den Inhaltsstoffen von Serum, mit seiner Handhabung, seinen Vor- und Nachteilen sowie möglichen Risiken.

Die Herkunft des Serums und seine industrielle Fertigung
Als Serum bezeichnet man die wässrige, von Blutkörperchen und dem Gerinnungsfaktor Fibrin befreite Blutflüssigkeit (nicht zu verwechseln mit dem fibrinhaltigen Plasma). Die Serumgewinnung ist zu einer entscheidenden Voraussetzung für die erfolgreiche Zellkultur geworden. Der enorme Bedarf an Serum, den die stürmischen Fortschritte in der Zellkultur mit sich brachten, erforderte bald Bezugsquellen, welche die stetig steigende Nachfrage und den ständig wachsenden Qualitätsanspruch zuverlässig befriedigen konnten. Serum in derartigen Mengen konnten nur die Schlachthöfe bereitstellen. Das Angebot umfasste die Seren der üblichen, erwachsenen (adulten) Schlachttiere wie Rinder, Schweine, Schafe oder Pferde. Beim direkten Vergleich mit den Seren von Ferkeln und Kälbern stellte man fest, dass das Serum der Jungtiere qualitativ besser als Medienzusatz geeignet ist. Als besonders hochwertig erwies sich das Serum von ungebore-

nen Feten, da sich im fetalen Entwicklungsstadium eine enorme Zellaktivität entfaltet.

Seit den 1960er Jahren wird Serum kommerziell angeboten und ist zu einem äußerst lukrativen Geschäft für die Hersteller geworden. Die Angebotspalette ist mittlerweile genau so verwirrend wie die der Medienerzeuger. Je nach Applikation kann aus zahlreichen Varianten mit unterschiedlichen Gehalten an Hormonen, Lipiden, Immunoglobulinen oder Fibronectin ausgewählt werden. Jedes Serum kann zudem von unterschiedlich alten Tieren stammen. Betrachten wir stellvertretend das in der Zellkultur am meisten verwendete bovine Serum:

- Das Serum von erwachsenen Rindern ist relativ preiswert, wird aber von manchen Herstellern nur auf Anfrage geliefert. Es soll von allen Spezifikationen den geringsten Einfluss auf die Zellen ausüben. Für einige Anwendungen bei robusten Zellen sowie in der Zellkultur zu Ausbildungszwecken genügt es jedoch vollkommen.
- Kälberserum (KS bzw. engl. CS) stammt aus Tieren, die nicht älter als 10 Monate sind. Dieses Medium sollte nicht unbedingt für Langzeitkulturen verwendet werden, genügt jedoch den Ansprüchen vieler robuster Zelllinien.
- Neonatales Kälberserum (NKS bzw. engl. NCS) wird innerhalb von 24 h nach der Geburt gewonnen. Da es auf die meisten Zelltypen kaum weniger wachstumsfördernd wirkt als das teurere fetale Serum, wird es gerne alternativ in Anspruch genommen.
- Fetales Kälberserum (FKS), auch unter der Bezeichnung „Fetal Bovine Serum" (FBS) oder „Fetal Calf Serum" (FCS) bekannt, ist das in der Zellkultur am meisten verwendete Serum. Man gewinnt es, indem die Herzen der drei bis sieben Monate alten Feten punktiert werden. Es besitzt die förderlichsten Eigenschaften und ist deshalb für die Kultur anspruchsvoller Zellen ein auch heute noch häufig unverzichtbares Additiv.
- Ein Sonderfall stellt das Serum von rein männlichen oder weiblichen Tieren dar. Seren dieser Art werden gebraucht, wenn geschlechtsspezifische Hormone in der Zellkultur unerwünscht sind. Aus ähnlichen Gründen kann auch das Serum von kastrierten Stieren (Ochsen) benötigt werden. Diese Seren können nur auf Anfrage und ab einer bestimmten Mindestmenge geliefert werden und sind entsprechend teuer.

Die primitiven Gewinnungsmethoden der Frühzeit sind mittlerweile längst durch moderne Industriestandards abgelöst worden. Mit den Anforderungen der Anwender an die Qualität des Serums wuchs auch der technische Aufwand bei seiner Gewinnung. Die Spendertiere werden auf Gesundheit und mögliche Infektionen getestet. Zudem wurden Zentrifugations- und Filtrationsschritte bei der Serumgewinnung eingeführt, um den höchstmöglichen Grad an Partikelfreiheit zu erlangen. Zusätzliche Maßnahmen wie die Bestrahlung mit UV- und γ Strahlen sollen Viren unschädlich machen.

Die industrielle Herstellung des Serum – von der Tierhaltung bis zur Abfüllung – bedarf einer ganzen Reihe von behördlichen Genehmigungen und unterliegt vielfältigen Überwachungsprogrammen, Auflagen und Vorschriften. Eine Zertifizierung nach internationalen Standards (Britischer Standard 5295, EU Standard,

US Standard 209E) gewährleistet die hohe Qualität der Seren (und leider auch einen entsprechend hohen Preis). Dass Serum dennoch einige Unwägbarkeiten und Risiken birgt, wird später noch näher beleuchtet werden. Zuvor wollen wir die positiven Eigenschaften des Serums betrachten.

Die Inhaltsstoffe des Serums
Die Entwicklung der Nährmedien löste das Ernährungsproblem bei der Kultivierung von Zellen leider nur scheinbar. Es stellte sich nämlich bald heraus, dass viele Zelltypen in reinem Medium ohne Zugabe von Serum nicht überleben konnten. Dem Basismedium musste allem Anschein nach etwas Entscheidendes fehlen und offensichtlich waren im Serum diese für das Zellwachstum und die Proliferation absolut erforderlichen Substanzen enthalten. Bei der Suche danach kam Überraschendes zutage: Serum ist eine hochkomplexe Flüssigkeit, die sich schätzungsweise aus mehr als 5000 Komponenten zusammensetzt. Aufgrund dieser ungeheuren Zahl von Serumbestandteilen ist es bis heute nicht gelungen, alle wirksamen Faktoren und Wirkstoffkombinationen aufzuspüren. Immerhin sind schon zahlreiche Substanzen identifiziert und ihre Wirkung auf den Metabolismus der Zellen erkannt worden.

Neben Aminosäuren und Kohlenhydraten, anorganischen Salzen, Vitaminen und Spurenelementen, die auch im Basismedium enthalten sind, liefert Serum spezielle Serumproteine und Hormone wie Insulin (fördert die Aufnahme von Zucker und Aminosäuren) und Hydrocortison (unterstützt die Anheftung der Zellen). Serum enthält zudem Bindungs- und Anheftungsfaktoren wie z. B. Fibronectin oder Fetuin, die für alle adhärenten Zelltypen notwendig sind. Ferner gelang es, Eisenlieferanten wie Transferrin, extrazelluläre Enzyme und Fettsäuren zu identifizieren. Eine der wichtigsten Aufgaben des Serums ist die Versorgung der Zellen mit makromolekularen Wachstumsfaktoren. Darüber hinaus verbessert Serum auch die Bioverfügbarkeit verschiedener Substanzen, beispielsweise der Hormone. Sogenannte Schutzproteine aus dem Serum dienen der Stabilisierung labiler Moleküle aus dem Zellstoffwechsel. Auch stellt Serum Transportproteine wie z. B. Albumin bereit. Immunglobuline und Albumin binden und neutralisieren toxische Abbauprodukte des Zellstoffwechsels und bereichern zudem das Nahrungsangebot der Zellen. Der natürliche Gehalt des Serums an Natriumbicarbonat unterstützt die Pufferung des Mediums. Inhibitoren wie das α2-Makroglobulin neutralisieren proteolytische Agenzien wie das Trypsin. Und schließlich erhöht Serum die Viskosität des Mediums und trägt so zum Schutz der Zellen vor mechanischen Beschädigungen bei, die beim Pipettieren oder Ablösen mit einem Zellschaber durch Scherkräfte auftreten können.

Nachteile von fetalem Kälberserum (FKS)
Verglichen mit den bereits identifizierten Serumkomponenten ist die geschätzte Zahl der unbekannten gigantisch hoch. Da FKS dem Medium in Dosierungen von 5–20 % zugesetzt wird, gelangen die unterschiedlichsten Substanzen in völlig unbekannten Konzentrationen in die Zellkultur. Zudem unterliegen die Zusammen-

setzung und der Gehalt der Inhaltsstoffe natürlichen Schwankungen. Diese Unwägbarkeit stellt einen großen Nachteil dar. Ein weiteres Risiko birgt der Endotoxingehalt in sich. Als Endotoxine oder Pyrogene (gr. = fiebererzeugend) werden die in der äußeren Zellmembran gramnegativer Bakterien verankerten, hitzestabilen Lipopolysaccharide (LPS) bezeichnet. Lipopolysaccharide sind in allen organischen Substanzen vorhanden und stellen vor allem bei der Herstellung von Medien und Seren ein Problem dar. Besonders während längerer Standzeiten von Rohserum können sich Bakterien ungestört vermehren. Dies ist vor allem unter sehr warmen klimatischen Verhältnissen der Fall oder wenn das Rohserum nicht schnell genug tiefgefroren wird. Ein weiteres Gefährdungspotenzial liegt darin, dass sich LPS weder durch Autoklavieren noch durch Filtration vollständig eliminieren lassen. Durch diese Methoden können lediglich die lebensfähigen Mikroorganismen abgetötet bzw. zurückgehalten werden. Erst in jüngster Zeit ist es gelungen, spezielle Adsorptionsfilter herzustellen, mit denen kleine Mengen Wasser, Puffer und Proteinlösungen depyrogenisiert werden können. Ein erhöhter Endotoxingehalt in Medien und Seren stellt nach wie vor eine Unwägbarkeit dar, die zahlreiche negative Auswirkungen auf die Zellen und deren Produkte haben kann.

Ein weiterer mikrobieller Risikofaktor mit kaum zu überschätzenden Folgen stellen die Mycoplasmen dar (s. Abschnitt 6.7). Eine sorgfältige Sterilkontrolle nach mehrfacher Filtration des Serums ist deshalb seit einigen Jahren bei seriösen Firmen Standard. Der Kontamination mit Rinderviren ist hingegen nicht so einfach beizukommen, da diese infektiösen Partikel in Folge ihrer Kleinheit alle Filter ungehindert passieren. Eine Teilaktivierung der schätzungsweise 17 bovinen Virentypen soll durch die Behandlung des Serums mit UV- oder γ-Strahlen erreicht werden. Unter diesen befinden sich z. B. das Bovine Diarrhoevirus (BVD) und die viralen Erreger der Maul- und Klauenseuche, der Bovinen Rhinotracheitis (IBR) sowie der Bovinen Parainfluenza (P13). Sehr zweifelhaft ist auch, ob die geschilderten Maßnahmen ausreichend Schutz vor Prionen bieten. Bislang lässt sich eine Verseuchung des Mediums mit den Erregern der Bovinen Spongiformen Encephalopathie (BSE), die mit der für den Menschen fatalen Creutzfeld-Jakob-Krankheit in Verbindung gebracht wird, lediglich durch konsequente tierärztliche Kontrolle der Viehbestände vermeiden (s. Abschnitt 6.10).

Da die Zusammensetzung und damit auch die Qualität des FKS chargenabhängig variiert, kann es sowohl eine stimulierende als auch eine hemmende Wirkung auf das Zellwachstum ausüben. Auf heterogene Zellkulturen oder Co-Kulturen kann FKS regelrecht selektierend wirken. Bei Primärkulturen besteht die Gefahr, dass einige Zellen gar nicht wachsen oder von Fibroblasten überwuchert werden. Die im FKS vorhandenen Enzyme und Proteine können zudem die Aufarbeitung und Aufreinigung der von den Zellen sekretierten Produkte (Antikörper, Vakzine, Peptide und Proteine) stören. Wir dürfen auch nicht außer Acht lassen, dass die meisten Zellen *in vivo* niemals mit Serum in Kontakt kommen – erst recht nicht, wenn es von einem artfremden Spender stammt.

Wenn wir in der Zellkultur auf die zuträglichen Eigenschaften des Serums nicht verzichten können oder wollen, sollten wir zumindest auf eine zweifelsfreie Qualität der Ware größten Wert legen, auch wenn sie ihren Preis hat. Übrigens wird man die Preise der diversen Seren in den Katalogen vergeblich suchen. Die Verfügbarkeit und der Preis von FKS schwanken stark in Abhängigkeit vom Marktpreis für Kühe, Futter und von Klimaschwankungen; der Preis wird letztendlich individuell je nach Abnahmemenge ausgehandelt. Wer auf vermeintliche Schnäppchen vertraut und auf zertifizierte Ware verzichtet, darf sich nicht wundern, wenn er ein aus Restbeständen zusammengemischtes Produkt von zweifelhafter Qualität erhält, das über nicht nachvollziehbare Wege in sein Labor gelangt.

4.3.1
Alternative Seren

Rinder-, Kälber- oder fetales Kälberserum im Nährmedium ist nicht automatisch eine Gewähr für triumphale Erfolge in der Zellkultur. Obwohl zahlreiche Zelllinien und Zelltypen unter dem Einfluss von FKS zu Hochform auflaufen, kann ebenso der gegenteilige Effekt eintreten. Auch wenn aus anderen Gründen der Einsatz von bovinem Serum nicht in Frage kommt, muss natürlich ein adäquater Ersatz gefunden werden. Testreihen konnten zeigen, dass Seren anderer Spezies das Zellwachstum verschiedenster Säugerzellen sogar besser unterstützen können als fetales Kälberserum. In erster Linie sind das die Seren anderer Säugetiere wie Pferd, Schwein, Ziege, Schaf, Kaninchen und Affe. Doch auch das Serum von Hühnern und Gänsen kann seine Vorteile haben. Ob der Einsatz dieser alternativen Seren für bestimmte Zellen hilfreich ist, muss jedoch im Einzelfall geprüft werden. Für alle tierischen Seren gelten selbstverständlich ebenfalls die oben genannten Einschränkungen. Bei Vogelserum ist zudem noch völlig offen, ob die aktuelle, durch den Vogelgrippevirus H5N1 verursachte Problematik Konsequenzen nach sich zieht.

In ganz speziellen Fällen, in denen nach den Richtlinien der „Guten Herstellungspraxis" (engl. GMP), der „Guten Laborpraxis" (engl. GLP) oder der „Guten Zellkulturpraxis" (engl. GCCP) gearbeitet werden muss (z. B. bei der Produktion von Impfstoffen), ist die Verwendung von tierischen Zellkulturprodukten strikt untersagt. In diesem Fall muss entweder vollkommen serumfreies Medium eingesetzt oder auf humanes Serum zurückgegriffen werden. Es muss dann allerdings sichergestellt sein, dass das Spenderblut nicht mit Hepatitis- oder HI-Viren infiziert ist.

4.3.2
Serumfreie Zellkultur

Aufgrund der oben aufgeführten Nachteile bei der Verwendung von Serum in der Zellkultur gibt es seit mehr als 20 Jahren Bemühungen, Zellen ohne die Zugabe von Serum zu kultivieren. Meist war der Wunsch nach einem chemisch exakt definierten Medium, nach kontrollierten Kulturbedingungen ohne die Gefahr der Kontamination durch Toxine und Mikroorganismen die Triebfeder. Allerdings muss man nüchtern feststellen, dass die serumfreie Zellkultur nur in ganz speziellen Einzelfällen zu befriedigenden Ergebnissen geführt hat. Die größte Schwierigkeit liegt darin, einen adäquaten Ersatz für die zahllosen Serumkomponenten zu finden, die ihre positive Wirkung auf das Zellwachstum nicht nur additiv, sondern in sich potenzierender Weise entfalten.

Serumfreie Medien haben zudem ihre eigene Problematik, da sie in der Regel sehr zellspezifisch sind. Das bedeutet, dass für jede Zelllinie ein spezielles serumfreies Medium gefunden werden muss und die Zellen daran sukzessive adaptiert werden müssen. Andererseits sind auch serumfreie Medien in ihrer Zusammensetzung nicht immer klar definiert. Für die Auswahl des richtigen Mediums sollte man sich –falls möglich – an der Literatur orientieren. Einige Hersteller bieten mittlerweile serumfreie Spezialmedien an, die auf die Ansprüche einzelner Zelltypen (z. B. Lymphocyten, Endothelzellen, Chondrocyten) zugeschnitten sind.

Serumersatzpräparate mit geringerem Proteingehalt sind in ihrer Zusammensetzung oftmals nur etwas besser definierte Seren oder andere Körperflüssigkeiten (z. B. Kolostrum, das Sekret der weiblichen Brustdrüse), jedoch nicht unbedingt universell einsetzbar. Präparate, bei deren Anwendung die Zellen prächtig wachsen, nutzen jedoch wenig, wenn deren Zusammensetzung vom Hersteller nicht offen gelegt wird.

4.3.3
Adaption von Zellen an serumfreie Kulturbedingungen

Nur wenige, an Serum gewöhnte, robuste Zelltypen tolerieren die abrupte Umstellung auf serumfreies Medium (SFM). Für die direkte Anpassung wird eine Ausgangszelldichte von $2{,}5 \times 10^5$ bis $3{,}5 \times 10^5$ Zellen mL^{-1} empfohlen und die Zellen sollten bei einer Dichte von 1×10^6 bis 3×10^6 Zellen mL^{-1} in frisches serumfreies Medium überführt werden. Die Zellen sind vollständig an das serumfreie Medium angepasst, wenn sie nach 4–7 Tagen eine Dichte von 2×10^6 bis 4×10^6 Zellen mL^{-1} erreicht haben. Die adaptierten Zellen sollten alle 3–4 Tage subkultiviert werden. Als positiv-Kontrolle muss stets eine Parallelkultur unter serumhaltigen Bedingungen mitgeführt werden.

Die weitaus meisten Zelltypen und -linien erfordern jedoch eine behutsame Gewöhnungsphase (Adaption), während der sie sich an die schrittweise reduzierte Serumkonzentration im Medium anpassen können. Für die Adaption der Zellen an serumfreies Medium sollte sich die Kultur in der Mitte der exponentiellen Wachstumsphase befinden und mindestens 90 % vitale Zellen enthalten.

- Die Zellen werden zunächst in einem 1:1-Gemisch aus serumhaltigem und SFM subkultiviert.
- Wenn die Zelldichte 5×10^5 Zellen mL^{-1} beträgt, kann die Zellsuspension mit einem gleichen Volumen SFM auf $2{,}5 \times 10^5$ Zellen mL^{-1} verdünnt werden.
- Die Verdünnung mit SFM bei einer Zelldichte von 5×10^5 Zellen mL^{-1} wird so lange fort gesetzt, bis die Serumkonzentration 0,1 % beträgt.
- Bei der nächsten Subkultivierung werden die Zellen bei einer Zelldichte von $2{,}5 \times 10^5$ Zellen mL^{-1} in SFM aufgenommen.
- Sobald die Zellen eine Dichte zwischen 1×10^6 und 3×10^6 Zellen mL^{-1} erreicht haben, wird das Medium gegen frisches SFM ausgetauscht.

Alternativ können die Zellen auch adaptiert werden, indem bei jedem fälligen Mediumwechsel 10–20 % des serumhaltigen Mediums durch SFM ersetzt werden. In jedem Fall muss neben einer positiv-Kontrolle in serumhaltigem Medium zusätzlich als negativ-Kontrolle eine direkt –ohne Adaption – auf SFM umgestellte Kultur mitgeführt werden. Während der Gewöhnungsphase sollte die Proliferation und die Morphologie der Zellen sorgfältig beobachtet, verglichen und dokumentiert werden. Es ist nicht auszuschließen, dass sich das Wachstum von scheinbar adaptierten Zellen nach einiger Zeit verschlechtert, weil sie ihren Stoffwechsel doch noch nicht vollständig umstellen konnten. In diesem Falle sollte dem SFM 1–2 % Serum hinzugefügt und die Adaption wiederholt werden. Grundsätzlich muss jedoch berücksichtigt werden, dass bestimmte Zelltypen oder Zelllinien nie ganz ohne Serum auskommen und einen Serumanteil von 0,1–0,5 % oder mehr im Medium benötigen.

Adhärente Zellen, die unter serumreduzierten (0,1–1 %) bzw. unter -freien Bedingungen kultiviert werden, zeigen mitunter eine erhöhte Empfindlichkeit gegenüber der Protease Trypsin. Beim Ablösen adhärenter Zellen mit diesem Enzym (s. Abschnitt 5.4) muss dann eine weniger konzentrierte Trypsinlösung verwendet werden, da es sonst zu Zellschädigungen kommen kann. Im Allgemeinen erhöht sich in serumfreien Kulturen die Sensitivität der Zellen gegenüber Enzymen, Hormonen und Antibiotika. Dies muss bei der Dosierung dieser Substanzen berücksichtigt werden.

4.3.4
Handhabung von Serum

Ein Serumvorrat stellt je nach Qualität und Charge einen erheblichen Wert dar. Um keine unnötigen Wert- und Qualitätseinbußen zu erleiden, widmen wir uns in diesem Abschnitt dem sachgemäßen Umgang mit dieser Flüssigkeit.

Der Einkauf

Serum ist ein Naturprodukt und sowohl seine quantitative als auch qualitative Zusammensetzung hängt von sehr vielen variablen Faktoren ab. Im Grunde genommen verhält es sich wie beim Wein: Auch für das Serum spielt das Herkunftsland mit seinen spezifischen klimatischen Verhältnissen eine entscheidende Rolle. Die Zusammensetzung der Spenderherden und die Beschaffenheit des Futters beeinflussen die Qualität des Serums ebenso wie die Trauben und die Lage den Wein. Bei beiden Produkten wirken sich unterschiedliche Techniken bei der Gewinnung, Verarbeitung und Lagerung aus. Bevor wir also den Bestellschein zur Hand nehmen, sollte – wie vor der Anschaffung des Mediums – die richtige Wahl getroffen werden. Zunächst gilt es, einige Fragen zu beantworten:
- Welche Zellen möchte ich kultivieren (Zelllinie, Primärkultur etc.)?
- Werden rein zellbiologische Experimente mit den Zellen durchgeführt oder sollen die Kulturen für anspruchsvolle therapeutische oder pharmazeutische Zwecke genutzt werden?
- Welche Empfehlungen finden sich in der Literatur?
- Wie hoch ist der Serumbedarf der Zellen?

Von den Antworten auf diese Fragen hängt es ab, für welche Qualität des Serums wir uns entscheiden. (Im Prinzip ist diese Entscheidung auch dann zu treffen, wenn sich die Zellen bereits in Kultur befinden und das zur Neige gehende Medium ersetzt werden muss.) Erst dann erfolgt die Anforderung einer (oder mehrerer) Testmuster bei einem (oder mehreren) Hersteller(n). Die Testseren werden über mehrere Passagen hinweg an den Zellen ausprobiert. Da viele Zellkulturen routinemäßig mit mehr Serum versorgt werden als nötig, empfiehlt es sich, neben einer Testkultur mit 10 % Serum eine zweite mit lediglich 5 % mitzuführen, um ein mögliches Einsparpotenzial zu erkennen. Morphologie, Wachstum und Proliferation der Testkulturen werden stets mit den Parallelkulturen, die unter den bisherigen Bedingungen mit der alten Serumcharge angelegt wurden, sorgfältig verglichen. Erweist sich ein Testserum der alten Charge als ebenbürtig oder sogar überlegen, steht einer Bestellung nichts mehr im Wege. Reagieren die Zellen hingegen mit einer signifikanten Verschlechterung ihrer Wachstums- und Proliferationsrate, ist das Serum unbrauchbar und eine weitere Charge muss ausgetestet werden. Die Hersteller reservieren übrigens die gewählten Serumchargen bis die Testphase abgeschlossen ist.

Lagerung und Handhabung
Serum ist aufgrund seines hohen Anteils an Proteinen und anderen instabilen hochmolekularen Bestandteilen eine leicht verderbliche Ware und wird daher in isolierten Transportboxen auf Trockeneis angeliefert. Nicht sogleich benötigtes Serum verstauen wir unverzüglich unter Vermeidung des An- oder gar Auftauens in der Tiefkühltruhe. Lagerversuche haben ergeben, dass bei –20 °C eingefrorenes Serum zwischen drei und fünf Jahre ohne Qualitätsverlust aufbewahrt werden kann. Im Zweifelsfall sollten die Herstellerangaben zu Rate gezogen werden.

Wird frisches Serum benötigt, muss es zunächst aufgetaut werden. Hat sich der Inhalt der Flasche vollständig verflüssigt, müssen zunächst die verschiedenfarbigen Phasen vermischt werden, bis das Serum eine einheitliche, braune Farbe besitzt. Man erreicht dies am besten, indem man die Flasche auf einen Taumelschüttler stellt oder vorsichtig von Hand hin und her wiegt. Auf keinen Fall sollte die Flasche heftig geschüttelt werden, da durch die Schaumbildung wertvolle Proteine ausgefällt werden können. Nach der Entnahme der gewünschten Menge wird der Rest in geeigneten Behältern (Röhrchen, Fläschchen) in den Volumina, die später benötigt werden, portioniert und anschließend sofort bei –20 °C eingefroren. So kann bei erneutem Bedarf das wiederholte Auftauen und Einfrieren der Vorratsflasche vermieden werden. Weshalb mehrmaliges Auftauen und Einfrieren für empfindliche Substanzen wie Serum außerordentlich schädlich ist, soll im Folgenden etwas näher beleuchtet werden.

Lange existierten keine einheitlichen Vorschriften, wie Serum vom festen in den flüssigen Aggregatzustand (und umgekehrt) zu bringen sei. Nach Gutdünken wurden die Flaschen mit gefrorenem Serum im Wasserbad, im Brutschrank, bei Raumtemperatur oder im Kühlschrank aufgetaut. Vor einiger Zeit nahmen sich die Nahrungsmitteltechnologen dieses Problems an und fanden heraus, welche Schädigungen für Serum beim Einfrieren und Auftauen eintreten können:

Stellen wir eine Flasche mit Serum in das Kühlfach, wird als erste Komponente das Wasser von der flüssigen in die feste Phase übergehen. Die reichlich im Wasser gelösten Salze und andere lösliche Komponenten verbleiben zunächst im noch nicht gefrorenen Wasser in Lösung. Da jedoch das Volumen des noch flüssigen Wassers stetig abnimmt, steigt die Konzentration der darin gelösten Substanzen im selben Maße. Die noch flüssigen Bestandteile des Serums werden so zu übersättigten Lösungen, die wegen ihres hohen Salzgehalts langsamer einfrieren. Durch diesen Vorgang kann das Löslichkeitsprodukt bei einigen gelösten Substanzen überschritten werden und es kommt zu Ausfällungen. Durch die erhöhte Salzfracht treten verstärkt Proteinniederschläge mit nachfolgender Denaturierung auf. Gerade bei den wertvollen Serumproteinen konnten der Zerfall komplexer Moleküle in einfachere Bestandteile (Dissoziation), die Zusammenballung von Molekülen (Agglomeration) und Veränderungen in der räumlichen Anordnung der Atome in den Molekülen (Konformation) beobachtet werden. Durch die ansteigende Sauerstoffkonzentration und das Absinken des pH-Werts unterliegen die Proteine zunehmend schädlichen Oxidationsprozessen. Die erhöhte Salzkonzentration schließlich führt zu einer Destabilisierung von Fetten und Lipiden.

Bei langsamem Einfrieren ist die Einwirkung von allmählich und stetig ansteigenden Salzkonzentrationen auf das Serum am höchsten. Deshalb sollte Serum stets möglichst rasch eingefroren werden, nachdem es im Kühlschrank auf 4 °C vorgekühlt wurde.

Das Auftauen sollte ebenfalls rasch durchgeführt werden, da bei langsamem Auftauen zunächst diejenigen gefrorenen Teile von der festen in die flüssige Phase übergehen würden, die eine hohe Salzkonzentration aufweisen. Damit wären die Inhaltsstoffe des Serums – wie beim Einfrieren – wiederum hohen Salzkonzentrationen ausgesetzt. Es wird empfohlen, die Flasche so lange bei Raumtemperatur vorzuwärmen, bis sich ein Flüssigkeitsfilm zwischen Glas und Gefrorenem gebildet hat. Anschließend wird die Flasche bei 37 °C in ein Wasserbad gestellt und während des Auftauvorgangs mehrmals behutsam bewegt.

Hitzeinaktivierung
Die Inaktivierung von Serum durch Wärmebehandlung wurde ursprünglich durchgeführt, um die bei Immunoassays störenden Einflüsse von wenigstens 17 Plasmaproteinen (den sog. „Komplementfaktoren") zu beseitigen. Bei dieser Prozedur wird das Serum im Wasserbad für 30 min auf 56 °C erwärmt. Seither wird durch Hitze inaktiviertes Serum in zahlreichen Labors routinemäßig verwendet. Die Begründungen sind oft recht abenteuerlich und bleiben die Nennung eines konkreten Nutzens schuldig. Wir wollen im Folgenden die Vor- und Nachteile am Beispiel der am häufigsten für eine Hitzeinaktivierung angeführten Gründe gegenüberstellen.
1. Die Inaktivierung von Faktoren des Komplementsystems durch Wärmebehandlung des fetalen Kälberserums soll deren störenden Einfluss bei der quantitativen Messung der Komplementbindung (z. B. an Antigen-Antikörper-Komplexen oder an gramnegativen Bakterien) ausschließen. Neuere Forschungsergebnisse haben jedoch gezeigt, dass der Gehalt von Komplementfaktoren im FKS weit überschätzt wurde und zudem nicht vollständig ist. Eine Erwärmung des Serums auf 40 °C für lediglich 10 min würde ihren Zweck erfüllen und zudem die

biologische Aktivität vieler wertvoller thermolabiler Serumbestandteile schonen.
2. Speziell bei der Kultivierung besonders empfindlicher Zelllinien soll die Hitzeinaktivierung die Virussicherheit des Serums erhöhen. Wie man heute weiß, sind zur vollständigen Vernichtung aller in Frage kommenden Viren wesentlich höhere Temperaturen und längere Inkubationszeiten nötig. Durch die Erhitzung würden zudem die Serumbestandteile noch stärker beeinträchtigt, die für die Kultur wichtig und notwendig sind. Außerdem wäre der Nachweis der Wirksamkeit äußerst schwer zu führen. Die Hersteller bevorzugen deshalb eine Bestrahlung mit γ-Strahlen in einer Dosierung von 30–40 kGray (Gray = Einheit für die Energiedosis ionisierender Strahlen; 1 Gray = 100 rad), welche das Serum nachweislich nicht schädigen soll.
3. Die routinemäßige Wärmebehandlung wird mitunter immer noch durchgeführt, um aus den naturgemäß unterschiedlichen Serumchargen ein standardisiertes Serum mit einheitlichen Eigenschaften herzustellen. Dabei wird jedoch übersehen, dass die Konzentrationen der hitzelabilen Serumbestandteile von Charge zu Charge sehr großen Schwankungen unterliegen können. Liegt eine Komponente in hoher Konzentration vor, kann sie nach der Hitzeinaktivierung durchaus noch in einer wirksamen Dosis vorhanden sein. Bei niedrigem Gehalt hingegen wird sie durch die Prozedur aus dem Serum eliminiert. Mit anderen Worten: Die verschiedenen Serumchargen werden auch nach der Wärmebehandlung keine einheitliche Zusammensetzung aufweisen.

Nicht nur bei der Frage: „Hitzeinaktivierung – ja oder nein?" wird oft nach dem Grundsatz verfahren, das habe man schließlich immer schon so gemacht. Solche Ehrerbietung gegenüber scheinbar würdigen Labortraditionen sollte jedoch kritisch hinterfragt werden. Die Hitzeinaktivierung von Serum ist zweifellos in speziellen Einzelfällen gerechtfertigt, wenn z. B. sichergestellt werden soll, dass die Zellen nicht durch Antikörperbindung lysiert werden. Neben der gewünschten Inaktivierung der Komplementbindungskapazität werden aber auch andere Komponenten wie Wachstums- und Anheftungsfaktoren, Vitamine und zahlreiche andere hitzelabile Serumbestandteile in ihrer Wirkung gemindert, inaktiviert, geschädigt oder gar zerstört. Dies führt zu einem Verlust positiver Eigenschaften des Serums und zu einer negativen Wirkung auf das Wachstum der Zellen. Die Vor- und Nachteile der Hitzeinaktivierung müssen deshalb sorgsam gegeneinander abgewogen werden.

4.4
Zubereitung eines gebrauchsfertigen Zellkulturmediums

Nun, da wir fast alle Bestandteile eines Nährmediums kennen gelernt haben, können wir uns der Zubereitung eines gebrauchsfertigen Mediums zuwenden. Im Prinzip müssen wir nur darauf achten, dass die verschiedenen Medienzusätze dem Basismedium in der richtigen Dosierung beigemischt werden. Es versteht sich von selbst, dass alle erforderlichen Arbeitsschritte unter Beachtung der sterilen Arbeitstechniken durchgeführt werden müssen (s. Abschnitt 3.2).

Die Basismedien werden in drei verschiedenen Darreichungsformen angeboten. Es bleibt jedem selbst überlassen, ob er der (1 ×) Lösung, dem (10 ×) Konzentrat oder dem Pulvermedium den Vorzug gibt. Gute Gründe gibt es für jede Variante. Bei der Verwendung von Pulver oder Konzentraten sollte man jedoch sorgfältig darauf achten, dass man bei den notwendigen Verarbeitungsschritten keine Kontaminationen verursacht. Fehler bei der Medienpräparation können den Erfolg in der Zellkultur vereiteln oder zunichte machen.

4.4.1
Flüssigmedium

Die einfachste und bequemste – aber auch die teuerste – Methode, um sich ein Vollmedium herzustellen, ist die Zubereitung mittels gebrauchsfertiger Teillösungen. Nachdem wir die sterile Werkbank eingeschaltet, das Wasserbad erwärmt und das nötige sterile Verbrauchsmaterial bereitgelegt haben, kann es losgehen. In diesem Beispiel sollen 100 mL Vollmedium mit 10 % Serum und anderen Zusätzen hergestellt werden.

- Die für die gewünschte Menge Medium benötigte Serumportion tauen wir im Wasserbad vollständig auf. Gleichzeitig kann die 500 mL-Vorratsflasche mit Basismedium erwärmt werden. Falls wir ein Medium ohne stabiles Glutamin verwenden, muss auch ein Aliquot L-Glutamin (in unserem Fall 1 mL) aufgetaut werden. Alle Flaschen, Röhrchen oder Reaktionsgefäße im Wasserbad müssen gegen das Umkippen gesichert sein.
- Nachdem wir alle Behälter aus dem Wasserbad genommen, mit Papiertüchern abgetrocknet und mit etwas Desinfektionslösung abgewischt haben, stellen wir sie auf die desinfizierte Arbeitsfläche der Werkbank und öffnen sie.
- Da unser Vollmedium 10 mL Serum sowie jeweils 1 mL L-Glutamin, nichtessentielle Aminosäuren und Na-Pyruvat enthalten soll, müssen wir deren Volumen (13 mL) vom Gesamtvolumen abziehen. Wir entnehmen mit einer sterilen, großvolumigen Pipette (50 oder 25 mL) 87 mL Basismedium und legen es in einer sterilen, rückstandsfreien 100 mL-Glasflasche vor.
- Die Zusätze pipettieren wir mit 1 mL Pipetten getrennt hinzu. Zum Schluss wird das Serum mit einer 10 mL-Pipette aufgenommen und unter vorsichtigem und wiederholtem Ansaugen und Ausblasen mit dem Medium vermischt.
- Zur Ermittlung des pH-Werts pipettieren wir wenige Milliliter Vollmedium in ein geeignetes Röhrchen und messen mittels pH-Meter oder einem Indikatorstäbchen mit hinreichender Empfindlichkeit. Sollte eine Anhebung des pH-Werts nötig sein, mischt man langsam und tropfenweise 1 N Natronlauge (NaOH) in das Medium und kontrolliert erneut. Die NaOH-Lösung wird sterilisiert, indem man sie mit einer Einwegspritze durch einen Vorsatzfilter mit 0,2 μm Porengröße in ein steriles Gefäß drückt. Eine Ansäuerung erreicht man dadurch, dass die Mediumflasche mit lose aufgeschraubtem Deckel für ein paar Stunden in den Brutschrank gestellt wird. Durch das einströmende CO_2 sinkt der pH-Wert bis auf den gewünschten Wert. Allerdings muss der Inkubator auf den nach der gewählten Bicarbonatkonzentration des Mediums erforderlichen CO_2-Partialdruck eingestellt sein (s. Abschnitt 4.2).

Wegen der Instabilität einiger Zusätze wie Serum und L-Glutamin sollte nicht mehr gebrauchsfertiges Vollmedium im Kühlschrank gelagert werden, als in ein bis zwei Wochen verbraucht werden kann. Ein Vorrat an komplettem Medium kann aber bei −20° C für ca. sechs Monate eingelagert werden. Für das Auftauen gelten die gleichen Regeln wie für das Auftauen von Serum (s. Abschnitt 4.3.4).

4.4.2
Medienkonzentrat

Große Vorräte an Medium lassen sich in Form von zehnfach konzentrierten Lösungen platz- und kostensparend einlagern. Die Herstellung des gebrauchsfertigen Vollmediums bedarf jedoch zusätzlicher Arbeitsschritte. Auch der Materialbedarf ist geringfügig größer. Zu beachten ist, dass Medienkonzentrate kein Natriumbicarbonat enthalten. Die Puffersubstanz muss in der jeweils vom Hersteller vorgeschriebenen Menge zugesetzt werden. In diesem Beispiel wird 1 L Basismedium aus 10 × Konzentrat hergestellt.

Zunächst muss 1 L frisch hergestelltes oder gekauftes Reinstwasser bereitgestellt werden (s. Abschnitt 2.4.9). In einer autoklavierten, rückstandsfreien Glasflasche werden 800 mL steriles Wasser vorgelegt.

Mit einer 50 mL-Pipette geben wir 100 mL Medienkonzentrat hinzu und mischen durch leichtes Schwenken der Flasche, bis die Flüssigkeit eine einheitliche Farbe aufweist.

Anschließend fügen wir die vom Medienhersteller empfohlene Menge an steriler NaHCO$_3$-Lösung (7,5 % w/v) hinzu. Für die „klassischen" Zellkulturmedien werden folgende Dosierungen empfohlen:

Medium	NaHCO$_3$ (7,5 %) in mL L^{-1}
MEM mit Hanks's Salzen	4,7
MEM mit Earle's Salzen	20,3
RPMI 1640	26,7
Medium 199	29,3
DMEM	49,3

Falls das Medium zum sofortigen Gebrauch bestimmt ist, werden das L-Glutamin in der empfohlenen Dosierung (s. Abschnitt 4.2) sowie Serum und andere Zusätze (z. B. nichtessentielle Aminosäuren und Na-Pyruvat) hinzu pipettiert und die Lösung anschließend mit sterilem Wasser auf 1 L aufgefüllt. Wird lediglich ein Basismedium ohne Serum, NEA und Pyruvat hergestellt, muss das Volumen dieser Zusätze bei dem Auffüllen mit Wasser berücksichtigt werden.

Der pH-Wert des Basismediums kann nun wie oben beschrieben bestimmt und gegebenenfalls korrigiert werden. Eine weitere pH-Einstellung müssen wir allerdings vornehmen, wenn erst zu einem späteren Zeitpunkt durch Zugabe von Zusätzen ein Vollmedium angesetzt wird.

Das frisch zubereitete Basismedium sollte im Kühlschrank nicht länger als einen Monat gelagert werden.

4.4.3
Pulvermedium

Zellkulturmedien aus Pulver bieten vor allem dem Verbraucher großer Mengen eine ganze Reihe von Vorteilen. Dank seiner Stabilität ist Pulver bei einer Temperatur von 2–8 °C zwei Jahre oder länger lagerfähig. Es eignet sich deshalb besonders gut für Langzeitstudien, weil keine Chargenschwankungen in Kauf genommen werden müssen. Die Anschaffungskosten sind um ein Vielfaches geringer als bei den Flüssigmedien, da die Transportkosten bedeutend niedriger sind. Zudem stellt es einen nicht ganz unbedeutenden Unterschied dar, ob wir 100 L Medium in vier großen Kartons mit insgesamt 200 Flaschen und 130 kg Gewicht im Kühlraum herumwuchten oder in einem Schuhkarton locker in den Kühlschrank schieben.

Die Zubereitung des Mediums erfordert dagegen deutlich mehr Arbeitszeit (was die Kostenreduzierung teilweise egalisiert) und technischen Aufwand, da das Medium nach dem Lösungsvorgang sterilfiltriert werden muss. Bei größeren Mengen ist daher die Anschaffung einer elektrischen Pumpe zu empfehlen.

Pulvermedien sind sehr hygroskopisch, d. h. sie nehmen sehr stark Feuchtigkeit aus der Luft auf und binden sie. Der Inhalt jeder Packung muss deshalb sofort nach dem Öffnen verbraucht werden. Verbackenes oder verklumptes Pulver deutet auf eine Beschädigung der Verpackung hin und darf nicht mehr verwendet werden. Im Gegensatz zu den Flüssigmedien ist in den meisten Pulvermedien bereits L-Glutamin enthalten, jedoch kein Na-Bicarbonat. Die Puffersubstanz kann ebenfalls in Pulverform zugegeben werden. Die Arbeitsschritte bis zur Filtration können unsteril erfolgen, es sollte aber dennoch auf eine saubere Arbeitsweise geachtet werden.

- Wir messen zunächst in einem geeigneten Gefäß 90 % des gewünschten Endvolumens Reinstwasser ab. Das Wasser sollte Raumtemperatur besitzen. Das Gefäß stellen wir auf einen Magnetrührer und halten das Wasser mit einem Rührfisch in moderater Bewegung.
- Die entsprechende Menge Pulver lösen wir unter ständigem Rühren (ohne zu erhitzen) vollständig auf. Pulverreste in der Packung werden mit etwas Reinstwasser abgespült und der Lösung hinzugefügt.
- Nun setzen wir die zuvor abgewogene Menge Na-Bicarbonat zu und rühren bis zur vollständigen Auflösung. Für die „klassischen" Zellkulturmedien werden folgende Dosierungen empfohlen:

Medium	$NaHCO_3$ in g L^{-1}
MEM mit Hanks's Salzen	2,2
MEM mit Earle's Salzen	2,2
RPMI 1640	2,0
Medium 199	2,2
DMEM	3,7

Wenn sich das Pulver restlos gelöst hat, kann der pH-Wert gemessen werden. Falls erforderlich, kann er durch vorsichtige Zugabe von 1 N Natronlauge (NaOH) bzw. 1 N Salzsäure (HCl) unter ständigem Rühren korrigiert werden. Der pH-Wert muss um ca. 0,1 bis 0,3 Einheiten niedriger eingestellt werden als gewünscht, da durch den bei der nachfolgenden Sterilfiltration ausgeübten Druck CO_2 aus dem Medium entweicht. Infolgedessen steigt der pH-Wert wieder um den gleichen Betrag an.

- Die Lösung wird nun mit Reinstwasser bis zum Endvolumen aufgefüllt und das Gefäß zum Schutz vor weiterem CO_2-Verlust mit einem Schraubverschluss oder-Parafilm fest verschlossen.
- Vor der Weiterverwendung bzw. vor der Lagerung muss das Basismedium sterilfiltriert werden. Wegen der bei der Vakuumfiltration mit einer Wasserstrahlpumpe auftretenden Schaumbildung ist die Druckfiltration mit einer Schlauchpumpe oder mit einer Filtrieranlage, die mit Gasdruck (3–15 psi) arbeitet, vorzuziehen. Um die Effekte auf den eingestellten pH-Wert gering zu halten, sollte bei der Gasdruckfiltration anstelle von Luft oder CO_2 Stickstoff verwendet werden. Die Filtermembranen (Kerzen-, Glocken- oder Scheibenfilter) müssen aus einem für wässrige Lösungen geeigneten Material bestehen und dürfen nicht mehr als 0,2 µm Porendurchmesser aufweisen. (Falls keine Medienzusätze mitfiltriert werden, kann auch eine Porengröße von 0,1 µm benutzt werden.) Bei der Verwendung von autoklavierbarem Medium entfällt die Filtration.
- Das Basismedium wird direkt in sterile, rückstandsfreie Glasflaschen filtriert, diese werden fest verschlossen. Es empfiehlt sich, das auf der Flasche angegebene Volumen auszunutzen. Das minimiert den Gasraum über der Flüssigkeit und den damit verbundenen Effekt auf den pH-Wert.

Die Haltbarkeit eines frisch aus Pulver zubereiteten Basismediums im Kühlschrank oder Kühlraum wird mit einem Jahr angegeben. Alle sonstigen Medienzusätze sollten erst unmittelbar vor Gebrauch zugegeben werden. Komplettes Medium, das nicht sofort verbraucht wird, muss bei –20 °C eingefroren werden. Die Haltbarkeit beträgt ebenfalls ein Jahr.

4.4.4
Hitzestabile Medien

Ein Sonderfall unter den Pulvermedien sind die autoklavierbaren Medien. Diesen Medien werden die hitzelabilen Bestandteile erst nach dem Autoklavieren hinzugefügt. Sie werden wie oben erläutert durch Lösen von Pulver hergestellt. Damit beim Autoklavieren nichts ausfällt, muss der pH-Wert zunächst auf 4,1–4,5 eingestellt werden. Nach der Sterilisation (15 min bei 121 °C) ergänzt man die noch fehlenden hitzelabilen Lösungen in die zuvor abgekühlten Flaschen und stellt den pH-Wert exakt ein. Die Haltbarkeit beträgt in eingefrorenem Zustand ein Jahr, die Lagerung im Kühlschrank sollte einen Monat nicht überschreiten.

Seit neuestem sind auch thermotolerante Medien im Handel, die bei Raumtemperatur (22 °C) für ein Jahr lagerfähig sein sollen. Ermöglicht wird dies durch eine spezielle Stabilisierung von Aminosäuren und Vitaminen, die man den thermophilen Bakterien (altertümlichen Mikroorganismen, die sich nur in den heißen Quellen vulkanischer Gebiete wohlfühlen) abgeschaut hat. Ob ein mehrjähriger Entwicklungsaufwand gerechtfertigt ist, lediglich um Medium nicht in den Kühlschrank stellen zu müssen, mag der Kunde entscheiden.

4.5
Was man sonst noch beachten sollte

Zur Aufbewahrung von Medien, Seren oder Pufferlösungen sollten speziell dafür hergestellte Flaschen verwendet werden. Sie müssen absolut rückstandsfrei in destilliertem/deionisiertem Wasser gespült worden sein (s. Abschnitt 2.3.1). Eine Dichtung im Schraubdeckel vermindert den Gasaustausch und das vorzeitige „Umkippen" des Mediums durch pH-Änderung.

Ausschließlich mit Hydrogencarbonat gepufferte Medien dürfen nie zu lange der atmosphärischen Luft ausgesetzt sein. Durch das häufige Öffnen der Vorratsflasche kann der Verlust von CO_2 mit der Zeit ein Ansteigen des pH-Werts nach sich ziehen. Äußerliches Kennzeichen dieser pH-Verschiebung ist ein violetter Farbton des Mediums. Zur Korrektur des Werts öffnet man den Schraubverschluss um eine Vierteldrehung und stellt die Flasche in den Brutschrank. Das Gleichgewicht stellt sich nach einiger Zeit wieder ein. Es ist also nicht notwendig, den pH-Wert eines Mediums ständig zu messen – wir würden damit lediglich die Kontaminationsgefahr erhöhen. Mit etwas Erfahrung und einem scharfen Auge werden wir pH-Schwankungen an der Farbe des Mediums erkennen können.

4.6
Literatur

Ackerknecht E. H.: Geschichte der Medizin; 7. Auflage. Enke Verlag Stuttgart, 1992

Eagle H.: The specific amino acid requirements of mammalian cells in tissue culture. J. Biol. Chem. 214: 938, 1955

Flindt R.: Biologie in Zahlen; 6. Auflage. Spektrum Akademischer Verlag Heidelberg, 2002

Freshney R. I.: Culture of animal cells; fourth edition. Wiley-Liss, 2000

Krüger B.: Alternativen zum Einsatz von fötalem Kälberserum. BioTec Nr. 6, Vogel Verlag, 1991

Lindl T.: Zell- und Gewebekultur; 5. Auflage. Spektrum Akademischer Verlag Heidelberg, 2002

Minuth W. W. et al.: Von der Zellkultur zum Tissue engineering; Pabst Science Publishers Lengerich, 2002

Morgan S. J., Darling D.C.: Kultur tierischer Zellen. Spektrum Akademischer Verlag Heidelberg, 1994

Pakkanen R.: Bovine colostrum ultrafiltrate: An effective supplement for the culture of mouse-mouse hybridoma cells. Journal of Immunological Methods 169, 1994

Staines D., Price P.: Perspectives in Cell Culture – Managing Serum Requirements for Cell Culture. GIBCOTM Cell Culture, Invitrogen Corporation, Grand Island, NY, 2003

Stiess R., Krüger B.: Einsatz von Medien in der Zellkultur. BioTec Nr. 1, Vogel-Verlag, 1993

4.7
Informationen im Internet

Zum Thema Zellkulturmedien: www.biotech-europe.com

5
Routinemethoden in der Zellkultur etablierter Zelllinien

So bunt die Palette der kultivierbaren Zellen ist und so unterschiedlich deren Ansprüche an die Kulturbedingungen auch sein mögen: Wir werden stets auf einige Arbeitsabläufe stoßen, die sich mehr oder weniger gleichförmig wiederholen. Damit diese Routinemethoden nicht als starre Rituale missverstanden werden, ist dieses Kapitel nicht nur der praktischen Durchführung gewidmet, sondern es soll auch Wege und Möglichkeiten zu Modifizierungen und Variationen aufzeigen. Von Sätzen wie „das wurde noch nie so gemacht" sollten wir uns jedenfalls nicht beeindrucken lassen.

Am Beispiel der Brutschranktemperatur soll verdeutlicht werden, wie sehr starre Rituale und ausgetretene Pfade an den natürlichen Bedürfnissen der Zellkulturen vorbeiführen können. Fast alle Inkubatoren der Welt scheinen nur eine einzige Temperatureinstellung zu kennen: 37 °C. Es ist in der Tat erstaunlich, mit welcher Selbstverständlichkeit Hunderte von Zelllinien und -typen mit einer einzigen Standardtemperatur versorgt werden. Allerdings werden hierbei zwei Tatsachen übersehen:

- Die Körpertemperatur von Säugern kann zwar wie bei der Maus oder dem Schwein statisch sein; bei einigen Spezies kommt es jedoch zu teilweise beträchtlichen Tagesschwankungen. Beim Menschen beträgt die normale Schwankung 1,2 °C (♀) bzw. 1,4 °C (♂), beim Rhesusaffen sogar 3,6 °C.
- Die meisten Säuger besitzen mehr oder weniger voneinander abweichende Körpertemperaturen: Die Haselmaus weist eine sehr niedrige Körpertemperatur von 30 °C auf, die Spitzmaus eine sehr hohe von 42 °C.

Eine Brutschranktemperatur von konstant 37 °C kann also nicht allen Zellkulturen zuträglich sein. Einzig für Schimpansenzellen wäre der Wert korrekt. Doch auch wenn wir die Tagesschwankungen vernachlässigen, bleibt eine Bandbreite von Temperaturen, die z. T. miteinander völlig unvereinbar sind (streng genommen müsste man sogar die Temperaturunterschiede zwischen den einzelnen Organen berücksichtigen). Zur Orientierung sind in der folgenden Aufstellung die (mittleren) Körpertemperaturen einiger Säuger aufgeführt, von denen häufig genutzte Zellkulturen existieren:

Leitfaden für die Zell- und Gewebekultur. Jürgen Boxberger
Copyright © 2007 WILEY-VCH Verlag GmbH & Co. KGaA, Weinheim
ISBN: 978-3-527-31468-3

Spezies	Körpertemperatur in °C	Schwankung in °C
Hund	38,3–39,0	0,9
Maus	38,0	–
Meerschweinchen	36,0–39,2	0,8
Mensch	36,2–37,8	1,2 (♀), 1,4 (♂)
Ratte	38,1	–
Rind	38,5	–
Schwein	39,0	–
Ziege	40,0	–

Das Beispiel von der Brutschranktemperatur lässt uns etwas von den Schwierigkeiten erahnen, mit denen wir es zu tun bekommen, wenn wir möglichst viele physiologische Parameter in einem künstlichen Habitat eins zu eins simulieren wollen. Die gleichzeitige Kultivierung von Zellen aus verschiedenen Spezies müsste im Extremfall in separaten Brutschränken erfolgen. Derlei Aufwand ist natürlich in vielen Fällen weder praktikabel noch strikt notwendig. Deshalb soll an dieser Stelle bereits auf den ausgesprochenen Modellcharakter der Zellkultur hingewiesen werden. Die Kulturbedingungen im Brutschrank können die Verhältnisse, wie sie im Spenderorganismus herrschen, stets nur sehr unvollständig ersetzen. Wenn wir ferner noch berücksichtigen, wie wenige Grade Über- bzw. Unterschreitung der Körpertemperatur zu Hitzschlag und Unterkühlung führen können, ahnen wir vielleicht, welchem Stress kultivierte Zellen tatsächlich ausgesetzt sind.

Wir können und wollen hier nicht auf sämtliche Aspekte der modernen Zellkultur eingehen. Tissue engineering und dreidimensionale Primärkulturen gehören in der Regel nicht zu den Aufgaben eines Zellkulturnovizen. Dieser Leitfaden möchte den Leser in erster Linie an die grundlegenden Methoden der Kultivierung von Zellen heranführen. Auf diesen bauen in der Regel die meisten, wenn nicht alle speziellen Techniken auf. Ein kurzer Überblick über die komplexen Kultivierungsmethoden liefert das Kapitel 7.

Alle in Kultur befindlichen tierischen und menschlichen Zellen stammen ursprünglich aus einem Organ bzw. einem Gewebe und wurden als sog. Primärzellen in Kultur genommen. Primärkulturen erhält man dadurch, dass man Gewebe entweder durch mechanische oder enzymatische Desintegration in Einzelzellen auflöst und diese in Zellkulturgefäßen weiterzüchtet. Werden diese Zellen aus normalem, d. h. aus gesundem Gewebe isoliert, sind ihrer Lebenserwartung unter Kulturbedingungen meist sehr enge zeitliche Grenzen gesetzt. Handelt es sich hingegen um die Zellen eines Tumors, besitzen sie oft die Eigenschaft, *in vitro* über längere Zeiträume zu überleben. Manche scheinen sich in Kultur sogar unbegrenzt vermehren zu können (die berühmten HeLa-Zellen wurden bereits vor Jahrzehnten aus dem Gebärmutterhalskrebs einer Patientin isoliert und erfreuen sich noch heute einer ungebrochenen Vitalität – sie scheinen buchstäblich unsterblich zu sein). Derartige Zellen werden als transformiert bezeichnet.

Transformierte Zellen entstehen unter günstigen Bedingungen durch spontane Transformation primärer Zellen von selbst. Sie können jedoch auch durch gezielte Behandlung mit karzinogenen Substanzen oder Strahlen künstlich hergestellt werden. Mitunter werden normale Zellen (z. B. B-Lymphocyten) durch absichtliche Infektion mit SV40-Viren immortalisiert. Glückt diese Manipulation, ist aus den Primärzellen mit begrenzter Lebenserwartung eine permanent wachsende, „unsterbliche" Zelllinie entstanden, die jedoch nicht über die bösartigen (malignen) Eigenschaften transformierter Zellen verfügt.

Die konventionelle Zellkultur arbeitet mit permanenten Zelllinien, die auch als etablierte Zelllinien bezeichnet werden. Permanente Zelllinien sind meist einfach zu handhaben und vermehren sich unter Kulturbedingungen ständig weiter. Sie stehen deshalb jederzeit und in großen Mengen zur Verfügung. Über viele Zelllinien existiert bereits eine Fülle von Datenmaterial. Wir wollen uns im Folgenden mit der Kultur solcher Zelllinien beschäftigen.

Zunächst muss noch fest gehalten werden, dass sich die Zellen unterschiedlicher Linien nicht nur in ihrer äußeren Gestalt (phänotypisch) unterscheiden, sondern auch grundsätzliche Unterschiede im Wachstumsverhalten aufweisen. In Abhängigkeit von ihrem Abstammungsort im lebenden Spenderorganismus teilt man die Zelllinien in zwei Gruppen ein. Zellen der ersten Kategorie benötigen eine stabile Unterlage (Substrat), auf der sie sich anheften können. Sie werden deshalb als adhärente Zellen bezeichnet (lat. „*adhaerens*" = an etwas klebend, anhaftend). Ihr typisches Wachstumsmuster ist ein meist einschichtiger, geschlossener Zellrasen (engl. „monolayer"), der unter dem Mikroskop wie ein Kopfsteinpflaster anmutet (Abb. 5.1a und b). Schätzungsweise 10 Billionen adhärente Zellen formen im Körper eines erwachsenen Menschen die Binde-, Nerven-, Muskel- und Abschlussgewebe (Epithelien) sowie zahlreiche Organe. Aufgrund ihrer vollendeten Differenzierung verharren sie *in vivo* unbeweglich in ihren Zellverbänden und vermehren sich nur in Ausnahmefällen. (Der Ersatz abgenutzter oder abgestorbener Zellen erfolgt über undifferenzierte, teilungsfähige Zellen tieferer Schichten.)

Während die Gewebezellen die enge soziale Gemeinschaft suchen, bevorzugen die Zellen des Immunsystems eine im wahrsten Sinne des Worts lockere, ungebundene und vagabundierende Lebensweise. Zu ihnen zählen die Lymphocyten, Monocyten und andere als Leukocyten zusammengefasste Blutzellen. Etwa 5 Billionen flottieren mit dem Blut bzw. der Lymphflüssigkeit durch den Kreislauf. Zum Vergleich: Die Zahl der sehr viel kleineren roten Blutzellen wird auf 25 Billionen geschätzt. Da die Zellen des Immunsystems im Körper u. a. die Aufgaben von Polizei und Feuerwehr übernehmen, müssen sie agil und beweglich sein, um an Entzündungsherde heranzukommen oder Jagd auf eingedrungene Krankheitserreger zu machen. Diese Eigenschaften spiegeln sich unter Kulturbedingungen in der vereinzelten Lebensweise der Zellen wider: Sie zeigen wenig Neigung, sich mit ihren Artgenossen zu Zellverbänden zusammenzuschließen. Statt sich am Boden des Zellkulturgefäßes anzuheften bedecken sie ihn wie eine lockere Schicht Kieselsteine, die bei Bewegung des Gefäßes aufgewirbelt wird. Sie werden deshalb als Suspensionszellen bezeichnet. Ihre Gestalt ist meist sphärisch und weist kaum Fortsätze an der Membranoberfläche auf (Abb. 5.2a und b).

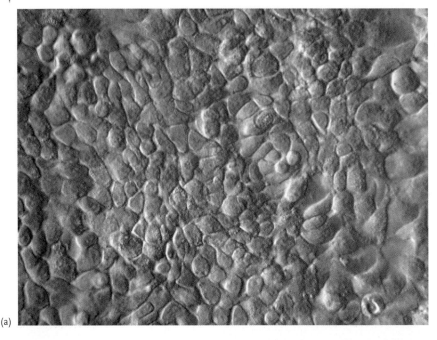

Abb. 5.1 (a) Transformierten Epithelzellen aus der menschlichen Harnblase (Zelllinie RT 112), die zu einem geschlossenen, kopfsteinpflasterähnlichen Rasen herangewachsen sind; vgl. (b) Die Kultur hat den konfluenten Zustand erreicht. Es finden keine Zellteilungen (Mitosen) mehr statt.

(a)

(b)

Abb. 5.2 (a) Menschliche Lymphoblasten aus der leukemischen Zelllinie HL 60 flottieren lose im Medium; Hier bilden sie keinen Zellrasen mehr, sondern sehen einer Ansammlung von Kieselsteinen (vgl. (b)) nicht unähnlich. Deutlich sind die Kernkörperchen (Nucleoli) der Zellkerne zu erkennen.

In den folgenden Abschnitten werden wir die Arbeitsschritte, die zur Anlage, Erhaltung und Beurteilung einer Zellkultur nötig sind bis hin zur Kryokonservierung in sinnvoller Reihenfolge kennen lernen. Adhärente Zellen und Suspensionszellen werden jeweils getrennt behandelt.

5.1
Auftauen tiefgefrorener Zellkonserven

Oft beginnt eine Zellkultur durch Auftauen eingefrorener Zellen. Auch neu gekaufte Zelllinien werden von den Zellbanken als Kryokonserven verschickt. Tiefgefrorene Zellen sind sehr empfindlich und müssen äußerst schonend behandelt werden. Sie werden am besten schnell aufgetaut und direkt in frisches Vollmedium überführt. Zellen wie die Lymphomalinie L5178Y aus der Maus, die besonders empfindlich gegenüber Frostschutzmittel wie Dimethylsulfoxyd (DMSO) oder Glycerol(s. Abschnitt 5.8) sind, sollten vor der Aussaat zentrifugiert werden, um diese Substanzen zu entfernen. Das Auftauen von 1,8 mL-Kryoröhrchen kann nach folgenden Methoden unter Beachtung der sterilen Arbeitstechniken erfolgen:

Direkte Aussaat der aufgetauten Zellen
- Die gewünschte Menge an Zellkulturflaschen wird in der sterilen Werkbank mit frischem Medium befüllt. Das Füllvolumen sollte bei einer T25-Flasche 5 mL und bei einer T75-Flasche 18 mL betragen. Damit das Medium nicht auskühlt, stellen wir die Kulturflaschen vorübergehend in den Inkubator.
- Zum Entnehmen der Kryoröhrchen aus dem Stickstoffbehälter oder der Tiefstgefriertruhe schützen wir das Gesicht mit einer Schutzbrille oder einem Visier und tragen Kälteschutzhandschuhe. Ein Kryoröhrchen wird vorsichtig aus dem Behälter oder Ständer mit den gewünschten Zellen entnommen. Um möglichen Überdruck durch in das Röhrchen eingedrungenen Stickstoff abzulassen (s. Abschnitt 5.8), kann die Schraubkappe kurz um eine Vierteldrehung gelockert werden. Die Kappe wird anschließend wieder fest zugedreht.
- Tipp: *DMSO schädigt die Zellen, sobald das Einfriermedium aufgetaut ist. Es sollten deshalb nur so viel Konserven aufgetaut werden, wie man zügig verarbeiten kann.*
- Die Zellen müssen nun möglichst schnell im vorgeheizten Wasserbad (37 °C) aufgetaut werden. Hierzu stellen wir das Röhrchen in einen geeigneten Halter oder lassen es, gehalten von einem Schaumstoffschwimmer, auf der Wasseroberfläche treiben. Es darf dabei nicht mehr als zu ¾ seiner Länge eintauchen. Sobald sich der letzte Rest Eis auflöst (bei einem Röhrchen mit 1,8 mL Füllvolumen sollte das nach 2 min der Fall sein), nehmen wir das Röhrchen aus dem Wasserbad.
- Den Schraubverschluss des Röhrchens wischen wir mit 70%iger alkoholischer Desinfektionslösung ab. (Achtung: Die Beschriftung darf dabei nicht verloren gehen!)
- Nach dem Öffnen des Röhrchens saugen wir den Inhalt in eine 2 mL-Pipette und mischen ihn vorsichtig in der bereitgestellten Kulturflasche mit dem frischen Medium.

- Tipp: *Die Pipette darf nicht zu schnell bis auf den Grund des Röhrchens eingetaucht werden, da durch die Verdrängung der flüssige Inhalt überlaufen könnte. Mit etwas Übung lässt sich die Pipette bei gleichzeitigem, langsamem Ansaugen in das Röhrchen einführen, ohne schädliche Luftblasen zu produzieren. Wir sollten den Vorgang zunächst mit Wasser üben.*

  Quittieren die Zellen diese Art des Einsäens mit einer hohen Absterberate (Mortalität), könnten möglicherweise die osmotischen Unterschiede zwischen dem DMSO-haltigen Einfriermedium und dem vorgelegten Nährmedium die Ursache sein. Es empfiehlt sich in diesem Fall, die empfindliche Zellsuspension aus dem Kryoröhrchen in die leere Kulturflasche zu pipettieren und die ersten Milliliter des vorgewärmten Mediums langsam und tropfenweise zuzugeben, um einen osmotischen Schock zu vermeiden. Nach ca. 2 min kann der Rest etwas zügiger hinzugefügt werden. Die Flaschen mit den frisch eingesäten Zellen werden mit dem Namen der Zelllinie, dem Datum und den Initialen des Bearbeiters versehen und unverzüglich in den Brutschrank gestellt.
- Sehr wichtig: Flaschenverschlüsse ohne Ventil dürfen nicht fest verschlossen werden, da sonst kein CO_2 eindringen kann (s. Abschnitt 3.2.7).
- Die Zelldichte sollte auf 5×10^5 lebende Zellen mL^{-1} eingestellt sein (die Zahl der eingefrorenen Zellen kann auf dem Kryoröhrchen abgelesen werden; alle weiteren auf dem Beschriftungsfeld angegebenen Daten übertragen wir in das Protokollbuch).
- Um Glycerol oder DMSO weitgehend zu entfernen, sollte nach einer Ruhephase von 12–24 h das Medium ausgetauscht werden.

Aussaat der Zellen nach Zentrifugation
- Die Kryoröhrchen werden, wie oben beschrieben, aufgetaut.
- Der Inhalt des Kryoröhrchens wird in ein Zentrifugenröhrchen pipettiert und mit 10–20 mL Vollmedium vorsichtig und tropfenweise gemischt, um einen osmotischen Schock zu vermeiden.
- Die Zellen können nun für 2–3 min bei 100 *g* zentrifugiert werden.
- Nach der Entfernung des Überstands wird das Sediment aus Zellen vorsichtig im erforderlichen Volumen an Vollmedium suspendiert und in einer T25-Flasche ausgesät, wobei die Kultur mindestens 3×10^5 vitale Zellen mL^{-1} enthalten sollte. Die Zellen können jedoch auch in kleinere Kulturgefäße wie Mehrlochplatten verteilt werden.

Aufgetaute Zellen sollten sich mindestens 12–24 h im Brutschrank erholen dürfen, bevor man sie mikroskopisch begutachtet oder das Medium wechselt, um das cytotoxische DMSO zu entfernen. Die Zellen beginnen nicht sofort mit der Teilung, sondern verbleiben noch einige Zeit in der sog. lag-Phase (engl. „lag" = Verzögerung). Die Überlebensrate ist von Zelllinie zu Zelllinie verschieden und kann selbst innerhalb einer Linie beträchtlich variieren. Schon die Art und Weise des Einfrierens hat erheblichen Einfluss auf den Auftauschock. Wurden die Zellen in speziellen, DMSO-freien Einfriermedien kryokonserviert, sind die Auftauvorschriften der Hersteller zu beachten (s. Abschnitt 5.8).

5.2
Optische Kontrolle der Zellkultur

Kultivierte Zellen bedürfen immerwährender fürsorglicher Begleitung. Die regelmäßige optische Kontrolle der Kulturen zählt deshalb zu den unerlässlichen Routinemaßnahmen. Eine falsche CO_2-Konzentration, ein verbrauchtes Medium oder eine mikrobielle Infektion sind meist schon anhand der gelben Färbung des Mediums auf den ersten Blick zu erkennen. Weitere Hinweise, z. B. über den aktuellen Wachstumszustand der Zellen, lassen sich allerdings nur bei Betrachtung der Kulturen unter dem Mikroskop gewinnen.

Der Blick durch das Phasenkontrastmikroskop (s. Abschnitt 2.4.3) offenbart dem geübten Auge eine Fülle wichtiger Informationen, wobei allerdings nicht die Vergrößerung allein entscheidend ist. Das 10er Objektiv vermittelt bei adhärenten Zellen bereits einen guten Überblick über die Zelldichte; auch die Belastung des Mediums durch tote Zellen, Zelltrümmer (Detritus) und andere Partikel lässt sich recht gut einschätzen. Bei der Verwendung des 20er Objektivs offenbaren sich uns zudem noch weitere Details: Innere Strukturen der Zellen wie Teile des Zellskeletts (sog. „Stressfasern"), die Lage und Gestalt des Zellkerns (Nucleus) sowie die Anzahl und Größe der Kernkörperchen (Nucleoli) im Zellkern werden sichtbar, falls die Zellen nicht allzu klein und kompakt sind. Aber auch sichtbare Schädigungen der Zellen wie die Ansammlung von Bläschen und Vakuolen im Zellplasma oder Veränderungen der Zellmembran lassen sich auf diese Weise diagnostizieren. Beobachten wir spontanes Aufblähen und Ablösen der Zellen von der Unterlage, deutet das meist auf ein schwerwiegendes Problem hin. Eine regelmäßige optische Kontrolle hat sich auch beim Aufspüren ungebetener Mikroorganismen wie Bakterien und Pilze in der Kultur als ein probates Mittel erwiesen (s. Abschnitt 5.8).

Tipp: Gewöhnlich beschlagen die Zellkulturgefäße, nachdem man sie aus der Wärme des Brutschranks entnommen hat. Beim Mikroskopieren und Fotografieren entsteht dadurch ein Effekt wie durch einen Weichzeichner und somit ein Verlust an Information. Um dies zu vermeiden, können Zellkulturflaschen kurz 180° um die Längsachse gedreht werden, damit die Flüssigkeit die getrübte Seite benetzt (Vorsicht bei Flaschen ohne Ventil im Schraubdeckel. Diese müssen zuvor fest verschlossen werden, da sonst Medium austreten könnte). Petrischalen und Mehrlochplatten stellt man auf die sterile Werkbank und legt die Deckel mit der Öffnung nach oben daneben, bis der Beschlag verschwunden ist. Um den Vorgang zu beschleunigen, kann man die Deckel kurz über einer kleinen Flamme bewegen.

Durch die Routinekontrolle verschaffen wir uns einen Überblick über die augenblickliche Zelldichte in der Kultur. Bei genügend Erfahrung lässt sich nach einem Blick durch die Okulare eine Prognose erstellen, wann die noch freien Areale des Flaschenbodens lückenlos (d. h. konfluent, lat. „confluens" = „zusammenfließend") von den Zellen besiedelt sein werden (s. Abschnitt 5.4.1). Wir können die kugeligen und teilweise frei flottierenden Zellen beobachten, die entstehen, wenn sich die adhärenten Zellen in der Phase der Zellteilung (Mitose) befinden (Abb. 5.3). Mit etwas Glück lässt sich mitverfolgen, wie sich während der Prophase der Zellkern auflöst und sich die DNA zu den Chromosomen verdichtet und wie

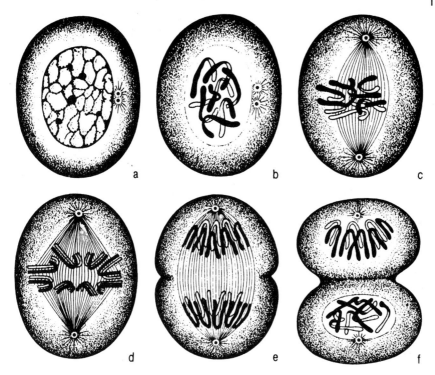

Abb. 5.3 Ablauf der Zellteilung. a) Interphase: Der Zellkern mit den Kernkörperchen ist zu erkennen. b) Prophase: Der Zellkern löst sich auf, die Chromosomen werden sichtbar. c) Frühe Metaphase: Die Chromosomen ordnen sich zur sog. Metaphasenplatte an. d) und e) Späte Metaphase und Anaphase: Die Tochterchromosomen werden vom Spindelapparat voneinander getrennt und an die entgegengesetzten Zellpole gezogen. f) Telophase: Die Zelle schnürt sich ein, die Chromosomen in den entstehenden Tochterzellen werden in die neu gebildeten Zellkerne eingeschlossen und dekondensieren (mit freundlicher Genehmigung des Deutschen Ärzteverlags).

sich in der Metaphase die Chromosomen in der Mitte der Zelle zu einem charakteristischen Balken, der Metaphasenplatte, anordnen. Wir können das Auseinanderrücken der Chromosomen und die Einschnürung des Zellkörpers in der Anaphase beobachten und werden schließlich Zeuge bei der „Geburt" der beiden Tochterzellen in der Telophase (Abb. 5.4 a). Dies alles unter der Voraussetzung, dass wir eine geeignete mikroskopische Ausstattung besitzen und den Augen von Zeit zu Zeit Erholung von dem permanente Aufmerksamkeit erfordernden Spähen gönnen.

Allgemein erkennen wir vitale adhärente Zellen, die sich in der Wachstums- bzw. in der Interphase befinden an ihrer abgeflachten Gestalt. Im Phasenkontrast erscheinen ihre Strukturen in deutlich abgestuften Grautönen. Je abgerundeter eine Zelle ist, desto mehr Licht bricht sie. Die nahezu sphärisch geformten mitotischen Zellen erscheinen dann als gelblich leuchtende Kugeln, ähnlich den Suspensionszellen. Nach vollzogener Teilung heften sie sich wieder an das Substrat an, flachen sich ab und integrieren sich in den Zellverband. Abgestorbene Zellen lassen sich

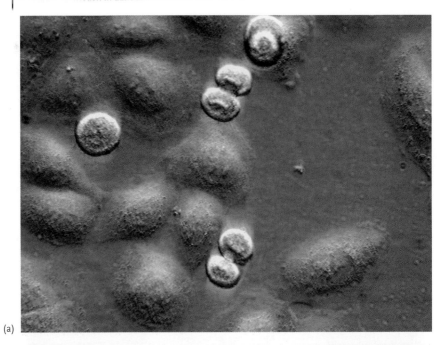

Abb. 5.4 (a) In einer Kultur mit geringer Zelldichte lassen sich zahlreiche Zellteilungen (Mitosen) beobachten. Sie sind ein untrügliches Kennzeichen dafür, dass sich die Zellen in der Wachstumsphase befinden. Mitotische RT 112-Zellen sind an der charakteristischen Einschnürung des abgerundeten Zellkörpers und den verdichteten Chromosomen gut zu erkennen.
(b) Suspensionskultur einer Lymphom-Zelllinie (YAC-1) aus der Maus. Eine Zellteilung ist in der Bildmitte zu erkennen.

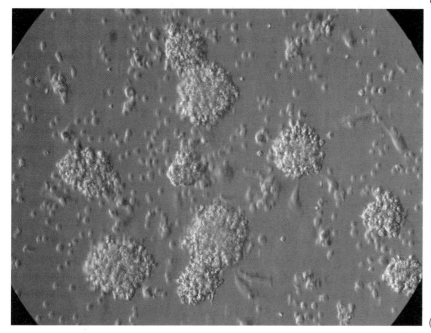

Abb. 5.4 (c) Kultur aus immortalisierten Lymphocyten des Menschen. Diese Zellen bilden lockere Haufen, die leicht zu resuspendieren sind.

keiner der beiden Erscheinungsformen zuordnen. Ihre Gestalt und Farbe ähnelt oft einer Kartoffel. Diese Zellleichen zerfallen bald und reichern das Medium mit Detritus verschiedener Form und Größe an.

Durch fleißiges und unermüdliches Mikroskopieren werden wir unsere Zellen nicht nur kennen lernen, sondern auch **er**kennen lernen. Auch wenn sich adhärente Zellen auf den ersten Blick wie ein Ei dem anderen zu gleichen scheinen, besitzen viele Zelllinien doch individuelle Merkmale, mit denen man sie identifizieren kann. Wer sich intensiv mit seinen Zellen beschäftigt, wird bald wenig Mühe haben, zwischen MDCK, HepG2 und RT112 zu unterscheiden. Wegen ihrer typischen Wuchsformen lassen sich auf diese Weise Zellen epithelialer Herkunft, Nervenzellen, Muskelzellen und Bindegewebszellen (Fibroblasten) erkennen. Es muss jedoch angemerkt werden, dass diese subjektive Betrachtung in keinem Fall die exakte Identifizierung einer Zelle ersetzen kann. Hierfür sind andere Techniken notwendig.

Nicht so einfach gestaltet sich die mikroskopische Kontrolle der Suspensionszellen. Da sie eine weitgehend abgerundete Gestalt besitzen, brechen sie das Licht so stark, dass der Effekt des Phasenkontrasts weniger innere Strukturen zu enthüllen vermag als bei den adhärenten Zellen – vor allem, wenn die Zellen sehr klein sind. Auch ist es schwieriger, die Zelldichte zu beurteilen, da wir keinen Vergleich zwischen besiedelter und unbesiedelter Fläche anstellen können. Dennoch lassen sich auch hier verlässliche Indizien über den Zustand der Kultur feststellen (Abb. 5.4 b).

Nicht alle Suspensionszelllinien bieten ein einheitliches Bild. In manchen Fällen können sie vom Idealzustand, bei dem sich die Zellen weder an den Boden des Zellkulturgefäßes noch aneinander festheften, abweichen. Wir beobachten dann lockere, „wolkige" Zellverbände, die sich spontan bilden und wieder auflösen können (Abb. 5.4 c), oder eine schwache Neigung zur Anheftung am Substrat. Diese Phänomene verschwinden jedoch rasch, wenn die Zellen mit einer Pipette angesaugt und wieder ausgeblasen werden.

5.3
Mediumwechsel

Nach einiger Zeit des Wachstums kündigt eine allmähliche Orangefärbung des Mediums den nahenden Zeitpunkt für einen Mediumwechsel an. Durch den logarithmischen Anstieg der Zellzahl werden die Nährstoffe immer rascher verbraucht und dementsprechend steigt der Gehalt an Abfallprodukten im Medium an, was sich durch ein Absinken des pH-Werts und den Farbumschlag des Indikatorfarbstoffs bemerkbar macht (s. Abschnitt 4.2). Zudem reichern sich die Überreste abgestorbener Zellen mit der Zeit an, zersetzen sich und tragen somit zum Anstieg cytotoxischer Substanzen wie Ammoniak bei.

Viele Zellen stellen ihr Wachstum bei einem pH-Wert zwischen 7,0 und 6,5 ein. Die Farbe des Mediums wechselt in diesem Bereich von orange nach gelb. Wird der fällige Mediumwechsel hinausgezögert, verlieren die Zellen ihre Lebensfähigkeit spätestens bei einem pH-Wert von 6,0. Der Medienwechsel lässt sich jedoch leider nicht nach den starren Regeln eines Fütterungsplans für ein Aquarium durchführen. Die Intervalle des Medienaustauschs hängen von Faktoren wie Wachstumsrate und Zelldichte(Zellzahl/Fläche) ab:

- Bei einer sehr geringen Zelldichte zu Anfang (man spricht von der Initialzelldichte) sowie bei Zellen mit langsamer Wachstumsgeschwindigkeit erfolgt die Ansäuerung des Mediums um 0,1 pH-Einheiten pro Tag. In diesem Falle wirkt sich ein Wechsel des Mediums alle drei Tage nicht negativ auf das Zellwachstum aus.
- Liegt bereits eine hohe Zelldichte vor oder handelt es sich um rasch wachsende Zellen mit hoher Stoffwechselrate, kann sich der pH-Wert um 0,4 Einheiten pro Tag nach unten bewegen. Ein Wechselintervall von höchstens 48 h ist dann unbedingt einzuhalten (bei frisch aufgetauten Zellen ist der erste Mediumaustausch bereits nach 24 h fällig).

Da die Zellen in diesem kritischen Zustand unserer Zuwendung in außergewöhnlichem Maße bedürfen, lässt sich trotz aller Vorausplanung nicht immer vermeiden, dass der Mediumwechsel auf ein Wochenende fällt. Ganz allgemein sollte man – auch wenn man das Privileg genießt, im öffentlichen Dienst angestellt zu sein – die Tatsache akzeptieren, dass Zellen niemals Feierabend machen, keinen Urlaub kennen und sich nicht um gesetzliche Feiertage scheren.

Bleibt noch zu klären, mit wie viel Medium die Zellen versorgt werden sollten. Das Verhältnis von Zellzahl zu Mediumvolumen spielt in der Tat eine nicht unwichtige Rolle. Geben wir zu wenig Medium in das Kulturgefäß, wird sehr schnell der nächste Mediumwechsel fällig sein. Es besteht dann außerdem die Gefahr des Verlusts der Zellen durch Austrocknung. Doch auch die Strategie, die Zellen mit möglichst viel Medium zu versorgen, um längere Zeit „Ruhe zu haben", hat ihre Tücken. Ein zu hoher Flüssigkeitsstand im Kulturgefäß setzt die Zellen nämlich einem hohen hydrostatischen Druck aus. Wer einwendet, ein Mediumpegel von zwei Zentimetern könne keinen nennenswerten hydrostatischen Druck aufbauen, der übersieht die Größenverhältnisse. Wer schon getaucht ist, wird bestätigen, welcher Druck bereits in wenigen Metern Wassertiefe herrscht. Wie wird es einer Zelle mit angenommenem Durchmesser von 100 µm ergehen, wenn wir sie unter einer Wassersäule von 20.000 µm „begraben"?

Doch es gibt noch einen weiteren Grund, bei der Dosierung des Mediums bescheidene Zurückhaltung zu üben. Denn neben all den Dingen, die wir bisher als für die Zellen notwendig aufgeführt haben, benötigen sie selbstverständlich auch den lebenswichtigen Sauerstoff (O_2). Wir hatten bisher außer Acht gelassen, auf welche Weise dieses Element in die Zellen gelangt. *In vivo* wird der in die Lunge eingeatmete Sauerstoff in der Blutflüssigkeit gelöst und darin in die entlegensten Außenposten unseres Körpers transportiert. Zu den Zellen gelangt das Gas dann durch Diffusion (die CO_2-Entsorgung funktioniert auf umgekehrtem Weg). Während wir den Sauerstoff durch Luftatmung aufnehmen, atmen die Zellen eher nach Art der Fische (auch wenn sie natürlich keine Kiemen besitzen). Im Prinzip geschieht die Sauerstoffversorgung in Kultur ganz ähnlich: Der Sauerstoffpartialdruck in der Atmosphäre zwingt die O_2-Moleküle in die Mediumflüssigkeit, in der sie durch Diffusion bis zu den Zellen gelangen. Das funktioniert allerdings nur, wenn der Flüssigkeitspegel im Kulturgefäß nicht zu hoch ist. Zellen mit hohem O_2-Bedarf sollten mit nicht mehr als 2 mm Medium überschichtet werden. Ein Pegel von 5 mm ist nur noch für Zellen mit geringem Sauerstoffbedarf bekömmlich. Zur Befüllung der unterschiedlichsten Kulturgefäße werden deshalb 200–350 µl/cm^2 (maximal 500 µl/cm^2) effektiver Wachstumsfläche empfohlen. Diese Werte besitzen nur für die konventionelle Zellkultur bei stehendem Medium Gültigkeit, da der Gasaustausch in Roller-, Spinner und Perfusionskulturen anders geregelt und effektiver ist (s. Abschnitt 3.2).

Die Zellen scheiden nicht nur Stoffwechselendprodukte in das Medium aus, sondern produzieren auch Wachstumsfaktoren, mit deren Hilfe sie sich selbst und andere Zellen zum Wachstum anregen (Autostimulation). Bei einer nur sehr zögerlich wachsenden Kultur oder bei einer sehr geringen Zelldichte wäre es deshalb fatal, das verbrauchte Medium vollständig abzusaugen. Wir würden auch diese wertvollen Faktoren entfernen, mit welchen die Zellen das Medium im Laufe von zwei oder drei Tagen angereichert haben. Um ihnen einen mühsamen Neustart, der den Wachstumsprozess nur unnötig verzögern würde zu ersparen, saugt man lediglich ein Drittel bis maximal die Hälfte des Altmediums ab und füllt mit dem entsprechenden Volumen Frischmedium auf. Erscheint das Altmedium sehr stark mit Detritus verunreinigt, zieht man es komplett ab und pipettiert es in ein steriles Zentrifugenröhrchen. Damit die Zellen nicht vertrocknen, versorgt man sie mit zwei Dritteln oder der Hälfte des benötigten, vorgewärmten Frischmediums und stellt die Kultur in den Inkubator zurück. Das Altmedium wird nun unter Beachtung der Steriltechniken 5 min bei 1000 g zentrifugiert und durch ein Filter mit mindestens 0,2 µm Porengröße sterilfiltriert (s. Abschnitt 3.2.6). Das Altmedium ist nun von schädlichen Zelltrümmern befreit und kann nach dem Anwärmen der Kultur in der erforderlichen Menge zugeführt werden. Überschüssige Reste dieses filtrierten Altmediums kann man als „konditioniertes", d. h. als von den Zellen mit Wachstumsfaktoren angereichertes Medium bei –20 °C einfrieren.

5.3.1
Mediumaustausch bei adhärenten Kulturen

Sämtliche Arbeitsschritte dürfen nur unter Einhaltung der in Kapitel 3 beschriebenen sterilen Techniken durchgeführt werden.
- Die Vorratsflasche mit Frischmedium sowie eine Flasche mit calcium- und magnesiumhaltiger gepufferter Salzlösung (z. B. HBSS + Ca^{2+}/Mg^{2+}) im Wasserbad erwärmen.
- In der Zwischenzeit das Kulturgefäß aus dem Inkubator nehmen, mit Desinfektionslösung abwischen (Auf die Beschriftung achten!) und unter dem Mikroskop die Zelldichte, die Morphologie der Zellen und den Zustand des Mediums sorgfältig inspizieren. Nicht vergessen: Kulturflaschen ohne Ventil im Schraubdeckel müssen sofort nach der Entnahme fest verschlossen werden!
- Das Kulturgefäß auf die desinfizierte Arbeitsplatte der zuvor eingeschalteten sterilen Werkbank legen.
- Die Flaschen mit Medium und Salzlösung anschließend abtrocknen, mit einem mit 70%iger alkoholischer Desinfektionslösung befeuchteten Papiertuch abwischen und in die Werkbank stellen.
- Das Kulturgefäß öffnen, Deckel beiseite legen und das Altmedium mittels Absaugvorrichtung und steriler Pasteurpipette absaugen. Das Gefäß etwas schräg halten, damit sich die Flüssigkeit sammelt. Die Pipette an der tiefsten Stelle eintauchen und darauf achten, dass die Spitze den Zellrasen nicht verletzt.
- Je nach Verschmutzungsgrad des Mediums ein- bis dreimal so viel gepufferte Salzlösung in das Kulturgefäß pipettieren, dass der Boden davon bedeckt ist (jeweils eine frische Pipette verwenden). Das Gefäß leicht schwenken und die Salzlösung absaugen. Bei sehr sauberem Medium kann auf das Waschen der Zellen verzichtet werden.
- Nun wird die benötigte Menge an Frischmedium vorsichtig, ohne scharfen Strahl und möglichst ohne Luftblasen in das Gefäß pipettiert.
- Alle Gefäße verschließen und darauf achten, dass die Deckel nicht vertauscht werden. Nicht vergessen: Kulturflaschen ohne Ventil im Schraubverschluss dürfen nicht vollständig verschlossen werden, um den Gasaustausch nicht zu unterbinden!
- Die Kulturgefäße unverzüglich in den Inkubator zurückstellen, die sterile Werkbank räumen und desinfizieren (s. Abschnitt 3.1.5).

5.3.2
Mediumaustausch bei Suspensionskulturen

Die „Fütterung" von Suspensionskulturen kann selbstverständlich nicht nach dem gleichen Schema wie bei den adhärenten Zellen erfolgen. Da sie sich nicht oder nur sehr locker an das Substrat anheften, würde man sie zusammen mit dem verbrauchten Medium absaugen. Es haben sich verschiedene Maßnahmen eingebürgert, die je nach Ausgangslage unter Beachtung der sterilen Arbeitstechniken ergriffen werden können.

(1) Man pipettiert von Zeit zu Zeit frisches Medium in das Kulturgefäß. Das führt jedoch zu einer ständigen Erhöhung des Medienvolumens. Zudem verbleibt das verbrauchte Medium in der Kultur; Abfallstoffe und Detritus werden nicht entfernt. Diese Methode sollte nur ausnahmsweise angewendet und nicht zur bequemen Routine werden.

(2) Als Alternative bietet sich der Austausch einer Teilmenge des verbrauchten Mediums an:

- Hierzu muss die Kulturflasche nach der mikroskopischen Kontrolle zunächst wieder im Inkubator für einige Zeit senkrecht gestellt werden, damit sich die Zellen auf der kleinen Bodenfläche absetzen.
- Die Flasche wird nun vorsichtig und möglichst ohne Erschütterung aufrecht auf die sterile Werkbank gestellt. Aufgewirbelte Zellen lässt man erneut sedimentieren.
- Das Altmedium saugt man mit einer sterilen Pasteurpipette und der Absaugvorrichtung vorsichtig zu einem Drittel oder zur Hälfte ab. Die Pipettenspitze darf hierbei nicht zu tief eintauchen, damit möglichst wenig Zellen angesaugt werden.
- Das abgesaugte Medienvolumen ersetzen wir durch Frischmedium und legen die verschlossenen Flaschen wieder flach in den Brutschrank. Nicht vergessen: Kulturflaschen ohne Ventil im Schraubverschluss dürfen nicht vollständig verschlossen werden!

Andere Kulturgefäße wie Petrischalen können lediglich etwas schräg gestellt werden. Dementsprechend vorsichtig muss das Absaugen des Mediums vonstatten gehen. Alternativ kann nach Methode (3) verfahren werden.

(3) Bei sehr kleinen und leichten Zellen, die sich kaum absetzen, muss die Sedimentation durch Zentrifugation unterstützt werden. Hierzu pipettieren wir die gesamte Zellsuspension in ein Zentrifugenröhrchen und zentrifugieren 5–10 min bei 500 g (in speziellen Zentrifugen ist die Zentrifugation direkt in der Kulturflasche möglich; s. 2.4.4). Der Überstand wird abgesaugt und durch das entsprechende Volumen Frischmedium ersetzt. Durch behutsames Ansaugen und Ausblasen mit einer sterilen serologischen Pipette (die Verdrängung in dem engen Röhrchen beachten!) werden die sedimentierten Zellen luftblasenfrei resuspendiert und die Suspension in die Flasche zurückpipettiert.

(4) Sehr schnell wachsende Suspensionskulturen unterzieht man am besten einer Passagierung (s. Abschnitt 5.4).

5.4
Subkultivierung (Passagieren)

Nach einigen Tagen exponentiellen Wachstums in der sog. logarithmischen Phase (log-Phase) erreichen die Zellen den Zustand größter Dichte pro Flächeneinheit bzw. pro Volumeneinheit. Ein weiteres Wachstum ist dann entweder gar nicht mehr oder nur um den Preis sehr kurzfristiger Medienwechsel möglich. Dann ist die Zeit reif, die Zellen zu subkultivieren. Darunter versteht man die Verdünnung der Zelldichte bei gleichzeitigem Ansetzen einer neuen Kultur in einem oder mehreren neuen Kulturgefäßen. Dieser Vorgang wird auch als Passage bezeichnet.

Da die Kultivierungsdauer nachhaltigen Einfluss auf die Eigenschaften einer Zelllinie haben kann, sollte die Anzahl der bereits vollzogenen Passagen im eigenen Interesse stets gewissenhaft protokolliert und auf jedem Kulturgefäß, bei jedem Experiment oder bei jedem Einfrieren der Zellen vermerkt werden. Die Passagenzahl sagt zwar nichts über das tatsächliche Alter einer Zelllinie aus, kann aber als Maß für die durch die Kultivierung erlittenen Belastungen herangezogen werden.

An dieser Stelle ist es angebracht, ein paar Worte über die Unwägbarkeiten der Zellkultur zu verlieren. Denn leider bringt die Kultur einer Zelllinie je nach Dauer (die ältesten Zelllinien wie HeLa existieren seit Jahrzehnten) und Verbreitung unzählige Subpopulationen hervor, die sich wiederum stetig verändern können. Selbst die Nachfahren einer einzigen klonierten Zelle verlieren oder modifizieren im Lauf der Zeit ihre ursprünglichen Eigenschaften wie Zellgestalt (Phänotyp), funktionelle Differenzierung, Polarisierung, Proliferationsrate und Chromosomenmuster. Da jede Passagierung für bestimmte Zellen eine zufällige Selektion bedeutet, setzen sich andere durch die plötzliche Ausschaltung der „Konkurrenz" in der Population durch und verändern so die charakteristischen Merkmale der Linie. Durch Zellkultur „künstlich" entstandene Zelltypen können so verändert sein, dass sie in der großen Werkstatt des Lebens, im ursprünglichen Organismus gar nicht vorkommen. Streng genommen können deshalb nur experimentelle Ergebnisse miteinander verglichen und interpretiert werden, die mit Zellen mit sehr ähnlichen Passagenzahlen und unter vergleichbaren Kulturbedingungen ermittelt wurden. Damit das Laborpersonal auch nach Jahren der Kryokonservierung die mutmaßliche Brauchbarkeit der Zellen besser abschätzen kann, müssen die Passagenzahlen protokolliert und späteren Generationen überliefert werden. Zellen, die uns von einem anderen Labor freundlicherweise zur Verfügung gestellt werden, über deren Passagenzahl jedoch nichts bekannt ist (das kommt vor), sollten wir deshalb stets höflich, aber bestimmt zurückweisen. Es wäre schon einiges gewonnen, wenn alle Zellkulturlabors die Passagen ihrer Zelllinien in einer Art freiwilliger Selbstverpflichtung protokollieren und keine Zellen mit einer Passagenzahl > 50 verwenden würden.

5.4.1
Subkultivierung adhärenter Zellen

So lange die Zellen unbesiedelte Fläche vorfinden, werden sie sich bemühen, die Lücken durch permanente Teilungsaktivität zu schließen. Dieses Verhalten ist für viele Gewebszellen typisch und spiegelt die Vorgänge bei der Wundheilung wider. Schließlich ist jedoch der Punkt erreicht, an dem kein freies Substrat mehr zur Verfügung steht und jede Zelle rundherum mit anderen Zellen in Kontakt tritt. In diesem Zustand bezeichnet man die Kultur als konfluent. Er führt bei den meisten Zellen zu einem Stillstand der Teilungsaktivität (Kontaktinhibition). Einige besonders aggressive Tumorzelllinien haben jedoch den letzten Rest an Selbstkontrolle aufgegeben und wachsen, mehrere Schichten bildend, so lange weiter, bis sie an Nähr- und Sauerstoffmangel leiden und abzusterben beginnen.

Ist nahezu die gesamte Wachstumsfläche von Zellen bedeckt, muss eine Subkultivierung vorgenommen werden. Bei diesem Vorgang wird die Zelldichte in einem geeigneten Verhältnis vermindert und die Zellen werden mit frischem Medium in ein neues Kulturgefäß „passagiert". Doch wie verdünnt man Zellen, die am Gefäßboden festkleben und zudem in engstem Kontakt zu ihren jeweilgen Nachbarn stehen?

Um die nun notwendigen Arbeitsschritte besser zu verstehen, werfen wir einen kurzen Blick auf die innere und äußere Organisation dieser Zellen (Abb. 5.5 a). Adhärente Zellen bedienen sich unterschiedlicher Haftstrukturen, mit deren Hilfe sie sich sowohl am Substrat festheften als auch den Zellverband aufrechterhalten. Diese Strukturen sind in der Zellmembran lokalisiert und werden je nach Aufgabe in drei Kategorien eingeteilt:

a) Haftverbindungen, welche die Zellen mechanisch miteinander verknüpfen und am Substrat verankern.
b) Haftstrukturen, die partiell einen so engen Zusammenhalt der Zellen bedingen, dass kein Durchtritt von Molekülen zwischen ihnen erfolgen kann.
c) Verbindungen, die einen gegenseitigen Austausch von Molekülen zwischen den Zellen erlauben (gap junctions). Diese Kategorie von Zellkontakten ist für uns nicht von unmittelbarer Bedeutung.

Sobald adhärente Zellen nach dem Einsäen in ein Kulturgefäß Kontakt mit dem Substrat aufgenommen haben, beginnen sie sich darauf einzurichten. Sie geben die abgerundete Gestalt auf und nehmen eine deutlich abgeflachte Form an. Gleichzeitig scheiden viele Zellen an ihrer Basis eine Substanz aus, die sich als hauchdünner Film auf dem Gefäßboden unter der Zelle anlagert. Diese Basallamina besteht unter anderem aus einem speziellen Typ Kollagen und Laminin. Haftstrukturen in der basalen Zellmembran, die Halbdesmosomen, stehen mit diesen beiden Proteinen in Verbindung und verankern die Zelle fest am Boden (Abb. 5.5 a).

Steigt die Zelldichte durch die zunehmende Teilungsaktivität mit der Zeit an, treten mehr und mehr Zellen miteinander in Kontakt, bilden Kolonien und schließlich einen geschlossenen Zellrasen. Die Zellen stehen jedoch nicht wie Bauklötzchen einfach nebeneinander, sondern sind vielfältig miteinander „vernietet" und „verklebt". Zudem greifen ihre Membranen ineinander wie die Teile eines Puzzles. Am oberen Rand, wo die obere (apikale) Zellmembran in die seitlich heruntergezogene (laterale) Membran übergeht, verläuft eine schmale, bandförmige Zellkontaktstruktur rund um die Zelle herum (Abb. 5.5 a). Die Membranen benachbarter Zellen verschmelzen an diesen „tight junctions" (engl. = feste, enge Berührungen)

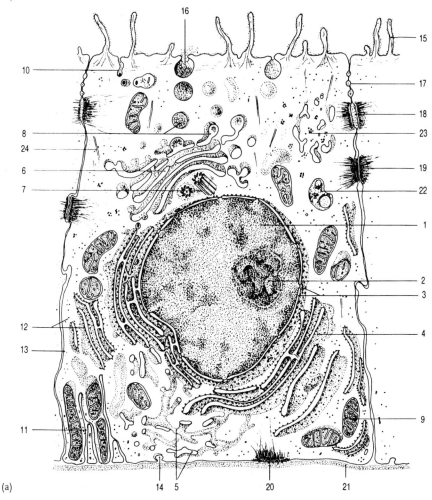

Abb. 5.5 (a) Schema einer adhärenten Zelle und verschiedener Organellen. 1) Zellkern; 2) Kernkörperchen; 3) Kernhülle mit Poren; 4) raues Endoplasmatisches Reticulum; 5) glattes Endoplasmatisches Reticulum; 6) Golgi-Apparat; 7) Centriolen; 8) Sekretgranula; 9) Mitochondrium; 10) Phagocytose; 11) basale Auffaltung; 12) Ribosomen; 13) Zellmembran; 14) Endocytose; 15) Mikrovilli; 16) Exocytose; 17) tight junction; 18) Gürteldesmosom; 19) Desmosom; 20) Halbdesmosom; 21) Basallamina; 22) Restkörper; 23) Glykogen; 24) Mikrotubulus (mit freundlicher Genehmigung des Deutschen Ärzteverlags).

so miteinander, dass zwischen den Zellen entlang dieses Gürtels kein Interzellularspalt mehr verbleibt, durch den Moleküle hindurchschlüpfen könnten. Tight junctions sind deshalb für die Barrierefunktion von Epithelien und Endothelien wichtig.

In geringem Abstand verläuft etwas unterhalb der tight junctions ein zweiter Adhäsionsgürtel. Er setzt sich aus sog. Desmosomen zusammen. Das sind scheib-

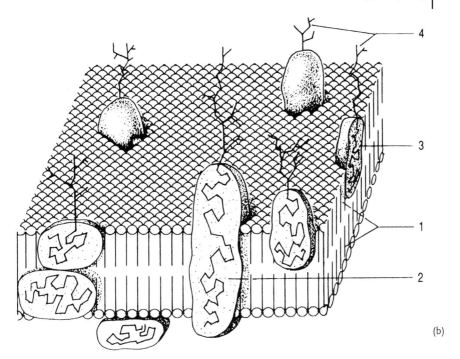

Abb. 5.5 (b) Schematische Darstellung der Zellmembran. 1) Doppelschicht aus Lipidmolekülen; 2) integrale Membranproteine; 3) periphere Membranproteine; 4) Zuckermoleküle an der Außenfläche der Zellmembran (mit freundlicher Genehmigung des Deutschen Ärzteverlags).

chenförmige Haftstellen mit einem Durchmesser von 0,3–0,5 µm. Jedes Desmosom setzt sich aus zwei Hälften zusammen, die je einer der beiden benachbarten Zellmembranen angehören. Obwohl sie der Zellhaftung dienen, verschließen sie den interzellularen Spalt nicht komplett, sondern engen ihn nur ein. Zwischen den beiden Desmosomenhälften befindet sich die eigentliche Kittsubstanz (Cadherin), welche die beiden Haftscheiben zusammenhält.

Unterhalb dieses Desmosomengürtels sind die lateralen Membranen benachbarter Zellen zusätzlich durch eine Vielzahl von Einzeldesmosomen „zusammengenietet". Die cytoplasmatischen Seiten der korrespondierenden Haftscheiben dienen (wie bei den Gürteldesmosomen) als Befestigungspunkte für spezielle Filamente des Cytoskeletts (Abb. 5.5 a).

Ein gemeinsames Prinzip dieser Zellkontaktstrukturen ist ihre Abhängigkeit von Calciumionen. Nur wenn genügend Ca^{2+} zur Verfügung steht, können die Zellen adhärieren und den Zellverband aufrechterhalten. Nicht von ungefähr wurde der Name der adhäsionsvermittelnden Cadherine aus Ca (der Abkürzung für das Element Calcium) und dem englischen Wort adherent (klebend, haftend) gebildet. Es ist unter anderem dieses Prinzip, was uns einen Ansatzpunkt zur Passagierung adhärenter Zellen liefert. In den meisten Fällen genügt es, die Zellen durch Behandlung mit dem Enzym Trypsin in Verbindung mit dem Chelatbildner Ethylendiamintetraacetat (EDTA) von ihren Kultursubstraten abzulösen. EDTA besitzt eine enorme Affinität für zweifach geladene Kationen wie Ca^{2+}. Es zieht die Calciumionen an wie ein starker Magnet die Eisenfeilspäne. Der Calciumentzug führt zu einer Aufweichung von Zellanheftungs- und Zellstrukturen und damit zu einer Auflösung des Zellrasens in Einzelzellen. Das Verdauungsenzym Trypsin treibt durch seine proteolytische Aktivität die Ablösung der Zellen von ihrer Unterlage voran.

Die unten stehende Empfehlung gilt für T25-Flaschen. Bei größeren Kulturgefäßen sind die angegebenen Volumina entsprechend zu erhöhen. Alle Arbeitsschritte erfolgen unter Beachtung der sterilen Arbeitstechniken auf der Werkbank.

Ablösen adhärenter Zellen mit Trypsin/EDTA
- Im Wasserbad werden die Trypsin/EDTA-Lösung (0,05 %/0,02 %), die calcium- und magnesiumfreie, gepufferte Salzlösung (CMF-HBSS) sowie das Vollmedium auf 37 °C erwärmt.
- Die Zellen werden unter dem Phasenkontrastmikroskop sorgfältig auf ihre Unversehrtheit und auf Keimfreiheit überprüft.
- Das verbrauchte Kulturmedium wird mit der Absaugvorrichtung abgezogen. Die Zellen werden nun mit 2 mL CMF-HBSS gewaschen, um Serumreste zu entfernen. (Die im Serum enthaltenen Trypsinhemmer können die Wirkung des Enzyms neutralisieren und somit die Prozedur wesentlich verlängern.) Die Zellen hierzu mit sanftem Pipettenstrahl behutsam beträufeln oder die Salzlösung durch Schwenken der Flasche über den Zellrasen bewegen.
- Die Waschflüssigkeit mit der Absaugvorrichtung entfernen und 1 mL Trypsin/EDTA in die Flasche pipettieren und durch Schwenken den gesamten Zellrasen damit benetzen.
- Der Vorgang des Ablösens der Zellen sollte bei neuen Zellen, deren Reaktion auf Trypsin/EDTA uns noch unbekannt ist, unter dem Mikroskop beobachtet werden. Er müsste sich wie folgt abspielen: Die behandelten Zellen runden sich mehr oder weniger rasch ab, da unter diesen Bedingungen die Zellmembran die energetisch günstigste, d. h. kleinste Oberfläche bilden kann. Sie besitzen nun nur noch punktuellen Kontakt zur Unterlage. Die abgerundeten Zellen erscheinen unter dem Mikroskop als gelblich leuchtende Kugeln. Mit dem bloßen Auge sind sie als milchiger Belag auf der Wachstumsfläche der Flasche zu erkennen.
- Sobald sich wenigstens 90 % der Zellen abgerundet haben, wird die Trypsin/EDTA-Lösung bis auf zwei oder drei Tropfen abgesaugt und das Kulturgefäß in den Inkubator gestellt. Im Allgemeinen lösen sich die Zellen in 2–5 min, mitunter können auch 10 min bis zum Ablösen vergehen. (Hat man den Zeitpunkt des Absaugens verpasst und die Zellen schwimmen bereits in der Trypsin/EDTA-Lösung, wird die Zellsuspension in ein steriles Zentrifugenröhrchen pipettiert und mit 2 mL serumhaltigem Medium gemischt, um die Enzymaktivität zu stoppen. Wer möglichst viele Zellen aus der Flasche retten will, kann diese noch mit 2 mL Medium oder HBSS ausspülen und die Spülflüssigkeit zur Zellsuspension im

Zentrifugenröhrchen hinzufügen. Nach der Zentrifugation mit 200 g für 5 min wird der Überstand bis auf 100–200 µl abgesaugt und die sedimentierten Zellen werden in frischem Medium behutsam suspendiert. Sie können nun im gewünschten Verhältnis verdünnt und in eine neue Flasche gesät werden. Diese Vorgehensweise empfiehlt sich auch bei Zellkulturen, die in Petrischalen oder Platten wachsen.)

- Im Anschluss an die Inkubation nimmt man die bis auf den geringen Rest geleerte Flasche in die eine Hand und schlägt sie mit der seitlichen, schmalen Fläche beherzt gegen den Handballen der anderen. Dies hat auf die Zellen eine ähnliche Wirkung wie die Vollbremsung eines Omnibusses auf die stehenden Fahrgäste: Es wird ihnen schlagartig der Boden entzogen. Die Zellen sollten sich nun in weißlichen Schlieren von der Unterlage lösen (Flasche hierzu senkrecht halten). Tun sie es nicht, war der Schlag entweder zu zaghaft oder wurde zu früh ausgeführt. In diesem Falle die Prozedur alle 30 min wiederholen (Achtung! T75-Flaschen sind weniger stabil und können leichter zu Bruch gehen. Bei Platten und Petrischalen kann diese Methode nur sehr eingeschränkt empfohlen werden).
- Um die weitere Trypsinaktivität zu unterbinden und so der Beschädigung der Zellen vorzubeugen, sofort einige Milliliter serumhaltiges Medium zugeben (Serumzusatz vermag auch teilweise das cytotoxische EDTA zu binden).
- Die Zellen durch wiederholtes vorsichtiges Aufziehen in eine Pipette suspendieren und eventuell verbliebene Zellaggregate auflösen.
- Die Zellen können nun im erforderlichen Verhältnis verdünnt und in eine neue Flasche gesät werden. Im Allgemeinen lassen sich rasch proliferierende, transformierte Zellen wesentlich stärker verdünnen (Faktor 1:10 bis 1:20) als normale, langsam wachsende Zellen (Faktor 1:2 bis 1:5). Eine zu starke Verdünnung bzw. eine zu geringe Initialzelldichte quittieren manche Zelltypen mit schlechtem Wachstum oder Absterben. Es empfiehlt sich daher, den Verdünnungsfaktor zunächst nicht zu groß zu wählen und erst bei späteren Passagen allmählich zu erhöhen. Allgemein wird für permanente Zelllinien eine Initialzelldichte zwischen 1×10^4 und 5×10^4 empfohlen. Bei empfindlichen und schlecht wachsenden Zellen sollte die Zellzahl 1×10^5 mL^{-1} nicht unterschreiten (s. Abschnitt 5.5).
- Die neue Kulturflasche wird mit dem Namen der Zelllinie, dem aktuellen Datum und der Passagenzahl x + 1 beschriftet und in den Brutschrank gestellt.

Diese Methode des Zellenablösens erlaubt situationsbedingt einige Variationen. Mögliche alternative Vorgehensweisen:

Während sich manche Zellen buchstäblich schon ablösen, sobald man eine Flasche mit Trypsin auch nur in ihre Nähe stellt, zeigen sich andere völlig unbeeindruckt und verharren selbst nach längerer Einwirkzeit hartnäckig an Ort und Stelle. Je nach Ablösewilligkeit der Zellen kann eine niedriger bzw. höher konzentrierte Trypsinlösung verwendet werden. Manche Hersteller bieten Lösungen mit 0,025 %, 0,05 %, 0,1 % und 0,25 % Trypsingehalt an. Die Konzentration kann entsprechend zwischen 0,01 %, 0,02 % und 0,1 % gewählt werden. Die Kombination von 0,05 % Trypsin und 0,02 % EDTA in gepufferter Salzlösung bei einem pH-Wert von 7,2 erlaubt eine verhältnismäßig rasche Ablösung vieler adhärenter Zelllinien von der Unterlage. Zahlreiche Zelllinien lassen sich auch mit Trypsin ohne EDTA-Zusatz ablösen. Allerdings sollte dann eine höher konzentrierte Lösung (z. B. 0,25 %) gewählt werden.

Gewöhnlich wird die Trypsin/EDTA-Lösung vor der Verwendung im Wasserbad auf 37 °C erwärmt. Das Enzym entfaltet bei Körpertemperatur seine größte proteolytische, d. h. eiweißauflösende Wirkung. Obwohl es in sehr geringer Konzentration eingesetzt wird, können die Zellen bei zu langer Einwirkzeit Schaden nehmen. Die Zellmembran ist gespickt mit unzähligen Proteinen, die wiederum von einer dicken Schicht aus Zuckerresten, der Glycokalyx, bedeckt werden (Abb. 5.5 b). Das Verdauungsenzym greift ohne Unterschied all diese an der Zelloberfläche lokalisierten Strukturen an und schädigt sie. Eine zu lange „trypsinierte" Zelle benötigt viel Zeit zur Erholung oder stirbt sogar ab. Um besonders stark adhärierende Zellen wie die humane Dickdarmkarzinomzelllinie Caco-2 abzulösen, kann die Trypsinbehandlung auch bei Zimmertemperatur oder im Kühlschrank erfolgen. Die bei diesen Zellen ohnehin sehr lange Einwirkzeit von 30–45 min verlängert sich unter diesen Umständen zwar noch weiter, allerdings sollen die durch das Trypsin verursachten Zellschädigungen geringer ausfallen.

Bei serumfreien Zellkulturen verzichtet man beim Abstoppen der Trypsinaktivität auf serumhaltiges Medium und verwendet stattdessen einen Trypsin-Neutralisator (4 mL pro T25-Flasche). Zellen in Primärkulturen, die noch reichlich extrazelluläre Matrix produzieren können und meist wesentlich empfindlicher auf das aggressive Trypsin reagieren, können auch mit milderen Enzympräparaten wie Kollagenase, Elastase, Hyaluronidase und Pronase abgelöst werden. Die Aktivität von Kollagenase ist jedoch abhängig von Calciumionen und vermag mittels Zugabe von serumhaltigem Medium nicht gestoppt werden.

Seit einigen Jahren werden als Alternative zum Trypsin andere proteolytische Enzyme wie die aus Krustentieren gewonnene Accutase oder die von Bakterien produzierte rProtease angeboten. Bei ihrer Verwendung sollten die Gebrauchsvorschriften der Hersteller herangezogen werden.

Die Behandlung von Zellen mit Trypsin oder anderen Proteasen führt in Abhängigkeit von Konzentration und Einwirkzeit zu negativen Veränderungen an der Zelloberfläche. Membranständige Strukturen wie Rezeptoren können geschädigt und in ihrer Funktion stark gestört werden. Derartig angedaute Zellen erleiden einen Funktionsverlust, der in manchen Experimenten vermieden werden muss. Beispielsweise ist man bei der Erforschung von Vorgängen auf und in der Zellmembran an möglichst intakten Strukturen interessiert. In solchen Fällen zieht man die mechanische Ablösung der Zellen der enzymatischen Variante vor. Ähnlich wie ein Croupier am Roulettetisch die Jetons einsammelt, werden die Zellen mithilfe eines Zellschabers (Abb. 3.4) „geerntet". Zwar entstehen bei dieser brachialen Methode zahlreiche Zellklumpen, da der Zellverband zuvor nicht in Einzelzellen aufgelöst wird, und auch die Zahl der durch die enormen Scherkräfte mechanisch geschädigten Zellen ist sehr hoch. Das spielt jedoch keine Rolle, wenn die Zellen nach der Ernte ohnehin im Homogenisator aufgeschlossen werden sollen. Kleinere Zellklumpen wachsen zudem nach dem Einsäen wieder zu flachen Kolonien aus. Das mechanische Abschaben der Zellen aus einer T25-Flasche wird unter Beachtung der sterilen Arbeitstechniken durchgeführt:

- Das Medium wird nach der mikroskopischen Kontrolle der Zellen mit der Absaugvorrichtung aus der Flasche entfernt.
- 2 mL angewärmte CMF-HBSS werden zum Waschen des Zellrasens in die Flasche geträufelt und anschließend wieder abgesaugt.
- 2–3 mL frisches, angewärmtes Medium wird in die Flasche pipettiert.
- Ein Schaber wird am Griffende aus seiner Verpackungshülle gezogen und mit der Klinge voran durch den Flaschenhals eingeführt. Der Schaber darf hierbei keinen unsterilen Gegenstand berühren.
- Den Schaber an der dem Flaschenhals gegenüberliegenden Seite ansetzen und die Zellen bahnweise abschaben. Anhaftende Zellen werden durch Schwenken der Klinge in der Flüssigkeit abgespült.
- Zellklumpen können durch mehrmaliges, vorsichtiges Aufziehen des Mediums zerkleinert werden. Eine vollständige Auflösung in Einzelzellen wird nur schwer möglich sein.
- Die Zellen werden mit frischem Medium im gewünschten Verhältnis verdünnt und in eine neue Flasche eingesät. Auf der Flasche ist die neue Passagenzahl x + 1 zu notieren.

5.4.2
Subkultivierung von Suspensionszellen

Da diese Zellen bereits in aller Regel als Einzelzellen und ohne festen Kontakt zum Substrat wachsen, erübrigt sich der Einsatz von mechanischen und enzymatischen Hilfsmitteln. Der Vorgang bedeutet sowohl für die Zellen als auch für uns weniger Stress. Die Passagierung erfolgt auch hier unter Beachtung der sterilen Arbeitstechniken:

- Im Wasserbad wird das Vollmedium auf 37 °C erwärmt.
- Die Zellen werden unter dem Phasenkontrastmikroskop aufmerksam auf ihre Unversehrtheit und auf Keimfreiheit überprüft.
- Ist die Zellsuspension stark mit Detritus verschmutzt, wird sie in ein steriles Zentrifugenröhrchen pipettiert. Nach der Zentrifugation mit 200 g für 5 min wird der Überstand bis auf 100–200 µL abgesaugt und die sedimentierten Zellen werden in frischem Medium behutsam suspendiert.
- Die Zellen können nun im erforderlichen Verhältnis verdünnt und in eine neue Flasche gesät werden. Die neue Kulturflasche wird mit dem Namen der Zelllinie, dem aktuellen Datum und der Passagenzahl x + 1 beschriftet und in den Brutschrank gestellt.

In vielen Fällen ist sogar eine Zentrifugation überflüssig. Die Passagierung erfordert dann nur noch minimalen Aufwand:

- In eine neue Zellkulturflasche wird je nach gewähltem Verdünnungsfaktor ein bestimmtes Volumen frisches, vorgewärmtes Medium pipettiert.
- Aus der alten Flasche pipettiert man die gewünschte Menge an Zellsuspension in die neue Flasche. Für Zellen, die sich alle 12 h teilen, wird allgemein eine Zelldichte von 1×10^4 Zellen mL^{-1} empfohlen. Zellen, die für eine Verdopplung ein bis zwei Tage benötigen, sollten mit 1×10^5 Zellen mL^{-1} reichlicher eingesät werden (s. Abschnitt 5.5).

- Auf der neuen Flasche vermerkt man neben der Bezeichnung für die Zelllinie und dem Datum die aktuelle Passagenzahl x + 1.

5.5
Zellzahlbestimmung

In vielen Fällen reicht die Gewissheit, über zahlreiche Zellen in der Kultur zu verfügen, nicht aus. Manche Experimente oder Arbeitsabläufe lassen sich ohne eine genau definierte Zellmenge überhaupt nicht durchführen. Das gilt beispielsweise dann, wenn die Zellkonzentration zum Zwecke der Klonierung durch serielle Verdünnung bis auf 10 Zellen mL^{-1} reduziert werden muss. Dies wird nur dann gelingen, wenn die Ausgangszellzahl der zu klonierenden Zellen genau bekannt ist. Auch um die Wachstumskurve einer Zelllinie aufzustellen, sind regelmäßige, möglichst genaue Zellzählungen notwendig.

Die älteste und einfachste Methode, die Zellzahl zu ermitteln, ist die Zählung „von Hand" in einem Hämocytometer. Es besteht im Grunde nur aus einem Glasstreifen in der Größe eines Objektträgers, auf dessen Oberfläche je nach Ausführung ein oder zwei Zählkammern eingelassen sind. Hämocytometer wurden ursprünglich zur Zählung von roten und weißen Blutkörperchen benutzt. Später wurden sie auch in den zellbiologischen Labors zur Zählung von Zellen verwendet.

Bei einem Blick in den Katalog für Laborzubehör fällt auf, dass mehrere Typen von Hämocytometern zu unterschiedlichen Preisen angeboten werden. Doch Achtung! Die sehr preiswerten Ausführungen sind nicht geeicht und in Deutschland nicht zugelassen. Neben den Hämocytometern nach Bürker, Fuchs-Rosenthal oder Thoma ist vor allem das Modell nach Neubauer weit verbreitet und erfreut sich großer Beliebtheit (Abb. 5.6). Die Neubauer-Zählkammer besteht aus neun Großquadraten. Die meist von einer Tripellinie umgrenzten vier großen Eckquadrate und das große Zentralquadrat sind in weitere je 16 Gruppenquadrate unterteilt, die von einer Tripellinie begrenzten Gruppenquadrate des zentralen Großquadrats wiederum in je 16 Kleinstquadrate. Die Fläche der fünf Großquadrate (in den vier Ecken und im Zentrum) beträgt je 1 mm², die Tiefe der gesamten Kammer 0,1 mm. Somit beträgt das Volumen über einem der 1 mm² großen Quadrate:

$$1 \text{ mm} \times 1 \text{ mm} \times 0{,}1 \text{ mm} = 0{,}1 \text{ mm}^3 = 0{,}1 \text{ μL} = 0{,}0001 \text{ mL oder } 10^{-4} \text{ mL}.$$

Die Zählkammer ermöglicht es, die Zellzahl in einem kleinen Volumen einer Zellsuspension (0,1 μL) durch Auszählen unter dem Mikroskop zu bestimmen. Durch Multiplikation mit 10^4 lässt sich die Zellzahl pro Milliliter hochrechnen. Um eine möglichst exakte Zellzahl zu ermitteln, sollte die Zählung sorgfältig vorbereitet und durchgeführt werden:

- Das Hämocytometer wird zunächst sehr vorsichtig mit Linsenpapier und 70 %igem Alkohol von Staub und Fusseln gereinigt. Das filigrane Zählraster aus feinen, eingravierten Linien darf dabei nicht beschädigt werden. Das zur Kammer passend geschliffene Deckglas wird ebenfalls gesäubert.

5.5 Zellzahlbestimmung

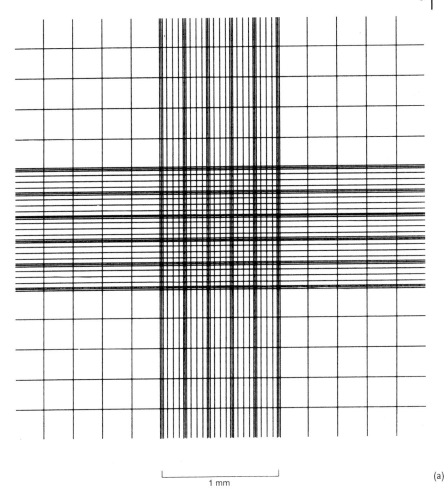

Abb. 5.6 Neubauer Zählkammer. Erläuterung im Text.

- Das Deckglas wird nun angehaucht, mit der befeuchteten Seite nach unten auf die Zählkammer gelegt und mit den Daumen an den Rändern gefühlvoll angedrückt. Der korrekte Sitz des Deckglases lässt sich an den regenbogenfarbigen Newtonschen Ringen erkennen, einer Interferenzerscheinung zwischen den aufeinander liegenden Glasflächen, die wie ein Ölfilm auf einer Wasseroberfläche schimmert. Das Deckglas wird nun von adhäsiven Kräften an Ort und Stelle gehalten. Es empfiehlt sich, diesen etwas kritischen Arbeitsschritt mehrmals zu üben.
- Um die Zellen zählen zu können, müssen sie als Einzelzellen in Suspension vorliegen. Adhärente Zellen werden deshalb von der Unterlage abgelöst (s. Abschnitt 5.4.1). Durch mehrfaches Aufziehen der Suspension in eine serologische Pipette werden verklumpte Zellen in Einzelzellen zerlegt. (Achtung! Bei Zell-

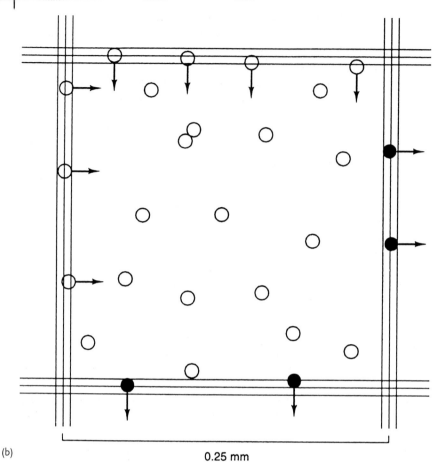

(b) 0.25 mm

Abb. 5.6 (b) Gruppenquadrat. Erläuterung im Text.

klumpen kann die Zellzahl nur geschätzt werden. Schätzungen aber liefern nur ungenaue Zahlen.)
- Vor der Entnahme der Probe werden die Zellen mit der Pipette nochmals gut aufgewirbelt und durchmischt. Inhomogene Suspensionen (z. B. nach längerem Stehen) liefern entweder eine zu geringe oder eine zu hohe Zellzahl.
- Mit einer Mikroliterpipette wird der Zellsuspension ein Volumen von 20–30 μL entnommen. Die Pipettenspitze wird an die obere Kante des Deckglases angelegt und die Suspension langsam ausgeblasen. Sie wird durch die Kapillarkraft selbsttätig in den Spalt zwischen Deckglas und Hämocytometer gezogen. Die Zählkammer ist gefüllt, sobald das gesamte Rasternetz mit Flüssigkeit bedeckt ist. Falls vorhanden, kann auch die zweite Zählkammer geladen werden.
- Das Hämocytometer wird nun unter das Mikroskop gelegt und der Fokus so justiert, dass die gravierten Linien des Rasters scharf abgebildet werden. Bei Verwendung des 10er Objektivs muss das Blickfeld von einem Großquadrat gerade ausgefüllt sein.

- Zunächst werden die Zellen in einem der Eckquadrate ausgezählt. Hierzu „springt" das Auge der Reihe nach von Gruppenquadrat zu Gruppenquadrat und zählt die darauf befindlichen Zellen. Damit keine Zellen doppelt gezählt werden, sollten alle Zellen, welche die linken und die oberen Begrenzungslinien aller 16 Gruppenquadrate berühren mitgezählt werden. Die Zellen auf den rechten bzw. auf den unteren Begrenzungslinien werden hingegen ignoriert (Abb. 5.6a).
Tipp: Die Zählung wird erleichtert, wenn ein praktischer Handstückzähler verwendet wird. Jede Zelle wird durch einen Tastendruck registriert, die Zahl von einem mechanischen Zählwerk angezeigt.
- Die Zählung ist hinreichend genau, wenn auf dem Großquadrat (1 mm^2) zwischen 100 und 300 Zellen gezählt wurden. Beträgt die Zahl weniger als 100, sollte ein weiteres Großquadrat (oder mehrere) auf die gleiche Weise ausgezählt werden, da das Ergebnis ansonsten keine statistische Signifikanz aufweist. Befinden sich mehr als 500 Zellen auf dem Großquadrat, sollte die Zellsuspension etwas verdünnt und eine neue Probe ausgezählt werden.
- Je mehr Großquadrate ausgezählt werden, desto genauer wird das Ergebnis sein. Zur Kontrolle kann die Zählung mit der zweiten Kammer wiederholt werden.
- Die Auswertung erfolgt nach folgender Formel:

$$\text{Zellzahl pro mL} = \frac{\text{Zellzahl der ausgezählten Großquadrate}}{\text{Anzahl der ausgezählten Großquadrate}} \times 10^4$$

Beispiel: Wurden in allen vier Eckquadraten 580 Zellen gezählt, errechnet sich daraus eine Zellzahl mL^{-1} von $580 : 4 \times 10^4 = 1{,}45 \times 10^6$

Die Gesamtzellzahl beträgt demnach: Zellzahl pro mL × Ausgangsvolumen (mL)
Eine T25-Flasche mit 6 mL Inhalt enthielte also: $1{,}45 \times 10^6 \times 6 = 8{,}7 \times 10^6$ Zellen.

Gelegentliche Zellzählungen von Hand lassen sich ohne großen Aufwand und mit ein wenig Erfahrung verhältnismäßig rasch und mit befriedigender Genauigkeit erledigen. Falsche Ergebnisse entstehen meist bei einer fehlerhaften Vorbereitung der Zellsuspension und beim Laden der Kammer. Übung macht eben auch hier den Meister oder die Meisterin. Wo sehr häufig zahlreiche Zählungen durchgeführt werden müssen und nur sehr kleine Toleranzen akzeptiert werden können, würde die Arbeit mit dem Hämocytometer zu einer unzumutbaren Sisyphosarbeit ausarten. Seit einigen Jahren werden deshalb automatische Zellzählgeräte angeboten. Die Investition in einen dieser teuren Apparate rechnet sich allerdings nur in begründeten Spezialfällen in der Industrie oder der Forschung.

Der von Chemometec entwickelte NucleoCounter arbeitet nach dem gleichen Prinzip wie der Hämocytometer. Da uns hier jedoch der Kollege Computer den Blick durch das Mikroskop abnimmt, müssen die Zellen in zwei Vorbereitungsschritten, die nicht mehr als 3 min in Anspruch nehmen, speziell präpariert werden. Zunächst werden die Zellmembranen mittels zweier gebrauchsfertiger Reagenzien (ein Lyse- und ein Stabilisierungspuffer) zerstört. Anschließend markiert das Gerät die Zellkerne mit einem Fluoreszenzfarbstoff und erfasst mit einem System aus Fluoreszenzmikroskop, CCD-Kamera und Bildanalyse-Software alle markierten Kerne unabhängig vom Zelltyp und ohne vorherige Kalibrierung in Sekundenschnelle. Das Ergebnis wird in Wort, Zahl und Bild gespeichert und kann jederzeit ausgedruckt werden. Der NucleoCounter ist auch für einen Vitalitätstest geeignet (s. Abschnitt 5.5).

5.6
Vitalitätstest

Gleichzeitig mit dem Auszählen kann auch die Anzahl der lebenden bzw. der toten Zellen bestimmt werden. Das Verhältnis von toten zu lebenden Zellen verrät uns einiges über die Qualität der Kulturbedingungen. Die Ermittlung der Vitalitätsrate der Zellen findet deshalb bei vielfältigen Fragestellungen in der Zellbiologie und in der medizinischen Forschung Anwendung:
- bei der Bestimmung wachstumsfördernder Einflüsse von Zusätzen zur Medienoptimierung (s. Abschnitt 4.2)
- beim Vergleich verschiedener Serumchargen (s. Abschnitt 4.3)
- bei der Erstellung eines Antibiogramms (s. Abschnitt 6.5)
- allgemein bei der Testung neuer Arzneimittelwirkstoffe und bei Toxizitätsstudien in der chemisch-pharmazeutischen Industrie als Ersatz von Tierversuchen.

Mit einiger Erfahrung lassen sich bei der Zellzählung im Hämocytometer tote Zellen von den lebenden unterscheiden, da abgestorbene Zellen unter dem Phasenkontrastmikroskop dunkler erscheinen als lebende. Wesentlich aussagekräftiger ist ein Vitalitätstest, bei dem die toten Zellen markiert werden. Für den Einsteiger zu empfehlen, da schnell und simpel durchführbar, ist das Farbausschlussverfahren mit dem 3.3'-[(3.3'-Dimethyl-4.4'-biphenylen-bis)azol]-bis(5-amino-4-hydroxi-2.7-naphtalindisulfonsäure)-tetranatriumsalz, besser bekannt als Trypanblau. Dieser Farbstoff vermag die intakten Membranen gesunder Zellen nicht zu durchdringen. Deshalb erscheinen sie unter dem Mikroskop ungefärbt. Die Zellmembranen toter Zellen weisen jedoch Undichtigkeiten auf, durch die das Trypan in das Zellinnere gelangen kann. Dort binden die Farbstoffmoleküle aufgrund ihrer negativen Ladung und ihres sauren Charakters rasch an Proteine.

Die Aufnahme des Farbstoffs ist allerdings von einigen Faktoren abhängig, die wir im Interesse eines aussagekräftigen Ergebnisses beachten müssen:
- Da Trypanblau eine starke Affinität zu Serumproteinen besitzt, sollten hohe Serumkonzentrationen im Medium vor dem Test herabgesetzt werden.
- Für den Test sollte kein angesäuertes Medium verwendet werden, da die Trypanaufnahme bei einem pH-Wert von 7,5 am effektivsten ist.
- Der Farbstoff benötigt einige Zeit, um in die toten Zellen zu diffundieren. Zu frühes Zählen ergibt deshalb eine zu hohe Vitalitätsrate. Werden die Zellen hingegen über einen längeren Zeitraum dem cytotoxischen Trypanblau ausgesetzt, steigt die Zahl der toten Zellen an. (Phagocytierende Zellen wie Makrophagen und Fibrocyten nehmen Farbstoffe auch aktiv auf.)
- Der Vitalitätstest sollte hinsichtlich der Farbstoffkonzentration, der Färbedauer, dem pH-Wert und der Temperatur unter standardisierten Bedingungen stattfinden.

- Ältere Farbstofflösungen neigen aufgrund von Polymerisation zu Aggregationen und Konzentrationsänderungen.

Der Vitalitätstest wird üblicherweise in einer Zählkammer durchgeführt. Die Arbeitsvorschriften entsprechen deshalb weitgehend denen für die Zellzählung (s. Abschnitt 5.5).

- Ein Aliquot der Zellsuspension wird 1:5 mit einer 0,4%igen, vorgewärmten Trypanblaulösung verdünnt (z. B. 50 µL Zellsuspension + 200 µL Trypanblaulösung). Vorsicht! Trypanblau ist gesundheitsschädlich. Der direkte Kontakt zu dem Farbstoff sollte durch das Tragen von Handschuhen vermieden werden. Man mischt den Testansatz mit einer Pipette gut durch und lässt ihn bei Raumtemperatur ca. 5 min lang stehen. Nach erneuter Durchmischung wird eine Zählkammer mit einem Tropfen (ca. 30 µL) gefüllt. Man beginnt sofort mit der Auszählung.
- Alle Zellen, deren Cytoplasma eine blauviolette Färbung zeigt, gelten als tot oder defekt. Auch schwach angefärbte Zellen werden als tot betrachtet. Alle lebenden Zellen sind farblos und können so leicht identifiziert werden. Gefärbte und ungefärbte Zellen werden jeweils für sich ausgezählt.

Den Prozentsatz an lebenden Zellen ermittelt man nach folgender Formel:

$$\text{Vitalitätsrate in Prozent} = \frac{\text{farblose Zellen} \times 100}{\text{farblose} + \text{gefärbte Zellen}}$$

Übersteigt die Zahl der toten Zellen deutlich die der lebenden, sprechen wir besser von einer Mortalitätsrate. Wird bei dem Vitalitätstest gleichzeitig eine Zellzählung durchgeführt, muss bei der Berechnung der Zellzahl der Verdünnungsfaktor durch die Trypanblaulösung berücksichtigt werden. Da die Verdünnung im Beispiel 1:5 beträgt, muss das Ergebnis der Zählung mit 5 multipliziert werden.

Sehr häufige und vor allem exaktere Quantitäts- und Vitalitätsbestimmungen werden in eigens dafür entwickelten Geräten durchgeführt. Die eingesetzten Messtechniken sind dabei unterschiedlich: Im CASY (Schärfe) wird eine Zellsuspension durch eine Messpore gedrückt und die Zellen werden in einem Niederspannungsfeld auf Anzahl, Form und Größe analysiert. Der NucleoCounter (Chemometec) arbeitet nach dem Fluoreszenzprinzip, während die Zellen im Vi-CELL (Beckmann Coulter) mit Trypanblau angefärbt werden.

5.7
Qualitätskontrolle

Die morphologische Charakterisierung unter dem Lichtmikroskop ist der erste und einfachste Weg zur Identifizierung von Zellen. Zu beachten ist hierbei allerdings die Abhängigkeit der Zellmorphologie von den Kulturbedingungen: Veränderungen des Substrats und der Medienzusammensetzung können die Zellmorphologie stark beeinflussen. Solange die Identität der Zellen nicht sicher ist, sollten die Bezeichnungen „fibroblastenartig" und „epithelartig" zur Beschreibung von Zellmorphologien benutzt werden.

Eine genaue Identifizierung unterschiedlicher Zelltypen (z. B. bei Primärkulturen oder Kreuzkontaminationen) ist nur mithilfe monoklonaler Antikörper möglich, die hochspezifisch typische Strukturen (Zellmarker) auf oder in der Zelle anfärben. Zahlreiche Hersteller bieten Sets von Antikörpern an, mit denen solche Differenzierungsmuster zweifelsfrei und objektiv untersucht werden können. Ihre Anwendung setzt jedoch einige Erfahrung voraus.

Häufige optische Kontrollen der Zellen unter dem Phasenkontrastmikroskop sind aufschlussreicher als hin und wieder hergestellte, gefärbte Präparate. Man erkennt so morphologische Veränderungen unmittelbar. Ungesunde Zellen lassen sich z. B. oft durch das Erscheinen von Granula oder Vakuolen im Cytoplasma erkennen. Es ist empfehlenswert, von jeder Zelllinie ein „Fotoalbum" anzulegen, um beim Verdacht von Veränderungen Vergleichsmöglichkeiten zu haben.

Färbemethode nach Giemsa (für adhärente Zellen)
Die Giemsa-Färbung ist ein einfaches Verfahren, das eine gute, polychromatische Kontrastfärbung ergibt. Der Zellkern wird rosa oder magenta angefärbt, die Kernkörperchen erscheinen dunkelblau und das Cytoplasma graublau. Die Zellkultur wird mit Methanol fixiert und direkt mit Giemsa-Farblösung angefärbt.

Material: gepufferte Salzlösung (HBSS oder PBS), unverdünnte Giemsa-Lösung, Methanol, entionisiertes Wasser, Petrischalen.

Arbeitsvorschrift für 60 mm-Petrischalen
1. Medium absaugen und Zellrasen mit gepufferter Salzlösung waschen
2. Salzlösung absaugen und 5 mL einer Salzlösung-Methanol-Mischung (1:1) zugeben und 2 min stehen lassen
3. Mischung absaugen und durch frisches Methanol ersetzen; 10 min wirken lassen
4. Methanol absaugen und Zellen mit wasserfreiem Methanol abspülen
5. Zellrasen mit 2 mL unverdünnter Giemsa-Lösung benetzen
6. Nach 2 min mit 8 mL Wasser verdünnen und weitere 2 min unter leichter Bewegung einwirken lassen
7. Farblösung abgießen und die Petrischalen in einem Becherglas mit Leitungswasser wässern
8. Unter fließendem Leitungswasser intensiv waschen, bis der rosa Farbhintergrund entfernt ist
9. Mit entionisiertem Wasser spülen und noch feucht unter dem Mikroskop auswerten. (Das Präparat kann trocken aufbewahrt und später wieder angefeuchtet werden.)

Färbemethode mit Kristallviolett (für adhärente Zellen)
Die fixierten Zellen können auch mit dem monochromen Farbstoff Kristallviolett angefärbt werden. Der Zellkern erscheint vor dem hellblauen Hintergrund des Cytoplasmas dunkelblau gefärbt.

Material: gepufferte Salzlösung (HBSS oder PBS), Kristallviolettlösung, 60 mm-Petrischalen

Arbeitsvorschrift für 60 mm-Petrischalen
1. Medium absaugen und Zellrasen mit gepufferter Salzlösung waschen
2. Salzlösung absaugen und 5 mL einer Salzlösung-Methanol-Mischung (1:1) zugeben und 2 min stehen lassen
3. Mischung absaugen und durch frisches Methanol ersetzen; 10 min wirken lassen
4. Methanol absaugen und Schale trocknen lassen
5. 5 mL Kristallviolett hinzugeben und 10 min stehen lassen
6. Kristallviolett abgießen, Petrischale in Leitungswasser wässern und mit entionisiertem Wasser spülen

5.8
Kryokonservierung

Nachdem wir unsere Zellen über mehrere Passagen fleißig vermehrt haben, können wir von dem Überschuss eine oder mehrere tiefgekühlte Konserven anlegen. Voraussetzung hierfür ist eine gesunde, unkontaminierte und nicht überalterte Kultur. Auch die Lagerungstemperatur spielt eine wichtige Rolle im Zusammenhang mit der Lagerungsdauer. Zwar können Zellen auch bei –20 °C und bei –80 °C eingefroren werden, die biochemischen Prozesse laufen jedoch selbst unter diesen sibirischen Verhältnissen – wenn auch nur im Zeitlupentempo – weiter. Eine Konservierung ist bei diesen relativ „hohen" Temperaturen deshalb nur sehr begrenzt möglich. Sollen die Zellen für längere Zeiträume ohne Qualitätsverlust eingefroren werden, kann die Lagertemperatur gar nicht tief genug sein. Zwar würde bei der Verwendung von flüssigem Helium eine Lagertemperatur von –269 °C zur Verfügung stehen, doch die Herstellungskosten wären enorm. Aus praktischen Gründen hat sich deshalb eine Aufbewahrung der Zellkonserven in dem verhältnismäßig preiswerten flüssigen Stickstoff bei „nur" –196 °C durchgesetzt. Wie lange Zellen unter optimalen Umständen lebensfähig gehalten werden können, ist nicht bekannt, da die notwendigen Langzeitstudien erst begonnen haben. Zehn Jahre in flüssigem Stickstoff eingefrorene Zellen zeigten jedenfalls keine Probleme bei der Rekultivierung.

Die Qualität der Zellen nach dem Auftauen hängt von einer ganzen Reihe von Parametern ab, die alle beachtet werden wollen: vom allgemeinen Zustand der Zellen, von der Art des Einfriermediums, vom Frostschutzmittel, von der Abkühlrate, der Güte der Einfrierröhrchen und nicht zuletzt von einer konstanten Lagertemperatur. Bei all diesen Punkten können Fehler passieren, die sich im Endeffekt addieren. Kommt es dann auch noch beim Auftauen zu einem Missgeschick, treten nicht mehr viele Zellen zurück ins Leben.

Das Einfriermedium unterscheidet sich in der Zusammensetzung vom normalen Vollmedium, das zum „Füttern" der Zellen verwendet wird. Da Serum einen schützenden Effekt auf die Zellen ausübt, ist sein Gehalt im Einfriermedium deut-

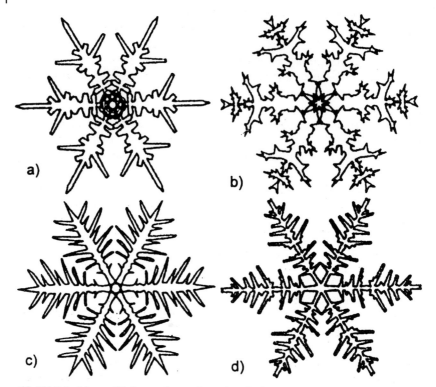

Abb. 5.7 Beispiele von Wachstumsformen bei Schneeflocken (mit freundlicher Genehmigung aus *Paufler, Peter*: Raumnutzung auf atomarer Skala. In: Wiss. Z. TV Dresden 51 (2002) Heft 4-5, S. 23).

lich erhöht (40 % oder mehr). Der Autor verwendet oftmals ein Einfriermedium mit 90 % Serumanteil und hat gute Erfahrungen damit gemacht.

Ein jeder weiß, dass gefrierendes Wasser sehr schöne Eiskristalle bildet (Abb. 5.7). Da eine Zelle zum größten Teil aus Wasser besteht, würde sie das Einfrieren nicht überleben, da ihre inneren Strukturen und Organellen von diesen ästhetisch ansprechenden Eisskulpturen billionenfach aufgespießt und durchbohrt werden würden. Das Serum allein würde diese verhängnisvollen Kristalle nicht verhindern können. Deshalb wird dem Einfriermedium ein Kryoprotektivum als Frostschutzmittel beigemischt. Selbstverständlich darf diese Substanz selbst auch keine negativen Auswirkungen auf die Zellen haben. Eines dieser Frostschutzmittel ist Propantriol, besser bekannt als Glycerin bzw. Glycerol. Dieser dreiwertige, farblose Alkohol ist mit Wasser in jedem Verhältnis mischbar und allgemein ein erprobtes Frostschutzmittel. Seine verhältnismäßig hohe Viskosität macht ihn jedoch vor allem mit Pipetten schwer dosierbar. Außerdem darf Glycerol, das älter als ein Jahr ist, nicht mehr verwendet werden, da es auf die Zellen zunehmend cytotoxisch wirkt. Ein Zellverlust von 80 % und mehr kann nach dem Auftauen die fatale Folge sein.

Ein anderes, weit verbreitetes Kryoprotektivum ist Dimethylsulfoxid (DMSO). Es ist ebenfalls wasserklar, gut mischbar und leicht zu dosieren. Dennoch ist bei der

Handhabung große Vorsicht angebracht, da DMSO ein starkes Lösemittel ist, dass Substanzen selbst aus Kunststoffen zu lösen vermag. DMSO durchdringt viele natürliche und künstliche Membranen, daher können potenziell schädliche Substanzen selbst durch Gummihandschuhe und die Haut hindurch in den Körper gelangen. Bei Kontakt mit der Haut ist DMSO sofort mit reichlich Wasser abzuwaschen. Es muss stets vor Licht geschützt in braunen Glasbehältern mit Glasstopfen gelagert werden.

Beide kryoprotektiven Substanzen verhindern die Bildung von Wassereiskristallen sowie die partielle Dehydratation des Cytoplasmas. Glycerol wird dem Einfriermedium in einer Endkonzentration von 10–15 % beigemischt. Für DMSO genügt eine Konzentration von 5–10 %.

Vor allem für die serumfreien Zellkulturen werden seit einiger Zeit eine ganze Reihe alternativer, vorformulierter Einfriermedien angeboten. In manchen Produkten ist der DMSO-Gehalt reduziert oder durch Methylcellulose ersetzt:

- Opti-Freeze® (ICN Biomedicals): Iscove's Modified Dulbecco's Medium mit 10 % hitzeinaktiviertem FBS und 10 % DMSO
- ORIGEN DMSO Freeze Medium (TEBU): Zusammensetzung wie Opti-Freeze
- CellVation® (ICN Biomedicals): serumfreies Einfriermedium ohne DMSO
- Synth-a-Freeze (TEBU): serumfreies Einfriermedium mit 10 % DMSO
- Cryo-SFM (PromoCell): serumfreies Einfriermedium mit Methylcellulose; enthält nur wenig DMSO

Bei Beachtung der Einfrier- bzw. Auftauvorschriften der Hersteller sind sehr gute Konservierungserfolge zu erzielen. Das folgende Protokoll bezieht sich auf ein Einfriermedium bestehend aus 90 % Serum und 10 % DMSO. Die Durchführung erfolgt unter Beachtung der sterilen Arbeitstechniken:

- Zunächst wird die benötigte Menge Einfriermedium durch Mischen von Serum und DMSO im gewünschten Verhältnis zubereitet und zusammen mit ausreichend Einfrierröhrchen der geeigneten Größe kalt gestellt.
- Anschließend werden die Zellen in der späten exponentiellen Wachstumsphase unter dem Phasenkontrastmikroskop sorgfältig auf Kontaminationsfreiheit überprüft (versehentlich miteingefrorene Keime würden sich nach dem Auftauen lebhaft vermehren und die noch halblebigen Zellen zugrunde richten).
- Die adhärenten Zellen werden wie in Abschnitt 5.4 beschrieben trypsiniert, die Suspensionszellen zentrifugiert. Vor dem Einfrieren können die Zellen einer Zellzählung unterzogen werden, um genau definierte Zellmengen zu erhalten.
- Die abgelösten bzw. zentrifugierten Zellen resuspendiert man nun in dem gekühlten Einfriermedium. Die Empfehlungen, wie viele Zellen in einem Milliliter Einfriermedium aufgenommen werden sollen, sind recht unterschiedlich. Suspensionszellen sollten auf ca. 5×10^6 Zellen mL^{-1}, die adhärenten Zellen auf 1×10^6 Zellen mL^{-1} eingestellt werden. Sehr kleine Zellen können auch bis zu einer Dichte von 1×10^7 Zellen mL^{-1} im Einfriermedium aufgenommen werden.
- Die Zellsuspension wird in die beschrifteten, vorgekühlten Kryoröhrchen verteilt. Die Röhrchen sollten unbedingt bis zur Markierung gefüllt werden. Eine Unter- bzw. eine Überfüllung könnte negative Konsequenzen nach sich ziehen (s. unten). Die Zellen tolerieren im Einfriermedium ein bis zu 30 min langes Ste-

hen bei Raumtemperatur, wenn DMSO benutzt wird. Enthält das Einfriermedium Glycerol, ist es für die Zellen sogar vorteilhaft, sie erst nach Ablauf einer halben Stunde einzufrieren.
- Um die optimale Abkühlrate von 1 °C min^{-1} sicherzustellen, müssen die Kryoröhrchen entweder in spezielle Abkühlcontainer (Nunc, ICN) oder in mit Watte gefüllte Styroporboxen gepackt werden. In einer −70, −80 oder −90 °C-Tiefkühltruhe sollten die Röhrchen über Nacht verbleiben, mindestens aber sechs Stunden. Alternativ können die Röhrchen in einem programmierbaren Kryoautomat gefrostet werden.
- Haben die Röhrchen mindestens −70 °C erreicht, werden sie rasch in den Behälter mit flüssigem Stickstoff überführt. Der Transfer sollte so rasch wie möglich vonstatten gehen, da sich die Kryoröhrchen bei Raumtemperatur etwa zehnmal schneller erwärmen als sie sich abgekühlt haben. Bei diesem Arbeitsschritt ist geeignete Schutzkleidung mit Gesichtsschutz und Kälteschutzhandschuhen zu tragen.
- Die Lagerung erfolgt entweder in der flüssigen Phase des Stickstoffs bei −196 °C oder in der darüber liegenden Gasphase, deren Temperatur ca. −155 °C beträgt.

Achtung! Nach der Lagerung in der flüssigen Phase kann es beim Auftauen unter Umständen zur Explosion der Kryoröhrchen kommen. Dieses Phänomen lässt sich verstehen und vermeiden, wenn wir die physikalischen Vorgänge beim Einfrieren in flüssigem Stickstoff berücksichtigen:

Beim Verschließen des Kryoröhrchens wird ein kleines Volumen Luft mit eingeschlossen. Diese Luft besteht wie die Erdatmosphäre zu 79 % aus Stickstoff. Da sich dieses Gas bei −196 °C verflüssigt, tritt auch der Stickstoff, der bei der Befüllung des Kryoröhrchens eingeschlossen wird, bei der Lagerung in flüssigem N_2 von der gasförmigen in die flüssige Phase über. Der damit einhergehende Volumenverlust führt in dem Kryoröhrchen zu einem Unterdruck. Je mehr gasförmiger Stickstoff vorher im Röhrchen war, desto größer ist der Unterdruck. Bei einer Unterfüllung des Röhrchens ist der Unterdruck also sehr groß. Jede Undichtigkeit des Röhrchens wird durch Flüssigkeitseintritt von außen in das Kryoröhrchen einen Druckausgleich herbeiführen. Ist der Dichtungsring des Röhrchens nicht mehr intakt, da er sich z. B. durch zu starkes Anziehen der Schraubkappe verzogen hat, kann flüssiger Stickstoff in das Kryoröhrchen eindringen. So lange sich das Röhrchen im flüssigem Stickstoff befindet, sind die Druckverhältnisse ausgeglichen. So bald es aber herausgenommen wird, geht der gesamte Stickstoff im Kryoröhrchen durch die rasche Erwärmung (10 °C min^{-1}) in die Gasphase über. Da zuvor zusätzlicher Stickstoff hineingelangt ist, kommt es durch die Volumenvergrößerung zu einem enormen Überdruck, der sich beim schnellen Auftauen explosionsartig entladen kann.

Wird das Kryoröhrchen exakt bis zur Markierung befüllt, so ist der bei der Verflüssigung von gasförmigem Stickstoff bei −196 °C entstehende Unterdruckbereich nicht sehr groß. Zudem kommt es bei korrektem Verschließen der Schraubkappe zu keinem Eintritt von flüssigem Stickstoff. Eine bewusste Überfüllung des Kryoröhrchens zwecks Verkleinerung des Totvolumens bringt keine zusätzliche Sicherheit vor möglichen Explosionen. Die Röhrchen würden nämlich schon in der Tiefkühltruhe platzen, weil sich jede Flüssigkeit beim Einfrieren ausdehnt.

Beim Umgang mit flüssigem Stickstoff sollten aus Sicherheitsgründen folgende Hinweise beachtet werden:
- Angegebene Füllhöhe im Einfrierröhrchen genau einhalten
- Deckel nicht zu fest anziehen, damit der Dichtungsring nicht gequetscht wird
- Kryoröhrchen vor dem Auftauen über Nacht in der Gasphase zwischenlagern, sodass bereits dort ein Druckausgleich erfolgen kann

Im Gegensatz zu den Einfrierröhrchen mit Innengewinde verfügen die Röhrchen mit Außengewinde anstatt eines Dichtungsrings über selbstabdichtende Schraubkappen. Das Problem mit eindringendem flüssigen Stickstoff dürfte also keine Rolle mehr spielen.

Ein weiteres Plus an Sicherheit bietet ein neu entwickeltes Stickstoffmantelsystem (LABOTECT), welches das Einfrieren von Probenmaterial erlaubt, ohne dass flüssiger Stickstoff im Bereich der Probenlagerung eingefüllt sein muss. Die Einfrierröhrchen können ohne jeglichen Kontakt mit der Kühlflüssigkeit gelagert werden.

Als Alternative zum flüssigen N_2 bieten sich Tiefsttemperaturgefriertruhen an. Sie erreichen zurzeit immerhin eine Temperatur von −152 °C. Sie sind sicherer und nicht so kostenintensiv wie Stickstoffbehälter, die auch während der Urlaubszeit befüllt werden müssen. Sie sollten allerdings an die Notstromversorgung angeschlossen sein.

5.9
Literatur

Doyle A. et al.: Cell & Tissue Culture: Laboratory Procedures. Wiley & Sons Publ., Chichester, UK, 1993–1998

Flindt R.: Biologie in Zahlen; 6. Auflage. Spektrum Akademischer Verlag Heidelberg, 2002

Freshney R. I.: Culture of animal cells; sixth edition. Wiley-Liss, 2005

Hees H., Sinowatz F.: Histologie. Deutscher Ärzte-Verlag, 2000

Helgason C. D., Miller C.L.: Basic Bell Culture Protocols. Third Edition. Humana Press, 2005

Langdon S. P.: Cancer Cell Culture: Methods and Protocols. Humana Press, 2005

Lindl T.: Zell- und Gewebekultur; 5. Auflage. Spektrum Akademischer Verlag Heidelberg, 2002

Minuth W. W. et al.: Von der Zellkultur zum Tissue engineering. Pabst Science Publishers Lengerich, 2002

Morgan S. J., Darling D.C.: Kultur tierischer Zellen. Spektrum Akademischer Verlag Heidelberg, 1994

5.10
Informationen im Internet

Zum Thema Zellen: www.biologie.de; www.cells.de/cellsger/index.jsp; www.vcell.de; www.mta-verband.at/zytogenetikforum/praxis/kulturen.htm

6
Umgang mit kontaminierten Zellkulturen

Wer in den beiden vorangegangenen Kapiteln vergeblich etwas über das Thema Antibiotika erwartet hatte, wird nun auf seine Kosten kommen. Der Grund für die bisherige Zurückhaltung liegt in der Vielfalt der Kontaminationsquellen, in der Verschiedenartigkeit der Keime und ihrer Infektionspotenziale sowie in den zahlreichen Möglichkeiten der Bekämpfung. Hinzu kommt, dass der unkritische Einsatz von Antibiotika durchaus auch in der Zellkultur von schwerwiegenden Nachteilen begleitet sein kann, sodass von Fall zu Fall eine Risikoabschätzung vorgenommen werden muss.

> *Unter einer Kontamination (lat. „contaminatio" = Berührung, Verschmelzung) verstehen wir im Allgemeinen eine Verunreinigung von Nährlösungen, Geräten oder Produkten mit lebenden und vermehrungsfähigen Keimen bzw. im Besonderen den Befall von Zellkulturen mit unerwünschten Mikroorganismen.*

Um unsere Gegner in der Zellkultur besser kennen zu lernen und gezielter bekämpfen zu können, ist es von Vorteil, die verschiedenen „feindlichen Lager" auszukundschaften (Abb. 6.8). Nur wenn wir über ihre Angriffspotenziale Bescheid wissen und die durch sie verursachten Schäden einschätzen können, werden wir in der Lage sein, eine gezielte und schlagkräftige Abwehr zu organisieren und unsere Zellkulturen vor dem Schlimmsten zu bewahren. Das Hauptziel unserer Bemühungen muss jedoch stets die Vermeidung einer mikrobiellen Infektion sein. Da das Thema Kontamination in der Zellkultur für unsere Arbeit von zu großem Gewicht ist, als dass man es in ein paar Nebensätzen abhandeln könnte, erscheint es nicht übertrieben, ihm ein eigenes Kapitel zu widmen. Bevor wir uns dem Nutzen sowie den Vor- und Nachteilen der Abwehrstrategien gegen Bakterien, Pilze und Viren zuwenden, müssen wir uns ein wenig mit der Biologie der jeweiligen Plagegeister beschäftigen und uns mit ihren „Waffenarsenalen" vertraut machen.

6.1
Die feindlichen Bataillone: Bakterien, Pilze und Viren

Bakterien, Pilze und Viren stellen trotz aller medizinischer Fortschritte und Erfolge im Kampf gegen Keime nach wie vor die gefährlichsten Krankheitserreger für Mensch und Tier dar. Seit es die wissenschaftliche Züchtung von Zellen gibt (s. Kapitel 1), sind sie zudem im Zellkulturlabor als lästige „Schädlinge" berüchtigt und gefürchtet. Andererseits haben sie aber auch als Modellorganismen maßgeblich zum Verständnis biologischer Grundprinzipien beigetragen. An Mikroorganismen als einfach gebauten Systemen mit kurzer Generationsdauer und hoher Reproduktionsrate wurden grundsätzliche Erkenntnisse auf biochemischem, molekularbiologischem und genetischem Gebiet gewonnen. Nicht zuletzt die Gentechnik verdankt dem Studium der Mikroorganismen einen raschen Erkenntniszuwachs. Mikroorganismen sind zudem industriell bedeutsame Stoffproduzenten geworden, mit deren Hilfe pharmazeutisch wichtige Stoffe (Insulin, Penicillin), Enzyme und andere Substanzen wie Aminosäuren und Zitronensäure produziert werden. Berücksichtigt man, dass sie den Menschen schon seit Tausenden von Jahren bei der Herstellung von Backwaren, Milchprodukten und alkoholischen Getränken behilflich sind, überwiegt ihr Nutzen sogar bei weitem den Schaden, den sie anrichten. Dennoch werden selbst so verdienstvolle Organismen wie die Bäckerhefe in der Zellkultur gar nicht gerne gesehen und nach Möglichkeit ganz aus dem Labor ferngehalten (s. Kapitel 3).

Obwohl sie mit der Menschheit von je her im Positiven wie im Negativen untrennbar vergesellschaftet waren, wurde die Existenz der Mikroorganismen erst verhältnismäßig spät nachgewiesen. Seither hat sich die Mikrobiologie in ähnlicher Weise wie die Zellbiologie weiter entwickelt.

6.1.1
Kurzer Abriss der Mikrobiologie

Die Geschichte der Mikrobiologie, jener Teildisziplin, die sich speziell mit den Mikroorganismen beschäftigt, lässt sich in fünf Phasen gliedern:

I. Die Entdeckung der Mikroorganismen
- Antonie van Leeuwenhoek beschreibt um 1684 verschiedene einzellige Mikroorganismen (s. Abschnitt 2.4.3).
- Edward Jenner führt 1798 erstmals eine Immunisierung gegen eine Infektionskrankheit durch.
- Schwann und Kützing erkennen 1837, dass wir die alkoholische Gärung Hefen zu verdanken haben.
- Semmelweis führt 1847 erste Desinfektionsmaßnahmen gegen Krankheitserreger ein.

II. Medizinische Mikrobiologie
- 1864 führt Lister die aseptische Operation ein.
- Robert Koch erkennt 1876 *Bacillus anthracis* als Erreger des Milzbrands.
- 1876 entwickelt Tyndall die Hitzesterilisation (s. Abschnitt 2.3.2)
- Gram führt 1884 eine Differenzierungsfärbung für Bakterien ein.
- 1892 weist Iwanowski nach, dass die Tabakmosaikerkrankung durch Viren verursacht wird.

III. Allgemeine Mikrobiologie
- Louis Pasteur widerlegt 1866 die Urzeugungshypothese.

- Ernst Haeckel führt 1866 den Begriff „Protisten" (einzellige Lebewesen; gr. „*protos*" = der Erste) ein.
- 1876 erste systematische Erfassung von Bakterien und Pilzen durch Cohn.
- Entdeckung der Bakteriophagen durch D'Hellere 1917.
- Alexander Fleming entdeckt 1928 das Penicillin.

IV. Anfänge der Biotechnologie
- 1941 werden durch Delbrück und Luria Bakteriophagen in der molekularbiologischen Forschung eingesetzt.
- Waksmann gelingt 1944 die Erzeugung des Antibiotikums Streptomycin mit *Streptomyces griseus*.
- Joshua Lederberg entdeckt 1952 die Transduktion von Erbmaterial bei Bakterien.
- 1953 Aufklärung der DNS-Struktur durch James D. Watson und Francis Crick.
- Kinoshita lässt 1957 erstmals eine Aminosäure durch Mikroorganismen erzeugen.

V. Die molekulare Mikrobiologie als Grundlage der modernen Gentechnologie
- 1961 werden durch Jacob und Monod die molekularen Prinzipien der Zellstoffwechselregulation erkannt.
- Arber spaltet 1968 artfremde DNS durch bakterielle Restriktions-Endonucleasen.
- 1978 gelingt die gentechnische Herstellung von Humaninsulin.
- Mullis legt 1984 mit der PCR-Technik den Grundstein für die eigentliche Gentechnologie.

6.1.2
Evolution und Systematik der Mikroorganismen

Von der Entstehung des Lebens auf unserem Planeten bis zur Gentechnologie war ein langer Weg zurückzulegen. Allerdings nur für die Mikroorganismen, denn der Mensch betrat – wenn man die gesamte Erdgeschichte auf den Zeitraum eines Jahrs komprimiert – die Bühne des Lebens erst wenige Augenblicke vor Silvester. Erste Belege für Mikroben auf der Erde hat man in 3,5 Milliarden Jahren alten Sedimentgesteinen (Stromatolithen) gefunden. Durch Lebewesen gebildeter (biogener) Kohlenstoff mit einem für Organismen typischen Isotopenverhältnis wurde sogar in 3,8 Milliarden Jahren alten Sedimenten nachgewiesen. (Zum Vergleich: Das Alter der Erde wird auf ca. 4,6 Milliarden Jahre geschätzt.) An (Über)lebenserfahrung stellen die Mikroorganismen somit sämtliche höher entwickelten Lebewesen weit in den Schatten. Da die Uratmosphäre keinen freien Sauerstoff enthielt wie heute, müssen die ersten Organismen einen von diesem Element unabhängigen (anaeroben) Stoffwechsel besessen haben. Die ersten photosynthetisch aktiven Mikroben mussten demnach eine anoxygene, d. h. eine keinen Sauerstoff produzierende Photosynthese durchführen können, wobei sie Schwefelwasserstoff (H_2S) als Wasserstofflieferant benutzten. Erst mit der Entwicklung der zweiten Lichtreaktion wurde H$_2$O verfügbar und Sauerstoff in die Atmosphäre freigesetzt.

Durch die vergleichende Sequenzanalyse an aus den Ribosomen stammenden Ribonukleinsäuren (rRNA) durch Carl Woese konnte zu Beginn der 1970er Jahre ein Universalstammbaum für alle drei großen Organismengruppen aufgestellt werden. Ausgehend von einem hypothetischen gemeinsamen Vorfahren geht ein Zweig des Stammbaums zu den „echten" Bakterien (Eubacteria), der zweite Zeig gabelt sich erneut und führt zu den Altbakterien (Archaea) bzw. zu den „echten" zellkernhaltigen Zellen (Eukarya). Die rRNA-Sequenzanalyse belegt zudem, dass die für die Eukarya typischen Organellen wie Mitochondrien und Chloroplasten aus den Vorfahren der heutigen Purpurbakterien (Proteobakterien) und der Blaualgen (Cyanobakterien) durch Endosymbiose hervorgegangen sind.

Die Archaebakterien zeichnen sich durch ihre ausgeprägte Fähigkeit aus, unter extremen Umweltbedingungen (wie sie womöglich im Erdaltertum geherrscht haben) zu existieren. Einige Archaebakterien benötigen für ihr Wachstum extrem hohe Temperaturen (80–110 °C), stark saure oder basische Standorte oder hohe Salzkonzentrationen (bis zu 32 % = 5,5 M). Bedingungen, wie sie im Brutschrank herrschen, sind ihnen glücklicherweise viel zu unwirtlich. Am ehesten würden sie sich im Autoklaven wohlfühlen. In der Zellkultur brauchen wir sie also nicht zu fürchten.

Die Mikroorganismen zeigen in ihrer zellulären Organisation z. T. deutliche Unterschiede, die zur Einteilung in Prokaryoten und Eukaryoten geführt haben. Als Unterscheidungsmerkmal wird neben der Zellgröße der Zellkern (Nucleus) herangezogen. Bei den Prokaryoten ist die Erbsubstanz (DNS) nicht von einer Kernmembran umgeben. Sie besitzen zudem nur in wenigen Fällen abgegrenzte Funktionsräume (Organellen). Zu den Prokaryoten gehören die Bakterien, die wiederum in Eubakterien und Archaebakterien unterteilt werden. Die früher als „Strahlenpilze" und „Blaualgen" bezeichneten Actinomyceten und Cyanobakterien werden heute den Eubakterien zugerechnet.

Die eukaryotischen Mikroorganismen („echte Zellen") besitzen einen von einer Kernhülle gebildeten Nucleus, der die DNS vom Cytoplasma abgrenzt. Ihnen werden die Pilze, Mikroalgen und Protozoen („Urtierchen") zugerechnet. Neben diesen strukturellen Besonderheiten unterscheiden sich Pro- und Eukaryoten im DNS-Gehalt. Die Eukaryoten besitzen im Vergleich zu den Prokaryoten das ca. 10–1000fache an genetischer Information.

6.1.3
Winzige Zellen – gigantische Stoffwechselleistungen

Pro- und eukaryotische Mikroorganismen zeichnen sich besonders durch ihr auffallend großes Verhältnis von Oberfläche zu Volumen aus. Im Vergleich zu den im Durchschnitt 1–10 µm großen Bakterien besitzen die Eukaryoten einen bis zu zehnmal größeren Durchmesser. Ihre astronomisch große Zahl sowie die im Verhältnis zum Zellinhalt riesige Zelloberfläche ermöglichen dieser Organismengruppe ein außerordentlich hohes Leistungspotenzial. Durch ihre hohen Stoffwechselleistungen, gepaart mit exponentiellem Wachstum, erreichen Mikroorganismen eine bis zu 1000fach höhere Leistung als Pflanzen und Tiere. Aufgrund ihrer hochentwickelten Enzymaktivität und der ökonomischen Verwertung einer breiten Substratpalette sind sie in der Lage, sich schnell und flexibel veränderten Umweltbedingungen anzupassen. Diese Eigenschaften und ihre enorme Vermehrungswut machen sie als Eindringlinge für die Zellkultur so gefährlich.

6.2
Bakterien

In einem Song einer bekannten Band heißt es prophetisch: „Das Übel ist immer und überall". Bezieht man diese düstere Aussage auf die Bakterien, ist sie wohl nicht übertrieben. Es gibt kaum eine Substanz, einen Gegenstand oder ein Lebewesen, auf dessen Oberfläche es nicht von Mikroben wimmelt. Ihre Allgegenwart, ihre extreme Vermehrungsrate sowie ihre Anpassungs- und Widerstandsfähigkeit machen sie auch in der Zellkultur zu ernst zu nehmenden Eindringlingen. Da der weitaus größte Teil der Kontaminationen im Zellkulturlabor durch Bakterien verursacht wird, sollen sie an erster Stelle behandelt werden.

6.2.1
Gestalt, Funktion und Aufbau der Bakterienzelle

Die Gestalt der Bakterienzelle ist bei den einzelnen Arten sehr verschieden, lässt sich jedoch auf drei Grundformen zurückführen: Kugel (Coccus), Stäbchen (das ist die Bedeutung des griechischen Worts „Bakterion") und Schraube. Diese drei Grundformen dienen als erste optische Erkennungsmuster bei der mikroskopischen Kontrolle der Zellkulturen auf bakterielle Kontaminationen (s. Abschnitt 5.2). Ihre Form und Stabilität erhält die Bakterienzelle durch eine feste Zellwand, die aus zwei unterschiedlichen Bausteinen aufgebaut ist: Zuckerderivate und Peptide bilden ein sog. Heteropolymer (Murein), das als Grundbaustein bei allen Eubakterien vorkommt. Die Zuckerderivate N-Acetylglucosamin und N-Acetyl-Muraminsäure sind abwechselnd miteinander verknüpft, wobei letztere noch mit einem Tetrapeptid verbunden ist. Das Murcin wird deshalb auch als Peptidoglykan bezeichnet.

Die Mureingrundstruktur ist bei den einzelnen Bakteriengruppen verschieden. Die Peptidkette ist bei den Gram-negativen Bakterien direkt mit der nächsten Kette verknüpft. Bei den Gram-positiven Bakterien ist noch eine weitere Peptidkette zwischengeschaltet. (Man bezeichnet Bakterien als Gram-positiv, wenn sie sich nach der Methode von Hans Christian Gram anfärben lassen.) Die Gram-negativen Bakterien haben im Vergleich zu den Gram-positiven eine komplexere Wandstruktur: Die Peptidoglykanschicht ist von einer zweiten, äußeren Zellmembran überlagert. Innere und äußere Membran begrenzen den sog. periplasmatischen Raum. In die äußere Membran sind Proteine (Porine) eingelagert, durch deren Kanäle kleine Moleküle in den periplasmatischen Raum gelangen können. Einige Bakterien können dort von außen eindringende Antibiotika unschädlich machen. Viele Bakterien sind von einer Kapsel oder Schleimschicht (Glycokalyx) umgeben, deren Zusammensetzung sehr vielfältig sein kann.

Zur Eigenbeweglichkeit befähigte Bakterien sind mit 5–20 μm langen beweglichen Geißeln (Flagellen) ausgestattet. Die Begeißelung kann unterschiedlich sein: Während die Gattung *Vibrio* nur einfach begeißelt ist (monotrich), besitzen andere wie *Pseudomonas* mehrere Geißeln (polytrich). Bei der Gattung *Spirillium* sitzen die Geißelbüschel an beiden Enden (bipolar), bei *Bacillus* hingegen sind sie über die gesamte Oberfläche des Bakteriums verteilt (peritrich). Bakterielle Strukturen, die bei der Fortbewegung keine Rolle spielen, sind die bei einigen Enterobakterien vorkommenden, starren, bis zu 12 μm langen Fimbrien. Die längeren Pili werden zur Kontaktaufnahme mit Bakterien der gleichen Art oder mit eukaryotischen Zellen eingesetzt.

Trotz dieser für eine Identifizierung verwertbaren Merkmale ist eine Artbestimmung fast immer ein aufwändiger Vorgang. Deshalb sind besonders in der medizinischen Diagnostik Schnelltests entwickelt worden, die eine raschere Orientierung ermöglichen. Die genaue Kenntnis der Bakterienart ist sehr hilfreich bei der Wahl des Antibiotikums, da dessen Gabe auch in der Zellkultur rasch und gezielt erfolgen muss.

6.2.2
Die Hauptgruppen der Eubacteria

Aus der großen Anzahl der Eubakterien sind die Gruppen der Gram-positiven Bakterien und Gram-negativen Proteobakterien die bedeutendsten. Vertreter der großen Gruppe der meist Gram-negativen Enterobakterien kommen im Boden, in Gewässern und Lebensmitteln vor. Anaerobe Gattungen besiedeln als „Darmflora" den Verdauungstrakt. Die bekannteste Art ist die nach ihrem Entdecker Escherich benannte *Escherichia coli*. In verwandtschaftlicher Beziehung zu *E. coli* stehen so bekannte Arten wie *Shigella*, *Salmonella*, *Proteus*, *Yersinia* und andere. Ebenfalls zu den Gram-negativen Bakterien zählen die intrazellulär wachsende *Legionella* sowie *Neisseria*. Zu der Gruppe der Gram-negativen Eubacteria gehören u. a. die typisch gekrümmten *Vibrio*- oder die spiraligen *Spirillium*-Arten. Spirillen sind durch ihre polare Begeißelung beweglich. Ebenfalls durch Geißeln zur Fortbewegung befähigt ist *Helicobacter pylori*.

Unter den Gram-positiven Bakterien finden sich so bedeutende Gruppen wie die Coccen (z. B. *Streptococcus*), *Bacillus*- und die stäbchenförmigen *Clostridium*-Arten. Gemeinsames Merkmal der Bazillen und Clostridien ist die Bildung hitzeresistenter Endosporen. Nahe Verwandte der Clostridien sind die Mycoplasmen, die aufgrund ihrer für die Zellkultur außerordentlichen Gefährlichkeit separat vorgestellt werden müssen (s. Abschnitt 6.7).

6.2.3
Wachstum und Differenzierung der Eubacteria

Gelangen Bakterien in eine Nährlösung (wie z. B. Zellkulturmedium) und werden während des Wachstums weder neue Nährstoffe zugefügt noch Stoffwechselprodukte entfernt, spricht man von einer statischen Kultur, in der vier Wachstumsphasen unterschieden werden können:

- Anlauf (lag-)Phase: Die Zellen stellen sich auf die neuen Wachstumsbedingungen ein.
- Logarithmische (log-)Phase: Das Wachstum verläuft mit konstanter maximaler Teilungsrate und führt zu einer exponentiellen bzw. quadratischen Vermehrung der Bakterien. Am Ende der log-Phase erfolgt ein allmählicher Übergang in die stationäre Phase.
- Stationäre Phase: Unter dem Einfluss der hohen Bakteriendichte, einer begrenzten Sauerstoffversorgung und der Ansammlung von giftigen Stoffwechselendprodukten schwächt sich die Wachstumsrate ab.
- Absterbephase: Die Zahl der lebenden Zellen nimmt ab. Die Abtötung kann durch gebildete Säuren verursacht sein oder durch eine mit zelleigenen Enzymen herbeigeführte Selbstauflösung (Autolyse).

Enthält die Nährlösung zwei für die Bakterien „genießbare" Substrate, kann ein zweiphasiges Wachstum (Diauxie) auftreten: zuerst wird ein Substrat abgebaut und die Synthese der Enzyme für den Abbau des zweiten Substrats unterdrückt. Erst nach Verbrauch des ersten Substrats adaptieren die Bakterien in einer neuen lag-Phase an das zweite Substrat, bevor sich eine neue exponentielle Phase des Wachstums anschließt. In Zellkulturmedien finden die Bakterien oft mehrere Nahrungsquellen, die sie nacheinander nutzen können.

Einige Bakterien (und zahlreiche Pilze) besitzen die Fähigkeit, innerhalb der Zelle Sporen (Dauerformen) zu bilden, die ungünstige Wachstumsbedingungen überstehen können (s. Abschnitt 6.8.5). Von größter Bedeutung ist die außerordentliche Hitzeresistenz der Endosporen, die ein stundenlanges Kochen vertragen, sodass eine Sterilisation erst durch Autoklavieren erreicht werden kann (s. Abschnitt 2.3.2). Die Sporen sind im Lichtmikroskop stark lichtbrechend. Eine Spore enthält fast die ganze Trockensubstanz der Bakterienzelle, ihr Volumen beträgt aber nur 10% einer vegetativen Zelle. In der extremen Dehydratisierung der Proteine (der Wassergehalt liegt unter 15%) liegt auch die erstaunliche Widerstandsfähigkeit der Sporen gegen chemische Desinfektionsmittel und gegen Strahlung begründet. Sporen können jahrelang ungünstige Bedingungen überstehen, um nach Wasseraufnahme in wenigen Minuten zu keimen. Ein verkeimter HOSCH-Filter kann so über Jahre zu einer zuverlässig sprudelnden Kontaminationsquelle werden (s. Abschnitt 2.4.1).

6.3
Die optische Identifizierung einer bakteriellen Kontamination

Eine Infektion der Zellkultur mit Bakterien (wie auch mit anderen Kontaminanten) geschieht nicht aus heiterem Himmel. Von unvermeidlichen Ausnahmen bei der Kultivierung von Primärkulturen abgesehen, sind die meisten Kontaminationen auf die Missachtung bzw. Vernachlässigung der sterilen Arbeitstechniken oder auf Mängel in der Gerätewartung zurückzuführen (s. Abschnitt 2.4 und Abschnitt 3.2). Einen um so höheren Stellenwert besitzt die regelmäßige Kontrolle der Kulturen unter einem geeigneten Mikroskop (s. Abschnitt 5.2), zumal die meisten Bakterien verglichen mit Körperzellen (ca. 10–20 µm Durchmesser) sehr klein sind. Zum Vergleich: Ein menschliches Kopfhaar ist ca. 70 µm dick.

Die routinemäßige mikroskopische Inspektion wird in der Regel durchgeführt, um den allgemeinen Zustand der kultivierten Zellen und die Zelldichte zu kontrollieren. Nebenbei wird meist noch der Verschmutzungsgrad des Nährmediums durch tote Zellen registriert und zum Anlass eines Mediumwechsels oder einer Subkultivierung genommen. Wir sollten jedoch auch dem unbesiedelten Boden des Zellkulturgefäßes genügend Aufmerksamkeit schenken, um eine Kontamination möglichst im frühesten Stadium aufzudecken. Je nach Form, Größe und Art der Bakterienzellen gelingt dies vor allem dem Ungeübten nicht in jedem Falle. So deuten oft nur wenige Merkmale auf den wahren Sachverhalt hin und auch diese sind zunächst unscheinbar.

Verhältnismäßig rasch wird man der unerwünschten Anwesenheit von Bakterien ansichtig, wenn es sich um Spezies handelt, die zur Eigenbeweglichkeit befähigt sind. Diese Arten verraten sich entweder durch ein langsames Taumeln und Trudeln oder sie flitzen mit beachtlicher Geschwindigkeit durch das Medium. (*Bacillus subtilis* bringt es auf beachtliche 200 µm s^{-1}). Da das menschliche Auge vorzüglich auf die Wahrnehmung geringster Bewegungen (auch aus den Augenwinkeln heraus) eingerichtet ist, entgehen ihm selbst die kleinen Regungen kaum, die durch eine nur geringe Bakterienzahl hervorgerufen werden. So nützt uns eine Einrichtung, die unsere jagenden und sammelnden Ahnen vor hungrigen Raubtieren schützte, um ungebetene Gäste in der Zellkultur aufzuspüren.

Auch relativ große Bakterien (wie die stäbchenförmigen Arten) lassen sich mit etwas Erfahrung leicht von den unregelmäßigen Detrituspartikeln, die in jeder Kultur früher oder später auftauchen, unterscheiden (Abb. 6.1a). Sie sind meist 2–5 µm lang, aber nur höchstens 1 µm breit. Schwieriger auszumachen sind vor allem bei stark mit Detritus verschmutztem Medium die winzigen, mitunter weniger als 1 µm durchmessenden Coccen (Abb. 6.2). Sie werden aufgrund ihrer Kleinheit und ihrer unauffälligen Gestalt leider oft mit harmlosem Detritus verwechselt. Zudem reihen sie sich wegen ihrer geringen Masse in jene Partikel ein, die die sog. Brown'sche Molekularbewegung zeigen (s. Glossar).

Es empfiehlt sich, auf den freien, noch unbesiedelten Substratflächen nach Bakterien Ausschau zu halten, da gerade in der Frühphase der Kontamination einzelne Bakterien vor dem optisch unruhigen Hintergrund des Zellrasens nur schwer zu erkennen sind. Gelingt es den Bakterien, durch die Kontrolle zu schlüpfen, vermehren sie sich dank ihrer kurzen Generationsdauer von unter einer Stunde so rasant, dass die Kontamination bei der nächsten Kontrolle selbst mit bloßem Auge nicht mehr zu übersehen ist (Abb. 6.1b). Das Medium erscheint dann trübe und weist durch die starke Ansäuerung eine deutliche Gelbfärbung auf (s. Abschnitt 5.3). Da die Bakterien in heftige Nahrungskonkurrenz zu den Zellen treten und das Medium mit ihren Stoffwechselendprodukten anreichern, zieht die Zellkultur automatisch den Kürzeren. Eine Dekontamination durch Verabreichen von Antibiotika ist in diesem Stadium meist sinn- und aussichtslos.

Wir sollten uns an dieser Stelle die Zeit nehmen und ein paar Gedanken darüber verlieren, was exponentielles Wachstum bedeutet. Zwar vermehren sich auch die Zellen in unseren Kulturen in der log-Phase unter günstigen Bedingungen expo-

6.3 Die optische Identifizierung einer bakteriellen Kontamination

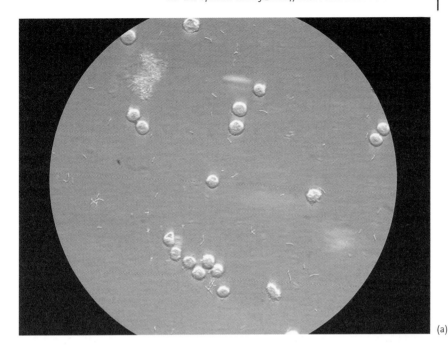

(a)

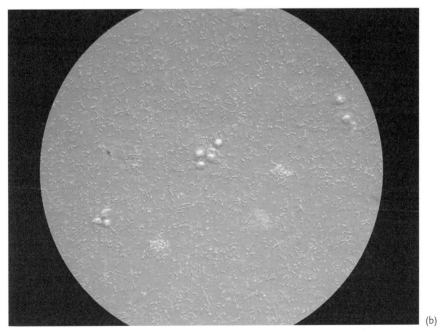

(b)

Abb. 6.1 (a) Eine mit stäbchenförmigen Bakterien kontaminierte Suspensionszellkultur. Selbst eine geringere Anzahl von Bakterien würde sich auf der zellfreien Fläche ohne Probleme identifizieren lassen. (b) Eine bei der optischen Kontrolle übersehene Kontamination mit stäbchenförmigen Bakterien würde sich nach wenigen Stunden wie in diesem Bild darstellen.

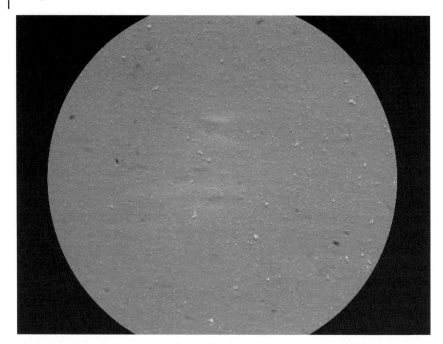

Abb. 6.2 Ein mit coccenförmigen Bakterien deutlich verunreinigtes Medium. Im Interesse einer besseren Sichtbarkeit wurde eine zellfreie Fläche ausgewählt.

nentiell. Wir nehmen das nur nicht so deutlich wahr, weil die Generationsdauer (also die Zeit, die zwischen zwei Zellteilungen verstreicht) mehrere Stunden bis Tage betragen kann. Bei exponentiellen Vorgängen wie der Vermehrung von Bakterien stößt unser Vorstellungsvermögen jedoch unweigerlich an seine Grenzen. Während wir mit linearen Abläufen ganz gut zurecht kommen, ist das Erfassen sich quadratisch entwickelnder Prozesse für unser Gehirn wesentlich schwieriger. Die Tatsache, dass aus einem einzigen Bakterium nach lediglich zehn Teilungsphasen 1.024 Bakterien hervorgehen, fordert zwar zum Staunen heraus, lässt sich aber mithilfe eines Taschenrechners noch nachvollziehen. Dass aber aus einem Bakterium mit der Generationszeit von 20 min (*Bacillus cereus*) nach 48 h exponentiellen Wachstums ein Klumpen vom 4.000fachen Gewicht unseres Heimatplaneten entstehen würde, übersteigt doch das geistige Fassungsvermögen der meisten Menschen. (*Man muss schon Steven Hawking heißen, um noch auszurechnen, wann sich die Bakterienmasse mit Lichtgeschwindigkeit ausbreiten würde – es wäre nach verblüffend kurzer Zeit der Fall*). Vielleicht hilft uns die bekannte Geschichte von den Reiskörnern auf einem Schachbrett, um die Tragweite einigermaßen zu erfassen (Abb. 6.3). Jeder möge selbst herausfinden, wie viele Reiskörner auf die 64 Felder passen.

Glücklicherweise erfolgt das fulminante Wachstum der Bakterien nur so lange, bis ein essentieller Nährstoff zur Neige geht. Allerdings ist es dann meist auch um die Zellen geschehen. Es kommt also darauf an, Kontaminationen so früh wie

Abb. 6.3 Exponentielles Wachstum zum Nachvollziehen. Um die Kosten gering zu halten, können zur Veranschaulichung auch Sandkörner verwendet werden.

möglich zu entdecken oder sie besser gar nicht erst entstehen zu lassen. Durch Sorgfalt beim sterilen Arbeiten und durch eine aufmerksame mikroskopische Kontrolle lassen sich bakterielle Kontaminationen häufig und über erstaunlich lange Zeiträume vermeiden. Kommt es dennoch zu einer Infektion der Kultur, muss das noch nicht gleichbedeutend mit ihrem Ende sein. Mit den Antibiotika stehen uns (noch) genügend wirksame Mittel zur Verfügung, um gezielte Gegenmaßnahmen ergreifen zu können.

6.4
Antibiotika und ihre Wirkungsweise

Zellen in Kultur fehlt der Schutz durch das Immunsystem des Organismus, dem sie entstammen. Bakterien und Pilze finden in vielen Zellkulturmedien ideale Lebensbedingungen vor und entziehen der Kultur wichtige Nährstoffe. Gleichzeitig können die gebildeten Metaboliten die Zellen sehr stark schädigen. Seit dem Beginn der *in vitro*-Zellkultur gingen so trotz strenger Steriltechnik zahllose Kulturen durch Kontaminationen verloren.

Bereits in den Anfängen der medizinischen Mikrobiologie wurden Chlor, Hypochlorid, Phenol, Schwermetallsalze und Detergenzien als antimikrobielle Substanzen eingesetzt. Mit diesen Desinfektionsmitteln konnten allerdings nur unbelebte Objekte chemisch sterilisiert werden. Die ersten Stoffe, die spezifisch den Mikroorganismus schädigen, für den Wirt dagegen wenig oder gar nicht toxisch sind, waren das arsenhaltige Salvarsan (Paul Ehrlich) und die Sulfonamide (Gerhard Domagk). Die Wirkung der Sulfonamide besteht darin, dass sie von den meisten Bakterien in ein Coenzym eingebaut werden, welches dadurch funktionsunfähig wird, was letztendlich zum Wachstumsstillstand führt. Da der menschliche Organismus dieses Coenzym nicht aufbauen kann, wird er nicht geschädigt.

Die direkte Bekämpfung bakterieller Krankheitserreger im erkrankten Organismus bieb lange ein Wunschtraum. Obwohl bereits Lord Lister (1871) und Wehmer (1891) die wachstumshemmende Eigenschaft von Schimmelpilzen beobachtet hatten, blieb es dem Schotten Alexander Fleming vorbehalten, die richtigen Schlüsse zu ziehen, für die er später mit dem Nobelpreis geehrt wurde. 1928 führte ihn eine eigentlich wertlose, da von dem Schimmelpilz *Penicillium notatum* befallene Bakterienkultur auf die richtige Spur. Mit der Isolation des Wirkstoffs ist das erste wirkliche Antibiotikum geboren: Penicillin. Es trat einen beispiellosen Siegeszug in der Medizin an, wurde zu einer Schlüsselsubstanz in der Biotechnologie und unterstützt bereits ganze Generationen von Zellzüchtern bei ihrem Kampf gegen die mikrobiellen Plagegeister. Erst durch den Einsatz von Penicillin wurden Massenkulturen und quantitative Experimente möglich und die Zellkultur verzeichnete weltweit einen unerhörten Aufschwung, der selbst heute noch ungebremst anhält.

Mit der Zeit fand man heraus, dass zahlreiche Pilze und Bakterien Substanzen bilden, die das Wachstum von anderen Mikroben hemmen oder sie abtöten. Diesem mit Raffinesse geführten Konkurrenzkampf verdanken wir eine Vielzahl unterschiedlicher antimikrobieller Substanzen. Das Antibiotika-Zeitalter war angebrochen.

So wie die Antibiotika in der Medizin zur Behandlung von bakteriellen Infektionskrankheiten eingesetzt werden, können wir sie zur Bekämpfung bakterieller Kontaminationen in der Zellkultur nutzen. Sie ersetzen gewissermaßen den unter Kulturbedingungen fehlenden Schutz des körpereigenen immunologischen Abwehrsystems. Die Wirkung der Antibiotika beruht allgemein darauf, dass sie in den lebenswichtigen Prozess der Proteinbiosynthese eingreifen. Die Wirkungsweise einiger antibiotischer Substanzen soll an zwei Beispielen, den Peptidoglykanen der Zellwand und den Enzymproteinen erläutert werden.

6.4.1
Die Zellwandsynthese hemmende Antibiotika

Das unflexible Peptidoglykangerüst, das die Bakterienzelle umschließt, muss mit der wachsenden Zelle vergrößert werden. Das wird durch Einfügen von neu synthetisiertem Material in die bereits bestehende Zellwand erreicht. Die Antibiotika Penicillin und Cephalosporin hemmen die Synthese von Peptidoglykan. Das Penicillin blockiert ein wichtiges Enzym, das an der Zellwandsynthese beteiligt ist. Da diese sog. Transpeptidase nur bei wachsenden Zellen aktiv ist, werden auch nur diese gehemmt.

Das Peptidoglykan der Gram-positiven Bakterien ist für Penicillin und Cephalosporin gut zugänglich. Diese Bakterien sind deshalb besonders empfindlich gegenüber diesen Antibiotika. Obwohl sich das Wirkungsspektrum auch auf eine Reihe Gram-negativer Bakterien erstreckt, erschwert ihre äußere Membran den Angriff dieser Antibiotika.

Penicillin war das erste industriell gewonnene Antibiotikum. Es gehört auch heute noch zu den am häufigsten verwendeten Antibiotika. Die anfangs großen Heilerfolge wurden jedoch durch das Herausbilden resistenter Bakterienstämme gemindert. Das große Problem der Resistenzbildung zwingt deshalb zur Entwicklung neuer, halbsynthetischer Penicilline.

Cephalosporin ist chemisch nahe mit Penicillin verwandt, aber gegen Säuren stabiler. Das Wirkungsspektrum erstreckt sich vor allem auf Gram-positive, aber auch auf manche Gram-negative Arten. Cephalosporine sind gegen das Penicillin abbauende Enzym Penicillinase unempfindlich.

Weitere Antibiotika mit Wirkung auf die Zellwandsynthese sind Cycloserin, Ciprofloxacin, Bacitracin sowie Vancamycin. Da dieser „Angriffsort" nur bei Bakterien vorkommt, ist er die Ursache für die spezifische Wirkung der genannten Antibiotika. Um eine möglichst effiziente „Breitbandwirkung" zu erzielen, werden zellwandhemmende Antibiotika häufig mit Wirkstoffen kombiniert, die die Proteinsynthese hemmen (z. B. Penicillin mit Streptomycin; s. Abschnitt 6.5).

6.4.2
Die Proteinbiosynthese hemmende Antibiotika

Antibiotika, die an der Proteinbiosynthese angreifen, nutzen den Umstand, dass Pro- und Eukaryoten verschiedene Ribosomen besitzen – Ribosomen sind die Orte, an denen in der Zelle Proteine synthetisiert werden. Die spezifische Wirkung dieser Antibiotikagruppe beruht darauf, dass sie die „Übersetzung" (Translation) eines bestimmten Abschnitts des genetischen Codes in eine Aminosäuresequenz verhindert, indem sie die hierfür nötigen Bindungsstellen an den bakteriellen Ribosomen blockieren. Zu diesen Antibiotika zählen Streptomycin, Tetracyclin, Erythromycin und Chloramphenicol.

Das Antibiotikum Cycloheximid unterbindet eine wichtige Reaktion an den eukaryotischen Ribosomen und hemmt somit die Proteinbiosynthese sowohl von Pilzen als auch von Säugetieren. Daher kann dieses Antibiotikum in tierischen und menschlichen Zellkulturen nicht als Fungizid eingesetzt werden.

6.5
Auswahl und Dosierung von Antibiotika in der Zellkultur

Nicht jedes Antibiotikum wirkt bei jeder Bakterienart gleich gut; seine Wirkung ist immer nur gegen eine begrenzte Auswahl von Bakterien gerichtet. Will oder muss man die Kontamination unter Kontrolle bringen, sollte man zuerst prüfen, ob eine Bakterien-, Pilz- oder Mycoplasmenkontamination vorliegt oder gar eine gemischte Superinfektion; diese treten häufig bei einigen Primärkulturen auf (Abb. 6.4). Steht eine rein bakterielle Kontamination fest, gilt es nachdrücklich einzugreifen und den Kulturmedien die Antibiotika, die zu Gebote stehen, zu verabreichen. Die kontaminierte Kultur sollte zudem sofort von den nichtinfizierten Kulturen getrennt in Quarantäne gehalten werden. Es versteht sich von selbst, dass wir während der Dauer der Antibiotikabehandlung den unsauberen Vorgängen in der Kultur beständig eine aufspürende Aufmerksamkeit zuwenden, um Neues und Sicheres über den Stand und den Fortschritt des Übels in Erfahrung zu bringen. Es sei nochmals in Erinnerung gerufen, dass der Inkubator und die sterile Werkbank mit

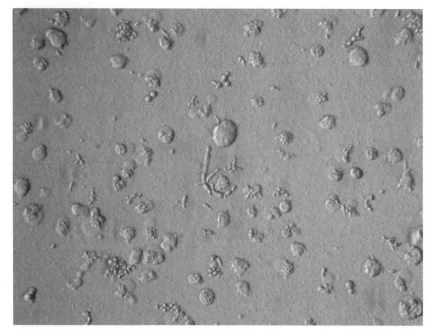

Abb. 6.4 Eine von Hefe und Bakterien gleichzeitig befallene Zellkultur (Superinfektion).

einem Labordesinfektionsmittel gereinigt und die Sterilfilter überprüft werden sollten (s. Abschnitt 2.4.1).

Leider sind einige Antibiotika nicht besonders haltbar. Diese Instabilität zieht wichtige Konsequenzen bei der Dosierung als auch bei der Lagerung nach sich: Sie dürfen nur bei −20 °C gelagert werden und ein wiederholtes Auftauen bzw. Einfrieren sollte durch die Bevorratung geeigneter Aliquots vermieden werden. Besonders die Wirksamkeit von Penicillin und Streptomycin, den am häufigsten eingesetzten Antibiotika, wird von mehreren Faktoren negativ beeinflusst. Beide Präparate büßen ihre Wirkung bei 37 °C innerhalb von drei Tagen ein. Zudem mindert serumhaltiges Medium die Aktivität von Penicillin um rund 30 %, während Streptomycin bei alkalischem pH-Wert schnell zerfällt. Bei der Verwendung von Penicillin und Streptomycin ist deshalb unbedingt auf eine ausreichende Dosis und auf rechtzeitige Nachdosierung zu achten, um die antimikrobielle Wirkung aufrechtzuerhalten.

Das Antibiotikum Gentamycin ist aufgrund seiner biologischen und biochemischen Eigenschaften effektiver als Penicillin/Streptomycin. Es ist wirksam gegen viele Stämme, die gegen Penicillin/Streptomycin resistent sind (s. Kapitel 6.6) und zeigt zudem eine –allerdings eingeschränkte – Wirkung gegen Mycoplasmen (s. Kapitel 6.7). Gentamicin ist in einem Bereich von pH 2–10 für mindestens fünf Tage stabil und wird in seiner Wirkung von Serum nicht beeinträchtigt. In der folgenden Tabelle sind die für die Zellkultur empfohlenen Konzentrationen der wichtigsten Antibiotika aufgeführt:

Antibiotikum	Lagerung bei °C	Haltbarkeit bei 37 °C	empfohlene Konzentration	cytotoxische Konzentration
Penicillin-G	−20	3 Tage	100 U mL^{-1}	10.000 U mL^{-1}
Streptomycin	−20	3 Tage	100 µg mL^{-1}	20.000 µg mL^{-1}
Tylosin	−20	3 Tage	10 µg mL^{-1}	300 µg mL^{-1}
Gentamycin	+4	5 Tage	50 µg mL^{-1}	3.000 µg mL^{-1}

Antibiotika (und Antimycotika) können in höheren Konzentrationen für empfindliche Zellen cytotoxisch sein (Abb. 6.5 a–c). Da die Angaben zur cytotoxischen Konzentration nur allgemeine Richtwerte darstellen, empfiehlt es sich, für neue Zelllinien im Labor in einem Dosiswirkungstest die jeweilige toxische Dosis zu bestimmen. Das Aufstellen einer Dosis-Wirkungs-Kurve stellt eine allgemeine Methode dar, den Toxizitäts-Level zu ermitteln:

- Die Zellen werden in antibiotikafreiem Medium suspendiert, gezählt und gegebenenfalls verdünnt.
- Die Zellsuspension wird auf eine 12- oder 24-Loch-Schale verteilt. In die Löcher pipettiert man unterschiedliche Konzentrationen des Antibiotikums. Als Kontrolle dient ein Ansatz ohne Antibiotikum.
- Die Zellen werden täglich unter dem Mikroskop kontrolliert. Veränderungen im Zellwachstum und in der Morphologie (leere Zellhüllen, Vakuolenbildung, Abrunden und Ablösen der Zellen; Abb. 6.5 a–c) müssen sorgfältig dokumentiert werden. Auch ein Vitalitätstest kann durchgeführt werden (s. Abschnitt 5.6).

(a)

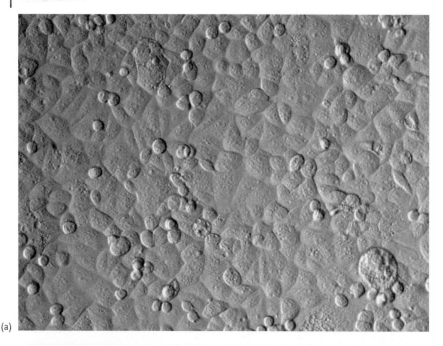

(b)

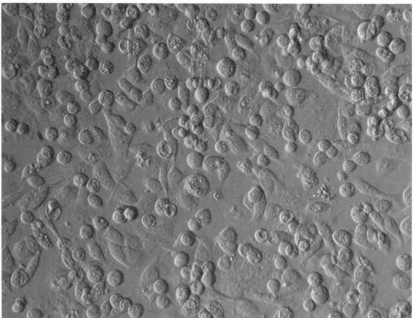

Abb. 6.5 Die Abbildungen zeigen die drastischen Auswirkungen von Amphotericin B in den Konzentrationen 2 μg mL^{-1} (a), 20 μg mL^{-1} (b) und 30 μg mL^{-1} (c) auf konfluente Kulturen menschlicher Magencarcinomzellen (AGS). Die Zellen lösen sich mit zunehmender Konzentration vom Substrat und sterben ab.

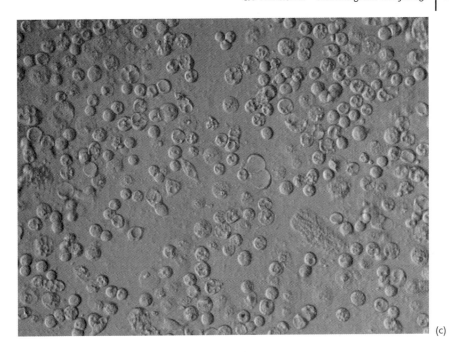
(c)

- Nach der Bestimmung der kritischen Dosis werden die Zellen für zwei bis drei Passagen mit einer Antibiotikakonzentration, die ein- bis zweifach unter der Toxizitätsgrenze liegt, kultiviert.

Für den Fall einer später eintretenden bakteriellen Kontamination können die betroffenen Zellen rasch und unter minimalen Verlusten mit der zuvor ermittelten Maximalkonzentration an Antibiotikum behandelt werden.

6.6
Antibiotika – notwendig oder überflüssig?

Das Zeitalter der Antibiotika ist geprägt von zahlreichen Erfolgsstories aus der Medizin und Wissenschaft. Im Jahr 2001 standen die Antibiotika auf Platz drei der am häufigsten verordneten Arzneimittel. Eigentlich nicht weiter verwunderlich, wenn man bedenkt, dass in 80 % der meist durch Viren verursachten Erkältungsfälle Antibiotika verschrieben werden, die gar nicht gegen Viren wirken. Der allzu sorglose und unkritische Einsatz der an und für sich segensreichen Antibiotika hat die Meldungen über einen Anstieg von antibiotikaresistenten Bakterien weltweit enorm ansteigen lassen. Mittlerweile sind resistente Stämme zu einem großen Problem in manchen Kliniken geworden und richten immense Schäden an. Die Wunderwaffe Penicillin scheint im Kampf gegen die Erreger langsam, aber sicher ihre Wirksamkeit zu verlieren.

Doch auch Zell- und Mikrobiologie tragen durch jahrzehntelangen, unangemessenen Gebrauch von Antibiotika zu dieser Problematik bei. Der Grundsatz, Penicillin/Streptomycin routinemäßig in das Zellkulturmedium zu mischen, um allerlei Unzuträglichkeiten oder Störungen, die durch Bakterien erzeugt werden könnten, vorzubeugen, hält sich hartnäckig in zahlreichen Laborprotokollen (und Köpfen). Dieser gewohnheitsmäßige Einsatz von Antibiotika gaukelt eine Sicherheit vor, die leicht zur Vernachlässigung der sterilen Arbeitstechniken führen kann. Die regelmäßige Konfrontation einer Bakterienart mit einem bestimmten Antibiotikum und eine unzureichende Dosierung begünstigen zudem die Resistenzbildung. Bakterienstämme, die so eine Widerstandsfähigkeit gegenüber Antibiotika erwerben konnten, lassen sich vielfach nicht mehr oder nur noch mit wenigen, ganz speziellen Antibiotika bekämpfen. Sie werden mit ungeheurer Energie und Rücksichtslosigkeit ihren Platz erobern und behaupten. Die Kulturen sind dann in der Regel verloren und sollten durch Autoklavieren vernichtet werden.

Vom routinemäßigen Einsatz von Antibiotika in der Zellkultur ist auch wegen des Risikos von Kulturartefakten abzuraten (lat. „arte factum" = mit Kunst gemacht). Antibiotika sind Kampfmittel aus der chemischen Kriegsführung mikrobieller Lebewesen. Sie kommen im Säugerorganismus nicht vor und sind für die Zellen völlig unphysiologische und schädliche Substanzen. Die Anwendung aseptischer Arbeitstechniken unter Verzicht von Antibiotika ist für die Aussagekraft von Versuchsergebnissen hingegen stets von Vorteil.

Fazit: Antibiotika sind deshalb nur für den kurzzeitigen Einsatz zur Bekämpfung frühzeitig entdeckter Kontaminationen, beim Anlegen von Primärkulturen und ausnahmsweise auch beim Arbeiten mit unwiederbringlichen Zelllinien zu empfehlen. Bei ihrer Anwendung im Labor müssen Antibiotika grundsätzlich in ausreichend hohen Dosen zugesetzt und wegen der begrenzten Haltbarkeit rechtzeitig nachdosiert werden, um die Gefahr der Resistenzbildung zu minimieren. Nur wenn die "goldene" Regel – so wenig wie nötig und so gezielt wie möglich – bei jeder Antibiotikagabe berücksichtigt wird, kann sichergestellt werden, dass Antibiotika noch lange wirken.

6.7
Mycoplasmen

Seit etwa 15 Jahren geht weltweit in den Zellkulturlabors ein Gespenst um, das Angst und Schrecken verbreitet wie kaum eine andere Mikroorganismengruppe: die Mycoplasmen. Wenn diese Winzlinge Zellkulturen befallen, hat dies zerstörerische Konsequenzen auf die gesamte Zellphysiologie und den Zellmetabolismus. Ohne zu Veränderungen in der Zellmorphologie zu führen, können Mycoplasmen energisch in den Stoffwechsel der betroffenen Zellen eingreifen und die Funktionen eukaryotischer Zellen stark beeinflussen. (*Ein Cartoon in einem Wissenschaftsjournal zeigt eine wie Gulliver an den Boden gefesselte Zelle mit ungläubig-verdutztem Gesichtsausdruck, die von zahlreichen kleinen Quälgeistern gepiesackt wird. Der lakonische Untertitel: "Wenn wir mit ihm fertig sind, wird ihn niemand mehr wiedererkennen."*). Da praktisch alle Zelltypen betroffen sein können, hat dies in der Forschung zu frustrierenden Ergebnissen mit weitreichenden Konsequenzen geführt. Beispielsweise bergen Mycoplasmenkontaminationen in der biopharmazeutischen Produktion oder beim therapeutischen Zellersatz („tissue engineering") ein enormes, weitgehend unterschätztes Risikopotenzial. Die Auswirkungen auf die Reproduzierbarkeit von Forschungsergebnissen hat dazu geführt, dass zahlreiche namhafte wissenschaftliche Fachzeitschriften nur noch zellbiologische Manuskripte akzeptieren, in denen die Mycoplasmenfreiheit der verwendeten Zellkulturen zweifelsfrei nachgewiesen wird. Bei der derzeit herrschenden Publikationswut mag man sich gar nicht vorstellen, wie viele wissenschaftliche Veröffentlichungen wegen mycoplasmenverseuchter Zellen nicht mehr das Papier Wert sind, auf das sie gedruckt wurden.

Durch die zunehmende Bedeutung der Zell- und Gewebekultur in der Biotechnologie sind in den letzten Jahren vermehrt Anstrengungen unternommen worden, der Plage Herr zu werden. Wurde noch vor einigen Jahren bei einem Befall durch Mycoplasmen der Rat erteilt, das Labor niederzubrennen, existieren heute einige brauchbare Ansätze zur Entdeckung und Bekämpfung dieser Laborschädlinge. Auch wurde erfreulicherweise so viel über ihre Biologie und ihre für die Zellkultur so fatalen Eigenschaften berichtet, dass wiederholte Mycoplasmenkontaminationen in einem Labor überwiegend auf Unkenntnis zurückzuführen sind. Dennoch ist der Umgang mit Mycoplasmen auch heute noch heikel und problematisch.

6.7.1
Gestalt, Funktion und Aufbau der Mycoplasmenzelle

Mycoplasmen nehmen in jeder Beziehung eine Sonderstellung ein. Sie sind die kleinsten, aber auch gemeinsten Vertreter der Prokaryoten. Sie gelten als Bakterien der Klasse Mollicutes, welche die Fähigkeit zur Zellwandbildung verloren haben oder nicht mehr benötigen. Mycoplasmen sind aufgrund der fehlenden Peptidoglykanwand auch für bakterielle Verhältnisse recht klein (Durchmesser ca. 0,2–2,0 µm). Ihre Zellmembran ist jedoch mit Lipoglykanen verstärkt und enthält Sterole (s. Glossar). Mycoplasmen sind osmotisch sehr labil. Je nachdem, ob sie sich durch Teilung oder durch Sprossung vermehren, ist ihre Gestalt entweder kugelig oder filamentös. Die Filamente erreichen eine Länge von bis zu 150 µm bei einem Durchmesser von 100–300 nm. Sie können sich durch gleitende Bewegungen fortbewegen.

Der DNS- bzw. RNS-Gehalt der Mycoplasmen ist gering. Er beträgt je nach Art nur zwischen 20 und 50 % der Bakterienerbmasse. Entsprechend ihrer eingeschränkten Stoffwechselmöglichkeiten nutzen Mycoplasmen die Stoffwechselprodukte anderer Arten oder leben als intrazelluläre Parasiten. Sie töten ihre Wirte jedoch nicht ab, sondern infizieren sie vielmehr chronisch und sind insofern als parasitäre Organismen sehr erfolgreich. Als Wirte kommen Pflanzen, Tiere und Menschen in Frage, wobei auch ein Wechsel von einem Wirt zum anderen möglich ist. Man findet sie jedoch auch in Abwässern, Jauche und Kompost. Das mycoplasmenähnliche, thermoacidophile Archaebakterium *Thermoplasma* bevorzugt als Lebensraum erhitzte Kohleabraumhalden.

6.7.2
Mycoplasmen in der Zellkultur

Zellkulturen bieten den parasitierenden Mycoplasmen ideale Lebensbedingungen. Deshalb stellt die Kontamination von Zellkulturen mit Mycoplasmen weltweit eine große Gefahr dar. Kaum ein Zellkulturlabor, das nicht schon einmal mit diesen unliebsamen Gästen Bekanntschaft gemacht hätte. Die tatsächliche Häufigkeit von Mycoplasmen in Zellkulturen ist jedoch schwierig zu ermitteln, da auch eingefrorene Zellkonserven betroffen sein können. Nach Studien und Umfragen sollen allein in Deutschland rund 40 % aller Zellkulturen mit Mycoplasmen infiziert sein. In Japan geht man sogar von einer Durchseuchung von 80 % aus.

Mycoplasmen lassen sich für die Zellteilung viel Zeit. Sie benötigen bis zu 9 h, um sich zu verdoppeln. Ihre Ansprüche an das Nährmedium sind allerdings sehr hoch. Sie entziehen dem Medium sehr rasch Zucker, Dextrose sowie vor allem Arginin und beeinflussen so unmittelbar das Wachstum und die Teilung der Zellen sowie deren Proteinbiosynthese. Die Abhängigkeit von Sterolen ist einzigartig für Prokaryoten.

Die Vorliebe der Mycoplasmen für iso- oder hypertonische Nährmedien (s. Glossar) lässt sie in Zellkulturen geradezu paradiesische Lebensbedingungen vorfinden, wie:

- Nährstoffe im Überfluss,
- optimale Temperatur und
- regelmäßigen Mediumwechsel.

Unglücklicherweise wirken sich 5 % CO_2 in der Brutschrankatmosphäre auf einige Arten zusätzlich wachstumsfördernd aus.

In Zellkulturen treten Mycoplasmen als sehr unregelmäßig gestaltete, häufig auch verzweigte Formen auf, die sich bei der Sterilfiltrierung wegen ihrer Kleinheit von einem Membranfilter mit 0,45 µm Porendurchmesser nicht zurückhalten lassen und selbst eine 0,2 µm-Filtration überstehen können. So lassen sich auch die mutmaßlich wichtigsten Kontaminationsquellen erklären: Serum und Trypsin. Im Jahr 1992 konnten in einem Aufsehen erregenden Experiment in allen fetalen Kälberseren, die als mycoplasmenfrei deklariert waren, Mycoplasmen nachgewiesen werden. Kommerziell erhältliche Seren werden heute grundsätzlich sterilfiltriert und auf Ausschluss von Mycoplasmen getestet.

Da sie keine Zellwände besitzen, lassen sich Mycoplasmen nicht nach der Methode von Gram anfärben und sind mit den üblichen lichtmikroskopischen Verfahren vor allem für Ungeübte kaum nachweisbar. Sie können in Zellkulturen sehr lange völlig unauffällig überdauern, da typische Warnsignale wie bei anderen mikrobiellen Infektionen fehlen (s. Abschnitt 6.3). Sogar extrem hohe Konzentrationen von bis zu 10^8 Organismen mL^{-1} bleiben mitunter völlig unbemerkt, da keine Trübung des Zellkulturmediums auftritt. Dies würde jedoch bedeuten, dass bis zu 30 % des Gesamtproteins und bis zu 50 % der Gesamt-DNS einer befallenen Zellkultur mycoplasmalen Ursprungs sind!

Die Klasse der Mollicutes umfasst mehr als 150 Arten. Nicht alle kommen als potenzielle Kontaminanten in Frage. Die prozentuale Verteilung der einzelnen Spezies in befallenen Kulturen lässt allerdings interessante Rückschlüsse auf die Hauptkontaminationsquellen zu:

Mycoplasmenspezies	%	Kontaminationsquellen
Mycoplasma orale	23,5	Mensch
Mycoplasma fermentans	3,5	Mensch
Mycoplasma salivarium	5,0	Mensch
Mycoplasma hominis	5,0	Mensch
Mycoplasma hyorhinis	20,0	Schwein
Mycoplasma argininii	16,5	Rind
Acholeplasma laidlawii	9,0	Rind
Andere	17,5	Diverse

Etwa ein Viertel der in Zellkulturen nachgewiesenen Mycoplasmen stammen ursprünglich aus Rindern. Sie haben höchstwahrscheinlich über unzureichend gereinigtes Serum den Weg in die Kulturen gefunden. Ein Fünftel wurde wahrscheinlich über Trypsin eingeschleppt, das aus den Bauchspeicheldrüsen von Schweinen gewonnen wird. Der größte Anteil setzt sich jedoch aus für den Menschen spezifischen Arten zusammen. Mit anderen Worten: Der Löwenanteil der Mycoplasmenbelastung muss von Menschen beigesteuert worden sein, die sich professionell mit Zellkulturen beschäftigen. Der Eintrag geschieht beim direkten Umgang mit den Kulturen, meist durch Tröpfcheninfektion (*M. orale* ist ein natürlicher „Bewohner" der menschlichen Mundschleimhaut) – ein treffendes Beispiel dafür, wie fatal sich eine mangelnde Desinfektionspraxis und unsaubere Arbeitstechniken auf die eigene Arbeit auswirken können.

6.7.3
Auswirkungen eines Mycoplasmenbefalls auf Zellkulturen

Mycoplasmen ändern buchstäblich jeden Parameter des Zellstoffwechsels. Dies hat negative Auswirkungen auf Validität, Reproduzierbarkeit und die Signifikanz von Forschungsarbeiten. Wenn sich Morphologie, Wachstumsrate oder andere Eigenschaften plötzlich und ohne offensichtlichen Grund verändern, kann das ein Anzeichen einer Mycoplasmeninfektion sein. Folgende Effekte auf Zellen, Zellkerne und Chromosomen konnten auf Mycoplasmenbefall zurückgeführt werden:

Auswirkungen auf die Zellen
- verlangsamtes Zellwachstum durch Hemmung der Proteinbiosynthese infolge Argininverarmung
- Verminderung der Zellproliferation um bis zu 50 %
- starke Ansäuerung des Mediums durch raschen Glucoseabbau
- Absterben und Auflösung von Zellen

- Veränderung der Membranintegrität durch Anlagerung von Mycoplasmen an die Zellmembran
- Schädigung der Wirtszellen durch eindringende parasitische Arten (*M. penetrans*)
- Begünstigung von Viruswachstum und Infektionsrate führt zu einer echten oder zu einer vorgetäuschten Transformation der Zellen
- Anregung der Kollagenaseproduktion in Fibroblastenkulturen
- Beeinflussung immunologischer Reaktionen (z. B. Makrophagenaktivierung, Hemmung der Antigenpräsentation, Umsetzung der Signaltransduktion)
- Störung von Oberflächenmarkern und Membranrezeptoren und somit der Membranintegrität

Auswirkungen auf die Zellkerne
- Induktion von sog. Minikernen
- Auflösung der Kernkörperchen (Nucleoli)

Chromosomenveränderungen (durch starken Argininentzug)
- Chromosomenbrüche und Verlagerungen von Chromosomenbruchstücken in andere Chromosomen (multiple Translokation)
- Brückenbildung zwischen den Chromosomen
- Induktion von „Leopardenzellen" durch Kondensation des Chromatins
- Änderung der Chromosomenzahl durch Vervielfältigung des Chromosomensatzes (Polyploidie)
- Induktion neuer Chromosomen (führt zur Verfälschung der pränatalen Diagnostik an Amnionzellkulturen!)

6.7.4
Wichtige Indizien für einen Mycoplasmenbefall

Eine Mycoplasmenkontamination im Rahmen der üblichen Routinekontrollen aufzudecken ist meist sehr schwierig, da Mycoplasmen
- optisch kaum in Erscheinung treten
- die Zellkulturen nicht überwachsen
- in Sterilkontrollen nicht entdeckt werden, weil sie weitgehend resistent gegen Antibiotika sind

Die Anwesenheit von Mycoplasmen lässt sich jedoch indirekt erkennen, wenn sich mit der Zeit:
- die Proliferationsrate der Zellen verändert und sich das Zellwachstum verlangsamt
- die Zelldichte reduziert und Löcher (sog. nekrotische Foci) im Zellrasen entstehen
- vermehrt abgerundete, „krank" aussehende Zellen mit verminderter Adhärenz ansammeln

- vakuolenartige Bläschen in und feinkörnige Muster auf den Zellen bilden
- ein ungleichmäßiger Rand des Zellrasens bildet
- starke Verklumpung während des Wachstums von Suspensionszellen beobachten lässt
- der pH-Wert früher als gewöhnlich absenkt und es zu einer vorzeitigen Gelbfärbung des Mediums kommt

Liegen ein oder gar mehrere Verdachtsmomente vor, verlangen diese gebieterisch nach einem verlässlichen Mycoplasmentest, denn infizierte Zellen stellen die größte Infektionsquelle für weitere Zelllinien dar.

6.7.5
Diagnose durch Mycoplasmentests

Die Identifizierung von Mycoplasmen gestaltet sich nach wie vor recht aufwändig und zeitraubend. Hinzu kommt, dass manche Tests einige Erfahrung des Ausführenden voraussetzen, da sonst Fehldiagnosen im Positiven wie im Negativen nicht auszuschließen sind. Einige Testmöglichkeiten sollen hier kurz vorgestellt werden.

Mikrobiologische Kulturmethode
Die Mycoplasmen werden auf speziellen Substratplatten zum Wachsen gebracht. Nachteile: sehr lange Testzeiten von bis zu vier Wochen. Nicht alle Mycoplasmenarten lassen sich kultivieren. Die Auswertung ist schwierig. Zudem erhöht sich die Gefahr der weiteren Ausbreitung.

Fluoreszenznachweismethode
Dieser DNS-Färbetest gestattet die routinemäßige Kontrolle von Zellkulturen, Seren, Medien etc. Mit ihm können Mycoplasmen bei 500facher Vergrößerung nachgewiesen werden. Man benötigt dazu jedoch ein teures Fluoreszenzmikroskop mit UV-Anregung (s. Abschnitt 2.4.3). Die Zellen werden mit einem Farbstoff angefärbt, der selektiv DNS färbt (Bisbenzimidazol von Biochrom, Hoechst 33258 von ICN oder DAPI). Nichtkontaminierte Kulturen zeigen eine deutliche Fluoreszenz des Zellkerns, während das Cytoplasma nicht fluoresziert (Abb. 2.6). Kontaminierte Kulturen weisen neben dem fluoreszierenden Zellkern mehr oder weniger gleichmäßig über die Zellmembran und zwischen den Zellen verteilte Fluoreszenz auf. Nachteile: Auch andere mikrobielle Kontaminanten werden mit dieser Methode angefärbt. In nichtinfizierten Kulturen kann aus beschädigten Zellen ausgetretene DNS eine Mycoplasmeninfektion vortäuschen. Die Auswertung erfordert deshalb Erfahrung.

Lichtmikroskopie
Die auf einem Objektträger wachsenden Zellen müssen mit Aceto-Orcein oder Giemsa-Lösung angefärbt werden (s. Abschnitt 5.7). In beiden Fällen kann eine

körnige Färbung des Cytoplasmas als Indiz einer Mycoplasmeninfektion gewertet werden. Nachteile: Die Interpretation ist aufgrund einer möglichen unspezifischen Farbstoffpräzipitation noch schwieriger als bei der Fluoreszenzmethode. Der Test ist sehr zeitaufwändig, erfordert Erfahrung und funktioniert nur bei adhärierenden Arten. Man benötigt ein teures 100er Ölimmersions-Objektiv.

Elektronenmikroskopie

Im Transmissions-Elektronenmikroskop (TEM) müssen mindestens 100 Zellen untersucht werden. Nachteil: Diese Methode ist extrem zeitaufwändig und erfordert Erfahrung. Als Alternative bietet sich das Rasterelektronenmikroskop (REM) an, mit dem Zellen und adhärente Mycoplasmen körperlich dargestellt werden können.

Autoradiographie

Da Mycoplasmen aus dem Medium den DNS-Baustein Thymidin aufnehmen, zeigen infizierte Kulturen nach der Markierung mit 0,1 $\mu Ci\ ml^{-1}$ ^{3}H-Thymidin eine anormale ^{3}H-Thymidin-Markierungsrate. Das Auftreten von Silberkörnern im Autoradiogramm deutet auf eine Infektion hin. Nachteil: zeitaufwändige Methode, die Erfahrung im Umgang mit radioaktivem Material erfordert.

Mycoplasmennachweis mit MycoTect® von Invitrogen

Mycoplasmen enthalten verhältnismäßig große Mengen des Enzyms Adenosinphosphorylase (AP), während es in eukaryontischen Zellen nur in Spuren auftritt. AP spaltet 6-Methylpurindeoxyribosid (6-MPDR), ein ungiftiges Adenosinanalog, in 6-Methylpurin und 6-Methylpurinribosid. Diese beiden Verbindungen sind cytotoxisch und schädigen die Zellkultur. Eine mit Mycoplasmen infizierte Kultur wird sich also nach der Inkubation mit 6-MPDR durch ein rasches Absterben der Zellen verraten, während nichtinfizierte Kulturen unverändert weiterleben. Der Test beansprucht zwar vier bis fünf Tage, ist jedoch einfach durchzuführen. Er ist für adhärente und nichtadhärente Mycoplasmen gleichermaßen geeignet. Nachteile: Es wird eine mycoplasmenfreie Referenzzelllinie benötigt. Der Test spricht auch auf Bakterien an.

Nachweis mittels Polymerasekettenreaktion (PCR)

Als weitere Nachweismethode bietet sich die etablierte und zuverlässige Nukleinsäureamplifikation auf der Basis der Polymerasekettenreaktion (PCR) an. Hierbei wird eine vorhandene Mycoplasmen-DNS vervielfältigt und entweder gelelektrophoretisch oder durch eine fluoreszenzmarkierte Hybridisierungssonde sichtbar gemacht. Besonders beeindruckend ist der Zeitvorteil: Je nach Ansatz liegt das Ergebnis innerhalb von wenigen Stunden oder gar noch schneller vor. Testkits werden von verschiedenen Herstellern angeboten und ermöglichen reproduzierbare Ergebnisse. Durch die hohe Empfindlichkeit ist sogar die Bestimmung der Mycoplasmenart möglich. Nachteil: die teure Anschaffung der benötigten Geräte.

Für alle, die nicht im eigenen Labor testen wollen oder können, bieten verschiedene Institute mittlerweile als Dienstleistung kommerzielle, meist auf PCR-Basis durchgeführte Mycoplasmentests an.

Wer einen Mycoplasmentest selbst durchführen möchte, sollte sich für ein Verfahren entscheiden, das ohne großen finanziellen Aufwand mit seiner Laborausstattung zu realisieren ist und ein eindeutiges sowie sensitives Ergebnis liefert. Der Test sollte so empfindlich sein, dass sich zellkulturtypische Mycoplasmen spezifisch nachweisen lassen. Die Durchführung sollte zudem ohne großen Arbeits- und Zeitaufwand erfolgen können.

Wegen der Beeinflussung nahezu aller Funktionen des Metabolismus der befallenen Zellen sind laut Gesetzgebung die folgenden Kulturen und Produkte regelmäßig auf den Befall durch Mycoplasmen zu testen:
- sog. Master-Zellkulturen
- Antikörper, Hormone, Immunstimulatoren, Blutprodukte und andere aus Zellkulturen hergestellte Bioprodukte
- Impfstoffe für den humanen und veterinären Bereich

Kontaminationsquellen
- Ursprungsgewebe (bei Primärzellen)
- Kulturen aus unsicheren Quellen, z. T. auch von Zellbanken
- Produkte aus infizierten Zellkulturen
- Serum
- verunreinigte Geräte, Medien und Reagenzien durch mangelhafte Sterilisationspraxis und/oder unsaubere Arbeitstechniken
- Tröpfcheninfektion durch Experimentator

6.7.6
Behandlung befallener Zellkulturen

Hat man erst einmal die traurige Gewissheit, dass eine oder mehrere Zellkulturen mit Mycoplasmen verseucht sind, stellt sich die Frage, wie weiter verfahren werden soll. Prinzipiell sollte man nicht versuchen, eine befallene Kultur zu retten. Die Gefahr einer Verschleppung ist groß und kaum kalkulierbar. Man sollte es mit Major von Schill halten, der sich angesichts einer erdrückenden Übermacht lieber für ein Ende mit Schrecken als für ein Schrecken ohne Ende entschied. Konkret bedeutet dies:
- die infizierten Kulturen so rasch wie möglich autoklavieren
- alle verwendeten Medien autoklavieren, um mögliche Kontaminationsquellen auszuschalten
- alle Kryokonserven der befallenen Zelllinie auf Kontamination testen
- Grunddesinfektion des gesamten Labors (s. Kapitel 2 und 3)

Nur in Ausnahmefällen, wenn die betroffenen Zellen tatsächlich unersetzbar sind, sollte man unter strikter Quarantäne rasch eine Behandlung einleiten. Zellen von

Mycoplasmen dauerhaft zu kurieren, ist jedoch sehr schwierig und aufwändig. Da serumfreie Medien kein Mycoplasmenwachstum erlauben, kann man versuchen, die betroffenen Kulturen durch Serumentzug zu behandeln. Eine weitere Möglichkeit besteht darin, die Zellkultur für 48 h bei 40–42 °C zu inkubieren. Diese Maßnahmen können jedoch auch für die durch die Infektion ohnehin schwer in Mitleidenschaft gezogenen Zellen das sichere Ende bedeuten. Eine gezielte Dekontamination kann hingegen mit geeigneten Antibiotika wie Gentamycin, Kanamycin, Tylosin oder Ciprofloxacin versucht werden. Eine panische Behandlung mit Penicillin/Streptomycin oder anderen ungeeigneten Antibiotika führt dagegen kaum zum Erfolg. Im Gegenteil: Eine ständige Anwendung stellt sogar eine potenzielle Gefahr dar, denn diese Antibiotika haben nur eine statische Wirkung auf Mycoplasmen und bremsen deren Angriffslust nur vorübergehend ab. Die Folge können schwerste Nachfolgekontaminationen sein, die kaum noch therapierbar sind.

Empfehlenswerter als die oben angeführten Methoden ist die Anwendung neu auf den Markt gekommener Agenzien zur Mycoplasmenbekämpfung. Eine Auswahl soll hier kurz vorgestellt werden:

- Mycoplasma Removal Agent (Serotec)
  Der Wirkstoff, ein oxo-Quinolincarboxylsäurederivat, hemmt die DNS-Gyrase der Mycoplasmen und soll sie effektiver abtöten als Ciprofloxacin. Die Wirkung sollte binnen einer Woche eintreten.
- Mycokill™ (PAA)
  Mycokill ist eine gebrauchsfertige Kombination verschiedener Antibiotika. Sie soll bei einer großen Bandbreite von Mycoplasmen wirksam sein und innerhalb von 14–16 Tagen zum Erfolg führen. Mycokill soll sowohl auf die Proteinbiosynthese als auch auf den Transskriptionsapparat wirken.
- PLASMOCIN™ (TEBU)
  Greift spezifisch sowohl an der Proteinbiosynthese als auch an der DNS-Replikation der Mycoplasmen an und wirkt auch auf intrazelluläre Mycoplasmen.
- Mynox® (Minerva Biolabs)
  Mynox greift nicht in den Mycoplasmenstoffwechsel ein, sondern wirkt biophysikalisch: Durch Wechselwirkung mit der Lipidmembran werden Permeabilitätsänderungen induziert. Da Mycoplasmen osmotisch labil sind, platzt die Plasmenmembran durch den osmolytischen Druck und es kommt zur vollständigen Lyse. Eukaryotische Zellen sollen nicht geschädigt werden.
- Flächendesinfektion mit Mycoplasma-OFF® (Minerva Biolabs)
  Mycoplasmen überleben in eingetrockneten Mediumtropfen mehrere Stunden. Das Desinfektionsspray auf Alkoholbasis (iso-Propanol, Ethanol, Glutaraldehyd) ist mit dem Wirkstoff Mynox angereichert. Handschuhe und Schutzbrille werden bei der Anwendung empfohlen.

Die beste Strategie gegen Mycoplasmen ist jedoch immer noch die Vorbeugung:
- Jede neu im Labor ankommende Zelllinie oder Primärkultur sollte stets auf Mycoplasmen getestet werden, bevor sie vermehrt und eingefroren wird.
- In regelmäßigen Abständen sollte ein Routinescreening aller Kulturen und Zelllinien durchgeführt werden.
- Peinliche Sauberkeit und strikte Einhaltung der Steriltechniken im Zellkulturlabor sollten selbstverständlich sein (s. Kapitel 2 und 3).

6.8
Gestalt, Funktion und Aufbau der eukaryotischen Mikrobenzelle

Neben der Kontamination durch die prokaryotischen Bakterien können auch einige eukaryotische Mikroorganismen zu einer Gefahr für Zellkulturen werden. In erster Linie sind hier Schimmel und Hefen zu nennen, die systematisch zu den Pilzen gezählt werden. Ihre Ausbreitung in den Zellkulturlabors ist (wie bei den Mycoplasmen) eng an den Menschen geknüpft, der als Sporenträger eine der Hauptkontaminationsquellen darstellt. Aufgrund ihrer grundlegenden Unterschiede in der Biologie erfordern Pilze andere Abwehrmaßnahmen als Bakterien.

Im Vergleich zur prokaryotischen Bakterienzelle zeichnen sich Pilz- und Hefezellen durch größere Zelldimensionen, eine Gliederung des Zellplasmas in Kompartimente, geringere Stoffwechselleistungen und eine ausgeprägte morphologische Differenzierung aus. Die typische Pilzzelle ist Bestandteil fädig verzweigter Vegetationsorgane (Hyphen), die in ihrer Gesamtheit den netzwerkartigen Grundkörper der Pilze (Mycel) bilden. Das Wachstum der Pilze vollzieht sich durch Zellteilung an der Spitze der Hyphen. Bei ihrer Vermehrung treten zudem verschiedene Sporenarten auf. Einige Hefen (z. B. *Candida albicans*) vermehren sich sowohl durch Sprossung als auch mycelartig. Das Mycel entsteht jedoch nicht durch Zellteilung, sondern durch Sprossung, weshalb es als Pseudomycel bezeichnet wird.

Die Pilzzelle verfügt wie jede Zelle über eine Membran, an die sich nach außen jedoch eine mehrschichtige Zellwand anschließt. Die Zellmembran ist ähnlich wie die der Prokaryoten strukturiert. Einige Pilzgruppen (z. B. die echten Pilze oder Oomyceten) enthalten in der Membran keine Sterole, was sie gegen Antimycotika wie Amphotericin B unempfindlich macht. Die mehrschichtige Zellwand verleiht der Pilzzelle Form und Festigkeit. An der Spitze der Hyphen besteht die elastische Zellwand aus Protein und Chitin, einem Polysaccharid aus N-Acetylglucosamin. Bei den echten Pilzen ist anstelle von Chitin Cellulose eingebaut. Als zusätzlicher Schutz sind auf die Zellwand Schichten von Glykoproteinen und Glucosepolymeren (Glukanen) aufgelagert. Hefen besitzen als zusätzliche Zellwandbausteine aus Mannose aufgebaute Mannane. Die Zellwandbildung ist einer der Angriffsorte für die Antimycotika. Die Wände der Pilzsporen sind bis zu siebenmal dicker als die der Zellen, durch Melanineinlagerungen sehr widerstandsfähig und äußerst schwer abbaubar.

6.8.1
Zellkulturrelevante Pilze (Fungi) und Hefen

Einige Vertreter dieser riesigen Organismengruppe tauchen nicht selten in der Zellkultur auf und sorgen mitunter für langanhaltende Kontaminationen. Zu ihnen zählen Untergruppen wie die:
- Jochpilze (Zygomyceten): landbewohnende Pilze, die Sporen bilden und bei Sauerstoffmangel hefeartig wachsen. Die Gruppe umfasst ca. 300 Arten und beinhaltet weitverbreitete Schimmelpilze wie den Köpfchenschimmel *Mucor mucedo* und den Brotschimmel *Rhizopus nigricans*. Die Sporenbehälter (Sporangien) werden auf dem grauweißen Mycel gebildet; die kurzen, weitverzweigten Hyphen ankern im Substrat.

- Schlauchpilze (Ascomyceten): Zu dieser 60.000 Arten umfassenden Gruppe gehören viele Hefen. Sie sind weit verbreitet und bevorzugen zuckerhaltige Substrate. Sie vermehren sich vegetativ durch Knospung, wobei sie ein Sprοss- oder Pseudomycel bilden können. Wichtige Vertreter sind die Bäcker- oder Bierhefe *Saccharomyces cerevisiae* sowie der Milchschimmel *Geotrichum candidum*.
- Ständerpilze (Basidiomyceten): Zu ihnen gehören die meisten makroskopischen Pilze, die uns durch ihre charakteristischen Fruchtkörper vertraut sind. Sie spielen als Zellkulturschädlinge kaum eine Rolle. Einzelne Gattungen können sich allerdings hefeartig vermehren (Brand- und Rostpilze).
- Pilze, deren sexuelle Fortpflanzung nicht bekannt ist oder die sich nur parasexuell fortpflanzen, werden als Deuteromyceten oder als Fungi imperfecti zusammengefasst. Zu Ihnen gehören so wichtige Arten wie *Penicillium* und *Aspergillus*, aber auch die humanpathogenen *Candida* und *Trichophyton*.

6.8.2
Wachstum von Hefen und Pilzen

Die einzelligen Hefen vermehren sich durch Knospung oder Sprossung. Die Hefezelle löst ihre Zellwand lokal auf und schließt sie nach der Ablösung der Tochterzelle(n) wieder. Die Generationszeit der Hefen liegt bei 2 h, ihre Wachstumskinetik ist deshalb dem exponentiellen Wachstum der Bakterien sehr ähnlich.

Pilze zeichnen sich durch ein ausgeprägtes Spitzenwachstum aus. Die Hyphenspitze ist ein Ort außerordentlich hoher Stoffwechselaktivität. Durch das schnelle Spitzenwachstum (der Brotschimmel *Neurospora crassa* kann binnen einer Minute 2 µm wachsen) erschließen sich die zur aktiven Fortbewegung unfähigen Pilzzellen stetig neue Nährstoffquellen.

Pilzmycelien bilden vor allem auf und in nährstoffreichen Medien Verzweigungen. Aufgrund dieser starken Verästelung tritt auch bei einigen Pilzen eine exponentielle Wachstumsphase auf. Der rote Brotschimmel (*Neurospora crassa*) erreicht Verdopplungszeiten von 2 h.

6.8.3
Die optische Identifizierung einer Pilzinfektion

Der Befall einer Zellkultur durch Schimmel bedarf keiner weiteren Erläuterung. Sein grau-weißes, grünliches oder rötliches, verfilztes Gewirk, das sich auf dem Substrat ausbreitet, ist hinlänglich bekannt. Manche Arten der Fadenpilze bilden hingegen zahlreiche lockere, watteartige „Puschel", die in der kontaminierten Flüssigkeit flottieren und nach einiger Zeit mit dem bloßen Auge zu erkennen sind (Abb. 6.6 a).

Hefen sind vor allem zu Beginn einer Infektion nicht leicht zu entdecken, da die Größe der rundlichen bis ovalen Zellen, die entfernt an Insekteneier erinnern, lediglich 6–8 µm beträgt. Im fortgeschrittenen Stadium können die weißlichen, scharf konturierten Hefezellen jedoch nicht mehr übersehen werden (Abb. 6.6 b). Lässt man sie ungestört weiterwachsen, können sich größere Sprossverbände bilden, die echten Mycelien täuschend ähnlich sehen (Abb. 6.6 c).

6.8 Gestalt, Funktion und Aufbau der eukaryotischen Mikrobenzelle

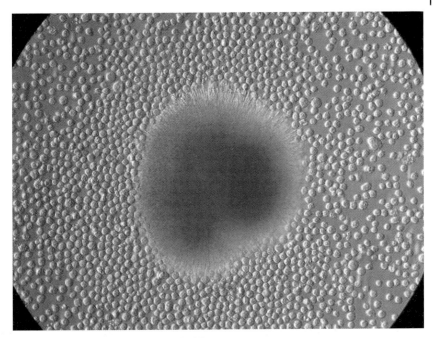

Abb. 6.6 (a) Eine von einem Fadenpilz befallene Suspensionskultur.

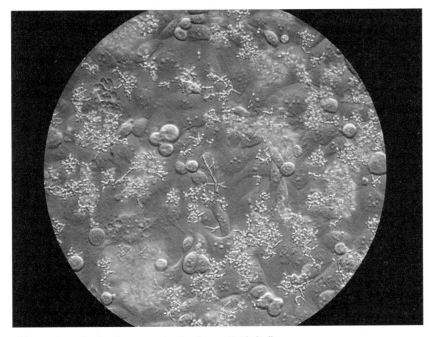

Abb. 6.6 (b) Hefezellen beginnen eine konfluente Epithelzellkultur (AGS) zu überwuchern.

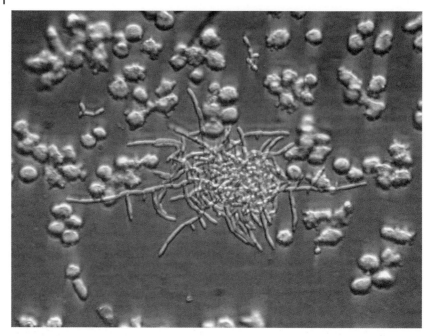

Abb. 6.6 (c) Hefezellen bei der Bildung eines Pseudomycels in einer Yac-1 Suspensionskultur.

6.8.4
Antimycotika

Da Pilze und Hefen wegen ihrer besonderen Biologie gegen Antibiotika unempfindlich sind, müssen andere Mittel zu ihrer Bekämpfung eingesetzt werden: die Antimycotika oder Fungizide. Die in der Zellkultur gebräuchlichsten Antimycotika sind Amphoterizin-B (auch unter dem Namen Fungizon bekannt) und Nystatin.

Antimycotikum	Lagerung bei °C	Haltbarkeit bei 37 °C	empfohlene Konzentration	cytotoxische Konzentration
Amphoterizin-B	−20	3 Tage	2,5 µg mL^{-1}	30 µg mL^{-1}
Nystatin	−20	3 Tage	50 µg mL^{-1}	600 µg mL^{-1}

Ein Antimycotikum mit hoher spezifischer Hemmwirkung gegen Hefen ist Cycloheximid. Es ist ein Fungistatikum, das bei Hefezellen einen Riesenwuchs bewirkt und die Sporenbildung unterdrückt.

Fungizide können auf kultivierte Säugerzellen ebenso schädlich wirken wie Antibiotika. Es empfiehlt sich, sie nur bei Bedarf einzusetzen und die jeweilige cytotoxische Dosis zu ermitteln (s. Abschnitt 6.5).

6.8.5
Sporen – ein stetiger Anlass zur Sorge

Bakterielle Endosporen sind – wie in Abschnitt 6.2.3 ausgeführt – eine spezielle Überlebensstrategie, durch die eine Bakterienzelle, eingebettet in eine derbe Sporenwand, widrige Umweltbedingungen wie Hitze, Trockenheit oder die Anwesenheit giftiger Substanzen in einer Art Ruhezustand überdauern kann. Pilzsporen hingegen sind gekapselte Fruchtstände von enormer Widerstandskraft. Da sie ständig produziert werden, erreicht Ihre Konzentration in der Luft je nach Vegetationsperiode hohe Werte, was ihre Eliminierung zusätzlich erschwert.

Sporen nutzen jede Art der passiven Verbreitung. Den Haupteintrag in das Zellkulturlabor hat wie bei den Mycoplasmen der Mensch zu verantworten. *So stehen Zellzüchter, die sich nach der Arbeit beim Genuss einer hefehaltigen Bierspezialität zu entspannen pflegen, seit längerem im Verdacht, Sporenlieferanten zu sein.*

Wegen ihrer Robustheit stellen die Pilzsporen eine enorme Herausforderung an die Laborhygiene dar. Die allgemein zur Flächendesinfektion verwendeten Wirkstoffe können ihre volle Wirkung kaum entfalten, da in vielen Fällen die Einwirkzeit (z. B. beim Abwischen von Arbeitsflächen oder Geräten) nur auf wenige Minuten beschränkt ist. In stark mit Sporen belasteten Laboratorien werden deshalb die von Natur aus aggressiveren Sporizide zur Desinfektion eingesetzt. Während Aldehyde wegen ihrer gesundheitlichen Risiken kaum noch Verwendung finden, haben sich Peressigsäure und Natriumhypochlorid als hocheffiziente Sporenkiller bewährt.

Haben die Sporen erst den Weg in ein Zellkulturgefäß gefunden (z. B. über einen mit Sporen zugesetzten HOSCH-Filter; s. Abschnitt 2.4.1), lassen sich Sporozide selbstverständlich nicht mehr einsetzen. Die Pilze müssen dann nach dem Auskeimen mit Antimycotika ausgeschaltet werden. Vor allem die von Schimmel befallenen Kulturen dürfen unter keinen Umständen mehr geöffnet werden. Der hierbei entstehende Luftzug hätte den gleichen Effekt wie der Tritt auf einen reifen Bovist: Milliarden von neuen Sporen würden freigesetzt werden. Das Versiegeln des Gefäßes mit Parafilm und sofortiges Autoklavieren verringern diese Gefahr deutlich. Eine Grunddesinfektion wie nach einer Mycoplasmenkontamination ist dennoch ratsam.

6.9
Virale Kontamination

Infektiöse Partikel, die als genetische Information entweder nur DNS oder nur RNS enthalten und von einer Proteinhülle (Capsid) umschlossen sind, werden als Viren zusammengefasst. Das komplette Virus (lat. *„virus"* = giftiger Schleim) wird auch als Virion bezeichnet. Nackte Viren (RNA-Moleküle ohne Capsid) heißen Viroide. Als Bakteriophagen werden die Viren bezeichnet, die ausschließlich Bakterien befallen und auflösen (gr. *phagein* = „essen"). Sie spielen in der eukaryotischen Zellkultur keine Rolle.

Einige Viren besitzen mehrere Hüllen aus unterschiedlichem Material (Proteine, Lipide, Polysaccharide). Viren zählen nicht zu den echten Lebewesen, da sie weder zum Wachstum noch zu selbstständiger Vermehrung fähig sind und daher auf die

Stoffwechselleistungen ihrer Wirtszellen angewiesen sind. Das Virus vermag jedoch – nach dem Einschleusen seines genetischen Materials – den gesamten Stoffwechsel seiner Wirtszelle zum Aufbau neuer, kompletter Viruspartikel umzuprogrammieren. Der entscheidende Prozess der Replikation des genetischen Materials erfolgt nach verschiedenen Mechanismen. Spezifische Enzyme (Polymerasen) verdoppeln die DNS bzw. RNS in der Wirtszelle. Bei Retroviren wie dem HIV erfolgt die Translation von RNS in DNS durch das Enzym Reverse Transkriptase.

Die Evolution der Viren ist noch nicht geklärt. Nach der Art ihrer Vermehrung zu schließen, sind sie erst nach den Zellen entstanden. Möglicherweise sind sie aus genetischem Material von Zellen hervorgegangen. Es existieren jedoch noch andere Entstehungshypothesen.

Viren sind in Form und Größe sehr vielgestaltig, obgleich die Capside meist nur nach zwei Grundformen spiralig gewunden (helikal) oder vielflächig (polyedrisch) aufgebaut sind. Da sie meist deutlich kleiner als 30 nm sind, entziehen sie sich der direkten Beobachtung durch das Lichtmikroskop.

Human- und tierpathogene Viren sind ein ernstes Problem in der Medizin. Sie sind für zahlreiche Infektionskrankheiten wie Grippe, Schnupfen, Gürtelrose, Masern, Röteln, Hepatitis, Kinderlähmung, Tollwut, Maul- und Klauenseuche, aber auch für AIDS verantwortlich. Möglicherweise verursachen sog. onkogene Retroviren die Entstehung bestimmter Tumorarten. Durch die enge Verbindung der Viren mit dem Stoffwechsel der Wirtszellen und die Tatsache, dass sie keinen eigenen Metabolismus haben, sind tier- und humanpathogene Viren in der Zellkultur nur sehr schwierig zu bekämpfen. Als einzige Ausnahme gelten die Pockenviren, die als Krankheitserreger ausgeschaltet werden konnten. Neue Viren, wie die HI-Retroviren, sind jedoch hinzugekommen.

Viren gelangen fast ausschließlich über biologisches Material in die Zellkultur. Als Kontaminationsquellen kommen bereits infizierte Zelllinien, aber auch Trypsin und Serum in Frage; in fetalem Kälberserum konnten rund 20 verschiedene Viren nachgewiesen werden. Eine Virusinfektion kann sich in einer mehr oder weniger deutlichen Veränderung der Zellmorphologie äußern. Schwerwiegender sind jedoch unkontrollierte Schwankungen und Wechsel in der Zellphysiologie.

Die Virenbelastung in der Zellkultur gering zu halten oder gar gänzlich auszuschließen, ist ein extrem schwieriges Unterfangen. Virusträchtige Präparate wie Serum oder Trypsin werden zwar virusinaktivierenden Methoden wie UV/Gammabestrahlung und Hitzebehandlung unterzogen sowie mit Antikörpern und Lipidsolvents behandelt – daraus resultierende nachteilige Effekte auf die wachstumsfördernden Eigenschaften des Serums sind dabei allerdings nicht auszuschließen. All diese Anstrengungen bewirken jedoch nichts, wenn die Zellen selbst bereits Viren enthalten.

6.10
Prionen

Neuerdings sind infektiöse Proteinpartikel ohne DNS/RNS in das Zentrum des Interesses gerückt. Diese sog. unkonventionellen übertragbaren Agenzien besitzen eine extreme Widerstandskraft gegenüber physikalisch-chemischen Einflüssen und sind zudem außerordentlich hitzestabil. Die Inaktivierungstemperatur bzw. -zeit für Prionen liegt nach der Empfehlung der Bundesforschungsanstalt für Viruskrankheiten der Tiere bei 136 °C in der Dampfphase für mindestens 1 h. Ihre Inaktivierung ist zudem durch die Resistenz gegenüber den meisten Desinfektionsmitteln sehr erschwert. Für diesen neuen Erregertyp hat sich der Begriff Prion (small proteinaceous infections particles) eingebürgert.

Prionen bestehen aus einem langen, frei beweglichen „Schwanz" und einem globulären Bereich. Das natürliche Prion-Protein PrP^c des Rindes ist in einem bestimmten Abschnitt in komplizierter Weise gefaltet, während der Rest des Moleküls eine frei bewegliche Kette darstellt. Der gefaltete Bereich kann ebenso wie der Rest des Moleküls durch eine Protease verdaut werden. Bei der pathologischen Form kann das Enzym nur einen Teil vom offenen Ende der Aminosäurenkette abspalten.

Funktion sowie Infektionsmechanismus der Prionen sind unklar. Fest steht, dass sie in allen Gewebstypen vorkommen. Sie spielen anscheinend jedoch bei den Nervenzellen des Gehirns eine unheilvolle Rolle. Es sind zwei Isoformen der Prionen bekannt, von denen nur eine infektiös ist. Vermutlich dient die infektiöse Form als Schablone für die Umwandlung normaler Prionen in die pathologische Form. Eine Kettenreaktion führt zur massenhaften Vermehrung von infektiösen Prionen und letztlich zu einer Zerstörung von Nervenzellen mit fatalen Folgen. Normale Prionen können durch Proteasen abgebaut werden, infektiöse Prionen jedoch nicht. Dies ist eine wichtige Voraussetzung bei der vermuteten Ansteckung durch BSE-verseuchtes Fleisch.

Prionen sind die Verursacher der Bovinen Spongioformen Encephalopathie (BSE). Die seltene Creutzfeld-Jacob-Krankheit beim Menschen wird ebenfalls durch diese Prionen hervorgerufen, möglicherweise sogar durch Überwindung der Artschranke. Andere Prionen sind die Auslöser der bei Schafen und Ziegen auftretenden Traberkrankheit oder „Scrapie". Da in der Zellkultur verbreitet vom Rind stammende Produkte eingesetzt werden, die außer mit Mycoplasmen und Viren auch mit dem BSE-Erreger infiziert sein können, erhält dieser Aspekt eine beunruhigende Bedeutung in der Zellbiologie bzw. Biotechnologie.

6.11
Kreuzkontaminationen

Seit 1998 wurden zahlreiche Fälle von Kreuzkontaminationen festgestellt. Bei dieser Art von Kontamination werden durch Unachtsamkeit oder unsteriles Arbeiten Zelllinien unterschiedlicher Spender oder Spezies miteinander vermischt (Abb. 6.7). Die schneller wachsenden Zellen verdrängen dabei die langsamer wachsende Zelllinie rasch und vollständig, sodass schließlich eine Zelllinie unter falschem Namen zirkuliert. Nach Schätzungen von 1998 existieren ca. 36 % aller Zelllinien durch Kreuzkontaminationen unter falschem Namen. Seit 1960 wurden z. B. zahlreiche Zelllinien unbemerkt durch HeLa und andere Zellen unabsichtlich „ersetzt". Unentdeckte Kreuzkontaminationen bergen ein immenses Risiko für die

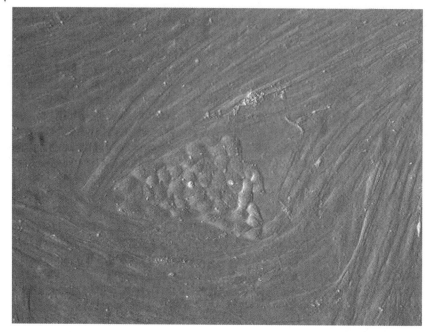

Abb. 6.7 Kontamination spindelförmiger, glatter Muskelzellen mit epithelähnlichen Zellen.

Forschung. Der Schaden ist noch gar nicht abzusehen, dürfte jedoch an die Ausmaße der Mycoplasmenproblematik heranreichen, wenn er sie nicht sogar übertrifft. Die European Tissue Culture Society (ETCS) fordert daher ein weltweites Screening von Zelllinien auf Originalität. Als Routinetest wird ein DNS-Profiling durch PCR-Analyse vorgeschlagen.

Abb. 6.8 Die feindlichen Bataillone: Bakterium, Partikulum und Stinkum (mit freundlicher Genehmigung der Bleymehl Reinraumtechnik GmbH).

6.12 Literatur

Doyle A. et al.: Cell & Tissue Culture: Laboratory Procedures. Wiley & Sons Publ., Chichester, UK, 1993–1998

Dressler J., Koger P.: Sporen und Sporizide. Steriltechnik 1. GIT-Verlag, Darmstadt, 2003

Drews G.: Mikrobiologisches Praktikum; Springer Verlag Heidelberg, 1976

Eberl L., Huber B., Riedel K.: Bakterielle Kommunikation. BIOforum 7–8. GIT-Verlag, Darmstadt, 2003

Flindt R.: Biologie in Zahlen; 6. Auflage. Spektrum Akademischer Verlag Heidelberg, 2002

Freshney, R. I.: Culture of animal cells; sixth edition. Wiley-Liss, 2005

Fritsche W.: Mikrobiologie. Spektrum Akademischer Verlag Heidelberg, 1999

Gillespie S.H. und Hawkey P.: Principles and Practice of Clinical Bacteriology. 2. Ausg. Wiley, 2005

Gould I.M., van der Meer J.W. (Hrsg.): Antibiotic Policies. Springer-Verlag Heidelberg, 2004

Helgason C. D., Miller C. L.: Basic Cell Culture Protocols. Third Edition. Humana Press, 2005

Huber M.: Schlamperei und Genialität – Fleming entdeckt das Penicillin. LABO Magazin für Labortechnik + Life Sciences 9/03. Verlag Hoppenstedt Bonnier, Darmstadt, 2003

Langdon S. P. (ed.): Cancer Cell Culture: Methods and Protocols. Humana Press, 2005

Lindl T.: Zell- und Gewebekultur; 5. Auflage. Spektrum Akademischer Verlag Heidelberg, 2002

Lopez Garcia F., Zahn R., Riek R., Wuthrich K.: NMR structure of the bovine prion protein. Proc Natl Acad Sci USA, 97 (15): 8334–8339, 2000

MacLeod R.A.F. et al.: Widespread intraspecies cross-contamination of human tumour cell lines. Int. J. Cancer 83: 555–563, 1999

Minuth W. W. et al.: Von der Zellkultur zum Tissue engineering. Pabst Science Publishers Lengerich, 2002

Morgan S. J., Darling D.C.: Kultur tierischer Zellen. Spektrum Akademischer Verlag Heidelberg, 1994

Pasic et al. : Mycoplasma in commercial and noncommercial calf serum. Veterinaria 36 (1), 1987

Schröder H., Nink K.: Solange sie noch wirken...BIOforum 6, GIT Verlag, Darmstadt, 2003

Seltmann G. und Holst O.: The Bacterial Wall. Springer Verlag, 2002

Stanier R. Y. et al.: General microbiology. 5. Aufl. Macmillan Press, Houndmills, 1990

6.13
Informationen im Internet

Zum Thema Antibiotika: www.vorsorge-online.de
   Zum Thema Hefen: www.dmykg.de/DMYKGForum/2–2003/Editorial.pdf
   Zum Thema Kreuzkontamination: www.ecacc.org.uk
   Zum Thema Mycoplasmen:www.sigma-aldrich.com/cellculture;
www.ecacc.org.uk; www.minerva-biolabs.com;
www.biotech-europe.com/rubric/methoden
   Zum Thema Resistenz: www.bionity.com

7
Spezielle Methoden in der Zellkultur

Ein Leitfaden über die Basistechniken in der Zellkultur wäre unvollständig ohne einige Hinweise auf ergänzende Techniken und spezielle Methoden, die sich aus der konventionellen Zellkultur entwickelt haben. Die Vorteile und die Notwendigkeit solcher Techniken ergeben sich zwingend aus den Einschränkungen, denen die konventionellen Zellkulturpraktiken unterworfen sind. Die Zellen in der Kulturflasche stellen gewissermaßen die Rohlinge dar, die für manche Zwecke erst noch des „Schliffs" oder der „Veredelung" bedürfen. An ausgewählten Beispielen werden diese Zusammenhänge erläutert und Hinweise zur Anwendung dieser Methoden gegeben.

7.1
Klonierung von Zellen

Bisher ist nur von Zellkulturen die Rede gewesen, die aus heterogenen Zellpopulationen bestehen. Wie in Abschnitt 5.4 ausgeführt, entstehen solche uneinheitlichen Populationen durch ständige Modifikationen, durch die sich die Charakteristik vieler Zellen mit der Zeit verändert. Im Prinzip setzen sich die Zellen einer Kultur wie die Einwohner einer Stadt zusammen: Alle gehören der Gattung Mensch an, doch es gibt kaum zwei Individuen, die sich exakt gleichen. In besonderen Fällen (z. B. bei der Fusionierung oder der Immortalisierung von Zellen sowie der Transfektion) kann eine einheitliche Zellpopulation jedoch sehr von Vorteil sein. Eine solche Kultur, in der jede beliebige Zelle mit allen anderen genetisch identisch ist, muss allerdings erst etwas umständlich herangezogen werden. Dieser Vorgang ist unter der Bezeichnung „Klonieren" bekannt – nicht zu verwechseln mit dem „Klonen", bei dem mitunter ein ganzes Schaf entsteht. Eine gut erprobte Methode ist die Klonierung durch Verdünnen der Zellen.

Um einen echten Klon zu erhalten (gr. „*klon*" = Schössling), ist die denkbar geringste Initialzelldichte nötig: eine Einzelzelle. Da Zellen gesellige Lebewesen sind, die eine so radikale Vereinsamung meist nicht überleben, ist man bestrebt, möglichst viele Einzelzellen zu bekommen, um den zu erwartenden Verlust auszugleichen. Zunächst muss die Ausgangspopulation so stark verdünnt werden, dass sich in 100 µL Medium statistisch nur eine einzige Zelle befindet. Man erreicht das durch eine Verdünnungsreihe, bei der die Zelldichte in mehreren Schritten bis zu der gewünschten Endkonzentration herabgesetzt wird. Die serielle Verdünnung setzt eine gewisse Sicherheit im Umgang mit den unterschiedlichen Pipetten voraus (s. Abschnitt 3.2.1). Zuvor muss die Ausgangszelldichte mittels Zellzählung möglichst verlässlich ermittelt werden (s. Abschnitt 5.5). Je 100 µL der so hergestellten Zellsuspension werden in die Vertiefungen einer 96-Loch-Platte pipettiert. Um Verdunstungseffekte zu vermeiden, empfiehlt es sich, die äußersten Lochreihen mit sterilem Wasser zu füllen.

Bei der nun fälligen mikroskopischen Kontrolle werden all jene Vertiefungen mit einem wasserfesten Filzstift markiert, die zweifelsfrei nur eine einzige lebende Zelle enthalten. (Die Zellen sind leichter zu finden, wenn Vertiefungen mit U-förmigem Boden benutzt werden, da sie in der Regel an der tiefsten Stelle zu liegen kommen.)

Die gekennzeichneten Vertiefungen werden mit Medium auf 200 µL aufgefüllt und täglich sorgfältig auf Zellteilungen kontrolliert. Das Wachstum solcher in Einzelhaft gehaltener Zellen ist durch unzureichende Konditionierung des Kulturmediums durch Wachstumsfaktoren (s. Abschnitt 5.3) und/oder durch mangelnden Kontakt zu anderen Zellen meist sehr stark gehemmt. Die Klonierungseffizienz schwankt je nach Zelltyp zwischen 90 % und 0,1 %. Um die Bereitschaft der Zellen zur Klonbildung zu erhöhen, können dem Medium Zusätze wie Wachstumsfaktoren und zusätzliche Nährstoffe hinzugefügt werden. Physiologischer ist jedoch die Zugabe von konditionierten Medienüberständen aus Zellkulturen der gleichen Linie (s. Abschnitt 5.3).

Nach einiger Zeit werden sich zahlreiche Zellen in den Vertiefungen befinden, die alle genetisch identisch sind. Der Klon kann nun nach und nach expandiert werden, d. h. die Zellen einer Vertiefung werden bei hinreichender Dichte in die Vertiefung einer 24-Loch-Platte, von dort in eine 12-Loch-Platte, dann in eine 6-Loch-Platte usw. überführt. (Suspensionszellen sind für diese Manöver geeigneter als adhärente Zellen, da auf eine Trypsinierung verzichtet werden kann.) Hat sich der Klon stabilisiert und eine ausreichende Menge Zellen hervorgebracht, können davon Kryokonserven angelegt werden (s. Abschnitt 5.8). Man sollte berücksichtigen, dass die Zellen des Klons wiederum stetigen Veränderungen durch die Kultivierung unterworfen sind. Ihre spezifischen Eigenschaften werden also mit der Zeit verloren gehen und eine heterogene Population wird die Folge sein. Experimente mit geklonten Zellen müssen daher möglichst zeitnah erfolgen.

7.2
Synchronisierung einer Zellkultur

Interessiert man sich z. B. für die Steuerungsmechanismen, mit denen eine Zelle ihren Zyklus kontrolliert, ist eine heterogene Population ebenfalls nicht hilfreich. Ein Blick durch das Mikroskop bestätigt, dass sich die Zellen in den unterschiedlichsten Stadien von Wachstum und Zellteilung befinden (Abb. 5.4 a). Für Experimente dieser Art werden jedoch Zellen benötigt, die alle ein bestimmtes Stadium aufweisen. In den letzten 40 Jahren wurden zahlreiche Methoden entwickelt, um möglichst viele Zellen einer definierten Phase des Zellzyklus anzusammeln. Stellvertretend werden folgende Techniken vorgestellt.

7.2.1
Synchronisieren durch Abkühlen

Eine sehr simple Methode besteht darin, die Zellen während ihrer exponentiellen Wachstumsphase aus dem Brutschrank zu nehmen und für maximal 1 h in den Kühlschrank zu stellen. Wird die Kultur anschließend wieder in den Inkubator gebracht und auf 37 °C erwärmt, sollten sich die Zellen mehr oder weniger synchron teilen.

7.2.2
Synchronisieren durch Mangelmedium

Bei diesem ebenfalls sehr einfachen Verfahren werden die Zellen vorübergehend in Medium mit einem Serumgehalt von höchstens 0,2 % „ausgehungert". Dadurch werden die Zellen gezwungen, in die G_1-Phase des Zellzyklus einzutreten. Zur Anreicherung in der G_1-Phase werden die Zellen wieder in Vollmedium inkubiert.

7.2.3
Synchronisation durch Abklopfen mitotischer Zellen

Während der Zellteilungsphase nehmen viele adhärente Zellen eine kugelige Gestalt an. Sie haften dann nur punktuell am Substrat und können durch kräftiges Aufschlagen der Kulturflasche gegen den Handballen mechanisch abgelöst werden (s. Abschnitt 5.4.1). Da diese Vorgehensweise zu einer starken Schaumbildung führt, sollte das Medium zuvor zur Hälfte abgesaugt werden. Das Medium mit den abgelösten mitotischen Zellen wird in einem 50 mL-Zentrifugenröhrchen gesammelt und in ein Becherglas mit Eisflocken gestellt. Nach der Zugabe von frischem Medium in die Flasche und einer Inkubationszeit, die je nach der Teilungsaktivität der Zellen 15–45 min betragen kann, wird der Vorgang wiederholt. (Er kann bei Bedarf mehrere Male durchgeführt werden; es ist jedoch besser, das Einsammeln mitotischer Zellen an mehreren Flaschen vorzunehmen, um die „Wartezeit" der geernteten Zellen im Eisbad nicht unnötig zu verlängern.)

Die im Röhrchen gesammelte Zellsuspension wird 3 min bei 200–300 g zentrifugiert und in frischem Medium suspendiert. Nach der Bestimmung der Zellzahl (s. Abschnitt 5.5) können die Zellen in eine neue Flasche umgesetzt werden, wo sie sich anheften und mit der – nun synchronen – Teilung fortfahren. Je nach Dauer der Ruhephase treten die Zellen nach einer definierten Zeit erneut in den Zellzyklus ein und durchlaufen synchron die G_1-, die S-, die G_2- und die M-Phase. Ähnlich wie sich das geschlossene Starterfeld bei einem Marathonlauf nach dem Start in einzelne Grüppchen und Einzelläufer mit jeweils eigenem Rhythmus auflöst, muss bereits ab der S-Phase mit einem Nachlassen der Synchronie der Zellen gerechnet werden.

7.2.4
Zellsynchronisation durch chemische Blockierung

Die Anreicherung von Zellen in der Mitosephase kann auch durch Zugabe geeigneter chemischer Reagenzien erreicht werden. HeLa-Zellen treten etwa 8 h nach der Verabreichung von 0,4 µg mL^{-1} Nocodazol synchron in die G_1-Phase ein.

Ein anderes, häufig zur Zellsynchronisation eingesetztes Reagenz ist Colcemid, ein Derivat des hochgiftigen Colchicin aus der Herbstzeitlose. Mithilfe einer 20 h andauernden Behandlung mit Colcemid in der Endkonzentration von 10^{-6} M kann die Zellteilung in der Metaphase reversibel blockiert werden. Da alle vorangegangenen Prozesse davon unberührt bleiben, kann man die Zellen in dem Stadium der Metaphase „auflaufen" lassen. Sie können nun wie in Abschnitt 7.2.2 beschrieben gesammelt werden. Nach dem Lösen des Colcemidblocks durch Waschen der Zellen und Inkubation in frischem Medium teilen sich die Zellen synchron weiter.

7.3
Zellkultur auf Filtermembranen

Damit wir die Gründe, die zu der nun vorgestellten Technik geführt haben, besser verstehen, müssen wir uns kurz mit der Gewebeanatomie und der Ernährungsphysiologie von Epithelzellen vertraut machen.

Im lebenden Organ werden die festsitzenden Epithelzellen von der basalen Seite aus mit Nährstoffen und Sauerstoff versorgt, da ihre apikale Oberfläche in der Regel an Räume grenzt, aus denen keine Nährstoffzufuhr zu erwarten ist (Abb. 7.1). Beispielsweise wird das Harnblasenepithel von Zeit zu Zeit mit Urin überspült, das Hautepithel grenzt wie das Epithel der oberen Atemwege an mit Luft gefüllte Räume und ist zudem noch nach oben hin verhornt. Die Versorgung mit Nährstoffen und mit Sauerstoff muss daher aus dem Bindegewebe heraus erfolgen, mit welchem die Epithelzellen über ihre basale Zellmembran in engem Kontakt stehen. In der Tat verlaufen dort in Gestalt der Blutkapillaren die „pipelines", welche die lebensnotwendigen Nährstoffe aus dem Darm und den Sauerstoff aus der Lunge heranschaffen. Die letzten Mikrometer bis zur basalen Zellmembran legen diese löslichen Substanzen per Diffusion durch die Gewebsflüssigkeit zurück, bevor sie von den Zellen aufgenommen werden (s. Abschnitt 7.5). Die Blutgefäße sind zudem, nun in umgekehrter Richtung, für die Müllabfuhr zuständig und transportieren die Stoffwechselendprodukte sowie das CO_2 ab.

Epithelzellen sind perfekt auf die Erfüllung ihrer zum Teil sehr unterschiedlichen Aufgaben eingestellt. Im Laufe des Differenzierungsvorgangs verändert sich die Zellmembran im apikalen und im basalen Bereich sehr stark (Abb. 7.1). Man sagt, die Zellen polarisieren sich. Durch seine speziellen Membranstrukturen, wie z. B. Ausstülpungen zum Zweck der Oberflächenvergrößerung oder Geißeln zum Transport von Schleim ist der apikale Pol für zellspezifische Aktivitäten optimal gerüstet, jedoch nicht für die Aufnahme von Nährstoffen. Diese Aufgabe bleibt der basalen Zellmembran vorbehalten, die ja den Blutkapillaren zugewandt ist. In diesem Abschnitt sitzen die Membranstrukturen, die zur Nahrungsaufnahme benötigt werden.

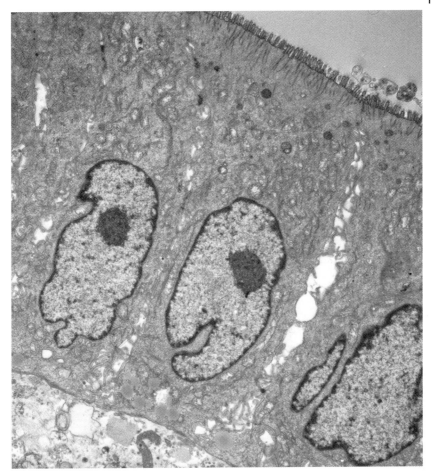

Abb. 7.1 Ausschnitt aus dem Epithel des Zwölffingerdarms (Duodenum) des Menschen. Die mit zahlreichen kurzen Membranausstülpungen (Microvilli) besetzte Oberseite der Zellen grenzt an das Darmlumen. In den Zellkörpern sind die relativ mächtigen Zellkerne (Nuclei) mit den darin eingeschlossenen, dunklen Kernkörperchen (Nucleoli) gut zu erkennen. Die Zellen sitzen mit ihrer basalen Seite auf dem darunter liegenden Bindegewebe.

In manchen Labors ist man nach wie vor überzeugt, einer Zelle könne gar nichts besseres geschehen, als in Kultur genommen zu werden. Für alles sei gesorgt, in der Kulturflasche herrsche ein paradiesisches Schlaraffenland und die Zellen seien problemlos in der Lage, alle Erwartungen des Experimentators zu erfüllen. Das Gegenteil ist der Fall. Die künstlichen Kulturbedingungen sind alles andere als geeignet, die anspruchsvollen Erwartungen, die z. B. beim „tissue engineering" oder in der Stammzellforschung an die Zellkultur geknüpft werden, auch nur annähernd zu befriedigen.

In der konventionellen Zellkultur, bei der die Zellen auf dem soliden Boden eines Kulturgefäßes wachsen, finden wir die oben geschilderten Bedingungen, wie sie im lebenden Organismus anzutreffen sind, auf den Kopf gestellt: Die Epithelzellen sitzen mit der basalen Membran, die eigentlich Nährstoffe aufnehmen soll, auf einem Substrat, das ihnen lediglich die Gelegenheit zur Adhäsion bietet. Stattdessen werden die Zellen mit dem Nährmedium überschichtet. Diese Situation kommt *in vivo* praktisch nicht vor und ist in hohem Maße unphysiologisch, da die Zellen ihre gesamte Organisation tiefgreifend ändern müssen, um sich an die ungewohnten Bedingungen anpassen zu können. Das hat für die zellulären Funktionen weitreichende Konsequenzen, die zwar nicht in jedem Falle von Bedeutung sein müssen, bei zahlreichen Fragestellungen und Anwendungen jedoch zu unbefriedigenden Ergebnissen führen. Aus diesem Grund ist man gezwungen, die Kulturbedingungen so zu modifizieren, dass sie den natürlichen Verhältnissen besser entsprechen. In unserem konkreten Fall heißt das, ein Substrat zu verwenden, das den Zellen einerseits die Verankerung gestattet, andererseits aber dem Nährmedium Zugang zur basalen Zellmembran erlaubt.

Mikroporöse Membranen, die als Einsätze in die Zellkulturplatten gestellt oder gehängt werden können, stellen deshalb für die Kultur von Epithelzellen einen großen Fortschritt dar, weil sie in einer physiologisch natürlicheren Weise mit Nährstoffen versorgt werden können. Dieses System erlaubt u. a. die gleichzeitige Untersuchung verschiedener physikalischer und biochemischer Vorgänge (z. B. zelluläre Differenzierung, Aufnahme und Transport von Molekülen und infektiösen Agentien durch den Zellrasen hindurch, Zellmigration etc.) (Abb. 7.2).

Mussten die Membraneinsätze ursprünglich noch im Eigenbau hergestellt werden, steht heute eine breite Palette an derartigen Zellträgern aus den unterschiedlichsten Membranmaterialien (Teflon, Polycarbonat, Nitrocellulose, Aluminium-

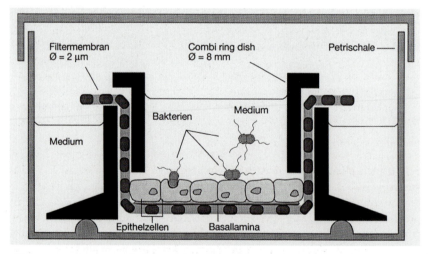

Abb. 7.2 Die Kultur von Epithelzellen auf einer porösen Membran gestattet die physiologisch korrekte Versorgung mit Nährstoffen von der basalen Seite. Gleichzeitig können biologische Vorgänge, wie sie z. B. bei einer bakteriellen Infektion auftreten, besser beobachtet und nachvollzogen werden.

oxid, Polyethylenterephtalat) zur Verfügung. Für die Zellkultur geeignet sind jedoch nur solche, die eine für die optische Kontrolle unter dem Phasenkontrastmikroskop ausreichende Transparenz aufweisen. Das Membranmaterial muss zudem so beschaffen sein, dass es von den adhärenten Zellen als Substrat akzeptiert wird und die Adhäsion unterstützt. Als vergleichsweise unproblematisch haben sich Membranen aus Polyethylenterephtalat (PET) erwiesen, die von diversen Herstellern mit unterschiedlicher Porengröße angeboten werden und sich zudem für die elektronenmikroskopische Präparation eignen. Auf Membranen aus Teflon oder Polycarbonat hingegen haben viele Zelltypen größte Mühe, Fuß zu fassen. Wegen des starken „Bratpfanneneffekts" dieser Werkstoffe adhärieren die Zellen nicht am Substrat, sondern bilden durch Aggregation zahlreiche Klümpchen. Um die Adhäsion zu erleichtern, werden spezielle Einsätze mit einer Oberflächenbeschichtung aus Kollagen oder anderen Substanzen aus der extrazellulären Matrix angeboten. Allerdings sind diese so kostspielig, dass sich in vielen Fällen eine Beschichtung von Hand rentiert (s. Abschnitt 7.5), auch wenn das Resultat im Endeffekt nicht ganz so gleichmäßig ausfällt wie bei den maschinell beschichteten Einsätzen.

Die meisten Hersteller bieten Membraneinsätze passend zu ihren Zellkulturplatten mit sechs, zwölf und 24 Vertiefungen an (Abb. 3.5).

7.4
Zellkultur auf biologischen Membranen

Die Verwendung von biologischen Membranen führt zu einer weiteren Verbesserung der *in vitro*-Kultur von Epithelzellen. Untersuchungen haben gezeigt, dass die molekularen Bestandteile jener Glykoproteinschicht, die adhärente Zellen unter ihrer basalen Membran – ähnlich wie Schnecken ihren Schleim – als sog. Basallamina abscheiden (Abb. 5.5 a), einen großen Einfluss auf das Wachstum, die Differenzierung und Polarisierung der Zellen ausüben. Diese drei Parameter sind in der Biotechnologie („tissue engineering") von großer Bedeutung, da von ihnen die Qualität der gezüchteten Zellen in hohem Grade abhängt. So sind z. B. die apikalen Zellkontakte (tight junctions; s. Abschnitt 5.4.1, Abb. 5.5 a) von Zellen, die auf einer biologischen Membran wachsen, wesentlich besser ausgebildet als in einer Vergleichskultur auf Glas oder Kunststoff.

Solche biologischen Membranen entsprechen der von Epithelzellen gebildeten Basallamina (Abb. 7.3). Da sie für die Nährstoffmoleküle durchlässig sind, stellen sie einen idealen Untergrund für die Zucht von adhärenten Zellen dar. Geeignete Membranen können z. B. aus der flexiblen Kapsel, welche die Augenlinse umgibt, gewonnen werden (Abb. 7.4). Biomembranen bieten gegenüber den künstlichen Membraneinsätzen sogar Vorteile bei der licht- und elektronenmikroskopischen Untersuchung, da sie transparent sind und wie Gewebe behandelt werden können. Diese Kulturmethode bedeutet jedoch auch, dass unter sterilen Bedingungen viel präparative Vorbereitung nötig ist.

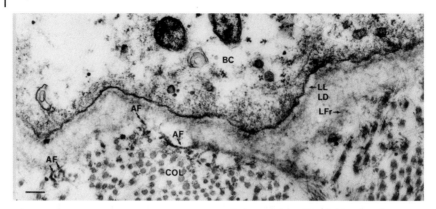

Abb. 7.3 Diese elektronenmikroskopische Aufnahme zeigt einen winzigen Ausschnitt der Basis einer Epithelzelle (BC). Die Zelle ruht auf Bindegewebe, dessen kollagenöses Material sichtbar ist (COL). Dazwischen befindet sich die von der Zelle gebildete Basallamina, die aus mehreren Schichten (LL, LD, LFr) aufgebaut und über Ankerfibrillen (AF) mit dem Kollagen des Bindegewebes verbunden ist.

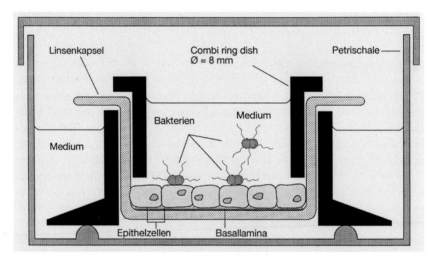

Abb. 7.4 Der gleiche Versuchsansatz wie in Abb. 7.2, nur wachsen die Zellen hier auf einer biologischen Membran (Linsenkapsel).

7.5
Zellkultur auf extrazellulärer Matrix

Im Gewebeverband des Organismus stehen die Zellen in engem Kontakt zu dem untergelagerten Bindegewebe (Abb. 7.3). Andere Zellen wie Fibroblasten oder Knorpelzellen (Chondrocyten) sind regelrecht darin eingebettet. Eine weitere Möglichkeit, die Qualität der Zellkultur zu verbessern besteht nun darin, die tristen und kahlen Kulturgefäße für die adhärenten Zellen mit gewebetypischem Material auszustatten.

Binde- und Stützgewebe bestehen zum größten Teil aus der sog. extrazellulären Matrix, einem komplexen Netzwerk aus von den Zellen sekretierten Proteinen und Kohlenhydraten, welche die Zellzwischenräume ausfüllen. Um ihre Wirkung auf die Zellen besser zu verstehen, müssen wir uns etwas näher mit dem Aufbau dieses Netzwerks befassen.

Die extrazelluläre Matrix setzt sich bei den reifen Stützgeweben aus einer Grundsubstanz und verschiedenen Fasern zusammen. Nach ihren morphologischen Eigenschaften unterscheidet man drei verschiedene Arten von Bindegewebsfasern: kollagene, retikuläre und elastische Fasern. Die beiden ersten Fasertypen enthalten Kollagene als chemische Bausteine, elastische Fasern weisen das Protein Elastin als Hauptkomponente auf.

Eingebettet sind diese Fasern in eine lichtmikroskopisch homogene Grundsubstanz aus kleinmolekularen Stoffen. Sie bilden je nach ihrer chemischen Zusammensetzung ein stark mit Wasser angereichertes (hydratisiertes) Sol oder Gel.

> *Das Kunstwort Sol bezeichnet eine kolloidale Lösung, d. h. die gelösten Stoffe befinden sich in feinster, mikroskopisch nicht mehr erkennbarer Verteilung in einer Flüssigkeit. Ein Gel (Kurzform von Gelatine = Knochenleim) ist eine gallertartige kolloidale Lösung von hoher Viskosität.*

Die Grundsubstanz wird hauptsächlich von Bindegewebszellen gebildet, enthält aber auch Substanzen aus dem Blutplasma. Sie ist von großer Bedeutung für den selektiven Stoffaustausch zwischen Zellen und Blut. Sie repräsentiert das zwischen Kapillarwand und Zellmembran eingeschaltete Medium, durch welches der Transport von Nährstoffen und Abbauprodukten erfolgt (s. Abschnitt 7.3). Auch die aktive Fortbewegung von ganzen Zellen ist, z. B. bei Abwehrvorgängen oder bei der Wundheilung, von der Beschaffenheit der Grundsubstanz abhängig.

Die extrazelluläre Matrix bildet ein dreidimensionales interaktives Gerüst, das dem Gewebe sowohl mechanische Stabilität verleiht als auch die Verankerung der Zellen und bestimmte Zellfunktionen beeinflusst. Die Matrix kann weich oder druck- und zugelastisch sein wie z. B. im Bindegewebe oder mechanisch stark belastbare Strukturen ausbilden, wie z. B. bei Knorpel und Knochen. Ein Spezialfall der extrazellulären Matrix ist die folienartige Basallamina (Abb. 5.5a und 7.3), eine ca. 70 nm dünne Schicht aus Proteinen, welche die Epithel- und Endothelzellen von den Bindegeweben trennt (z. B. die Epidermis der Dermis) oder Filtrationseigenschaften wie in der Niere besitzt.

Einzelne oder miteinander kombinierte Matrixproteine finden zunehmend Verwendung in der Zellkultur, um die Adhäsion von Zellen an die Oberfläche von Kulturgefäßen zu ermöglichen oder zu verbessern (Abb. 7.5). Auf diese Weise können auch problematische Zellen ohne hohe Serumkonzentrationen erfolgreich in Kultur gehalten werden. Extrazelluläre Matrixproteine erleichtern nicht nur die Anheftung von Zellen in Kultur, sie regulieren auch das Wachstum und die Differenzierung von zahlreichen Zelltypen. So können z. B. Endothelzellen unter geeigneten Kulturbedingungen den Blutgefäßen ähnliche Strukturen ausbilden. Die Materia-

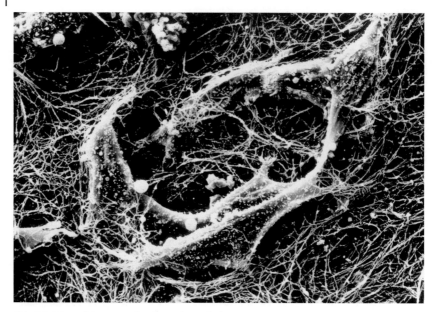

Abb. 7.5 Diese elektronenmikroskopische Aufnahme zeigt Tumorzellen aus der Ratte, die sich auf einer Unterlage aus Kollagenfasern ausbreiten.

lien werden entweder für die Beschichtung von Zellträgern aus Glas und Kunststoffen verwendet oder als Matrix zur Einbettung von Zellen in der dreidimensionalen Zellkultur eingesetzt (s. Abschnitt 7.6).

Die Wahl eines geeigneten Proteins als Zellkultursubstrat richtet sich vor allem nach dem verwendeten Zelltypus. Erprobte und sehr häufig genutzte Matrixkomponenten sind:

Kollagen Typ I Dieser Kollagentyp kommt am häufigsten in Haut, Sehnen und Knochen vor. Er dient entweder als dünne Beschichtung (Abb. 7.5) zur Verstärkung der Anheftung und Proliferation oder als Gel zur Förderung zellspezifischer Funktionen und der Morphologie. Zu den Anwendungen gehören die Anheftung und Zellteilung glatter Muskelzellen, die Adhäsion von Keratinocyten, die Aktivierung von Monocyten und die Kultivierung von Hepatocyten.

Kollagen Typ III Dieses Kollagen findet sich in vielen Bindegeweben, Dermis, Haut und Hornhaut. Es kann als dünne Beschichtung verwendet werden, um die Zellanheftung zu fördern und das Zellverhalten zu modulieren. Manche Kollagen Typ I-Präparate sind mit Kollagen Typ III angereichert.

Kollagen Typ IV Dieser Typ bildet in der Basallamina eine schichtartige Matrix, die epithelialen und endothelialen Zellen als Untergrund dient und Muskel-, Fett- und Nervenzellen umgibt. Als dünne Beschichtung fördert es die Zellanheftung und Zellteilung. Zu den Anwendungen gehören die Adhäsion, Proliferation und Differenzierung von Endothelzellen sowie die schnelle Anheftung von humanen epidermalen Stammzellen.

Laminin Dieses Protein ist Hauptbestandteil der Basallamina und fördert zahlreiche biologische Aktivitäten. So werden z. B. die Anheftung, die Migration, das Wachstum und die Differenzierung von Zellen gefördert. Zu den Anwendungen gehören u. a. die Förderung der Anheftung von Zellen aus der Neuralleiste und der Proliferation von Osteoblasten.

Fibronektin Fibronektin besteht aus zwei ähnlichen Untereinheiten. Als Dimer kommt es im Blutplasma vor und als multimere Form existiert es in der extrazellulären Matrix und auf manchen Zelloberflächen. Seine primäre Funktion besteht in der Förderung der Anheftung von Zellen an die extrazelluläre Matrix. Zu den Anwendungen gehören die Kultivierung von humanen Endothelzellen aus der Nabelschnur und humanen Myelomzellen sowie Anheftungsstudien. Fibronektin kann auch serumfreiem Medium zugegeben werden.

Matrigel™ Unter diesem Handelsnamen wird ein löslicher Extrakt aus der Basallamina des Engelbreth-Holm-Swarm-Sarkoms der Maus kommerziell hergestellt und vertrieben. Matrigel ist eine Mischung aus Matrixproteinen, die besonders reich an Laminin ist, gefolgt von Kollagen Typ IV, Heparansulfat, Proteoglykanen und Entactin (Nidogen). Im Matrigel sind darüber hinaus Wachstumsfaktoren wie z. B. TGF-β und bFGF enthalten. Es kann jedoch aufgrund einer chargenabhängigen, unterschiedlichen Zusammensetzung jeweils anders auf die Zellen wirken. Matrigel ist speziell für die Kultur von polarisierten Zellen geeignet und fördert die Differenzierung vieler Zelltypen.

7.6
Dreidimensionale Zellkulturen

Der modulatorische Effekt der extrazellulären Matrixproteine auf die Gestalt und die Funktion von Zellen wird besonders in dreidimensionalen Kulturen deutlich. Seit langem ist bekannt, dass das Wachstum in zwei Dimensionen bequem für das Anlegen und Betrachten von Kulturen ist und sich für das Erreichen hoher Zellteilungsraten eignet. Dafür lässt es aber die für Gewebe charakteristischen Wechselwirkungen zwischen den Zellen sowie zwischen den Zellen und der extrazellulären Matrix nicht zu. Ein weiterer Schritt in Richtung gewebeähnlicher Zellkultur ist deshalb, den Zellen, eingebettet in ein der extrazellulären Matrix ähnliches Substrat, das Wachstum in alle Raumrichtungen zu ermöglichen. Dreidimensionale Kulturen können beispielsweise in Gelen aus Kollagen Typ I/III, Fibrin oder Matrigel angelegt werden. Die Zellen werden entweder auf dem Substrat ausgesät bzw. mit dem Matrixmaterial überschichtet und wandern im Anschluss selbstständig in die Matrix ein oder man bettet sie diffus in das Gel ein.

Eine weitere Möglichkeit der dreidimensionalen Zellkultur bietet die Einkapselung von Zellen in Alginat. Grundstoff von Alginat ist das Polysaccharid Algin, das

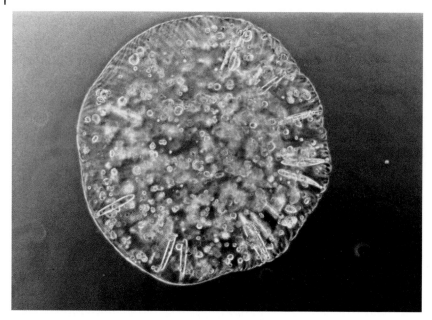

Abb. 7.6 Beispiel einer dreidimensionalen Zellkultur: eine Kugel aus Alginat von ca. 2 mm Durchmesser mit zahlreichen darin eingeschlossenen Zellen eines Harnblasenkarzinoms (RT 112). Die Alginatkugel flottiert frei im Nährmedium.

aus Meeresbraunalgen gewonnen wird und auch in Speiseeis oder Lippenstift enthalten sein kann. Seine Carboxylsäuren bilden in Anwesenheit zweifach geladener Kationen (Ca^{2+}) ein Gel. Werden zuvor Zellen in Algin suspendiert, werden diese durch das Gelieren zu Alginat eingekapselt. Die Struktur des Gels erlaubt ein Eindiffundieren von Nährstoffen und Sauerstoff, wodurch die Zellen am Leben erhalten werden, obwohl sie sich nicht unmittelbar im Nährmedium befinden (Abb. 7.6).

7.7
Sphäroide

Für zahlreiche Experimente und Anwendungen sind permanente Zelllinien wegen ihrer Abstammung von Tumorgewebe ungeeignet. Diese meist transformierten Zellen weisen im Gegensatz zu „normalen" Zellen zu viele morphologische und funktionelle Veränderungen auf. Deshalb wird von nicht wenigen Zellbiologen die Primärkultur favorisiert. Hierbei werden kleine Gewebeproben in eine Petrischale gelegt und unter Zugabe von serumhaltigem Medium inkubiert. Nach einer je nach Gewebetyp unterschiedlich langen stationären Phase beginnen sich Zellen von den Explantaten zu lösen und auf den Boden der Schale zu wandern (Abb. 7.7). Diese Primärzellen lassen sich vielfach anstelle von Tumorzellen experimentell

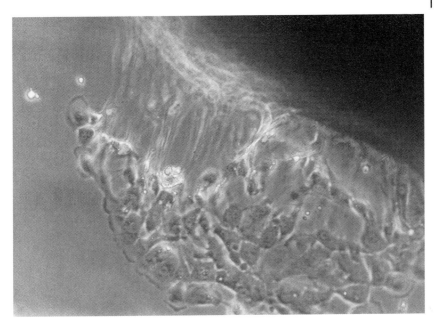

Abb. 7.7 Beispiel einer Primärkultur: Epithelzellen aus dem Harnleiter (Ureter) lösen sich von einer Gewebeprobe. Sie wandern von rechts oben nach links unten auf die Oberfläche des Kulturgefäßes und bilden rund um das Explantat eine kreisförmige Kolonie.

verwerten. Allerdings verlieren auch diese Zellen unter konventionellen Kulturbedingungen infolge von Dedifferenzierung rasch ihre spezifischen funktionellen Eigenschaften.

Seit einigen Jahren hat deshalb die dreidimensionale Kultur von Sphäroiden stark an Bedeutung gewonnen. Der Vorteil dieser Art der Zellkultur liegt darin, dass die Primärzellen in ihrem ursprünglichen Zellverband verbleiben können. Sie werden weder gewaltsam auseinander gerissen noch auf eine fremdartige Unterlage gezwungen. Sie sind deshalb in der Lage, zahlreiche ursprüngliche Merkmale, d. h. ihre Differenzierung und Polarisierung *in vitro* wenigstens für eine gewisse Zeit aufrechtzuerhalten. Aus diesem Grund sind Sphäroide aus normalen Gewebezellen für viele Fragestellungen von ganz besonderem Interesse. Da die Versorgung tiefer liegender Zellschichten mit Nährstoffen und Sauerstoff in der Kultur problematisch ist, müssen die Sphäroide möglichst rasch einer experimentellen Verwertung zugeführt werden.

Der Vorteil der Sphäroide besteht darin, dass sie eher einen Einblick in zelluläre Interaktionen des intakten Organismus gewähren als Suspensions- oder Rasenkulturen. Sie haben deshalb erheblich zum Verständnis zellulärer Wechselwirkungen beigetragen. In Verbindung mit neu entwickelten Untersuchungsmethoden werden an ihnen fein abgestimmte physiologische Regulationsmechanismen untersucht.

Ein Beispiel verdeutlicht eindrucksvoll die Zusammenhänge zwischen dreidimensionaler Zellkultur, extrazellulärer Matrix und der funktionellen Differenzie-

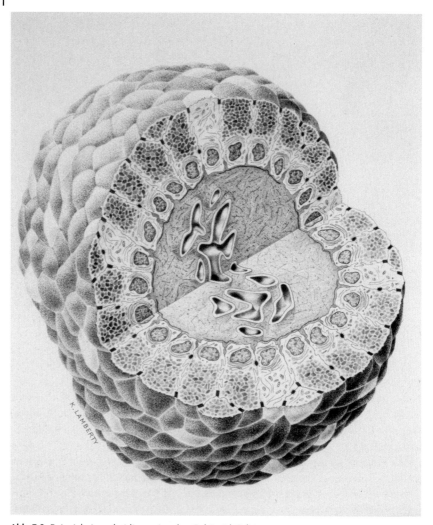

Abb. 7.8 Beispiel einer dreidimensionalen Sphäroid-Kultur: Unter geeigneten Kulturbedingungen lässt sich eine *in vitro*-Differenzierung von Drüsenepithelzellen induzieren. Die in der konventionellen Zellkultur flachen Zellen polarisieren sich in der extrazellulären Matrix und bilden eine drüsenähnliche Struktur (mit freundlicher Genehmigung von Springer Science and Business Media).

rung von Zellen unter geeigneten Kulturbedingungen: Lässt man Zellen aus dem Brustdrüsenepithel der Maus in Matrigel einige Zeit wachsen, wird eine Differenzierung ausgelöst. Die Zellen lagern sich zu kugeligen Sphäroiden zusammen, in deren Zentren sich jeweils ein Hohlraum bildet (Abb. 7.8). Die Zellen durchlaufen eine apikal-basale Polarisierung und sondern Milchproteine in den „apikalen" Hohlraum ab. Auf der Außenseite, also auf der Basalseite, werden von den Zellen

Proteine der Basallamina (Laminin, Kollagen Typ IV) deponiert. All diese Eigenschaften, einschließlich die der Produktion von Milchproteinen, gehen in unbeschichteten Kulturgefäßen wieder verloren und die Zellen bilden einen zweidimensionalen Zellrasen.

Auch manche transformierte Zelllinie lässt sich auf diese Weise kultivieren und zeigt *in vitro* überraschend längst verloren geglaubte Eigenschaften. Auf unterschiedlichen Gebieten der Biologie ergeben sich durch die dreidimensionale Zellkultur neue und reizvolle Möglichkeiten. Sie stellt eine neue Stufe in der „Evolution" der Zellkultur dar, deren breite Anwendungsmöglichkeiten bei weitem noch nicht ausgeschöpft sind.

7.8
Perfundierte Zellkultur

Trotz dieser verbesserten Methoden ist die kontinuierliche Versorgung der meist mehrschichtig wachsenden Gewebekulturen mit Nährflüssigkeit und die Entsorgung der Abbauprodukte unter den bisher beschriebenen Kulturbedingungen kaum möglich. Das simple Überschichten mit Medium führt in diesen statischen Kulturen zu einer schlechten Nähr- und Sauerstoffversorgung der tiefer liegenden Zellen, da sich rasch schädliche Abbauprodukte des Zellstoffwechsels ansammeln, die nicht abgeführt werden können (s. Abschnitt 5.3). Diese Verhältnisse ähneln ein wenig denjenigen, die am Grund eines stehenden Gewässers herrschen.

Nach der Entnahme aus dem Spenderorganismus verändern Zellen und Gewebe binnen weniger Stunden viele ihrer spezifischen Eigenschaften. Dieser Vorgang der Dedifferenzierung setzt sich unter den statischen Bedingungen der Zellkultur fort und führt schließlich zum Verlust ihrer gewebstypischen Eigenschaften. Zwar können die Kulturbedingungen der Zellen durch die Verwendung von extrazellulärer Matrix und/oder Membraneinsätzen verbessert werden (s. Abschnitt 7.3 bis 7.5), die zunehmende Konzentration cytotoxischer Metabolite wird dadurch jedoch nicht verhindert. Die Anreicherung von Stoffwechselendprodukten in einer statischen Zellkultur kann jedoch zu irreparablen Zellschädigungen führen. Deshalb wird bei der Generierung von Gewebekonstrukten („tissue engineering") das statische Milieu einer Zellkulturflasche nach Möglichkeit vermieden.

Konstante Ernährungsbedingungen – gewissermaßen als Ersatz für das fehlende Blutgefäßsystem – lassen sich in Zellkulturen realisieren, die zur Aufrechterhaltung einer konstanten Versorgung permanent mit frischem Medium durchströmt werden. Durch diese Perfusion (lat. „*perfundere*" = übergießen, benetzen, durchströmen) können kontinuierlich Nährstoffe und Sauerstoff herangeführt werden, während den Stoffwechsel schädigende Metaboliten entfernt werden.

Bei der verhältnismäßig aufwändigen Perfusionsmethode wird Medium mit einer Pumpe von einem Vorratsbehälter in ein spezielles Kulturgefäß transportiert. Das von den Zellen verbrauchte Medium wird in einer Abfallflasche gesammelt (Abb. 7.9). Wird ein pH-stabiles Medium wie Leibovitz L-15 (s. Abschnitt 4.1) verwendet, kann die Perfusionskultur über lange Zeiträume außerhalb eines CO_2-In-

Abb. 7.9 Beispiel einer Perfusionskultur: Zwei in Petrischalen untergebrachte Kulturgefäße (links) werden von einer Pumpe (Mitte) mit frischem Medium versorgt. Das Frischmedium wird einer Vorratsflasche entnommen, das Altmedium nach der Durchströmung in einer Abfallflasche gesammelt (rechts). Das im Bild gezeigte PerCell-System wird in der sterilen Werkbank montiert und anschließend komplett in einem Brutschrank inkubiert.

kubators ohne Subkultivierung mit nahezu organtypischer Qualität betrieben werden. Hieraus ergeben sich sehr anspruchsvolle Anwendungsmöglichkeiten z. B. beim „tissue engineering". Doch welche Vorteile bringt der zum Teil erhebliche Mehraufwand an Arbeit, Zeit und Kosten?

Beim Übergang einer Gewebekultur vom statischen Milieu eines Kulturgefäßes zur perfundierten Kultur vollziehen sich tiefgreifende zellbiologische Veränderungen: Während unter den statischen Bedingungen die Zellen mit serumhaltigem Medium zu schnellstmöglicher Vermehrung gedrängt werden, wird der Serumgehalt des Mediums in der Perfusionskultur weitgehend reduziert. Die längerfristige Versorgung der Zellen mit serumfreiem oder -reduziertem Medium führt zu einem Innehalten der Zellteilungsaktivität zugunsten einer Ausbildung gewebetypischer Eigenschaften. Die auf die rasche Produktion von Zellmasse ausgerichtete Zellkultur wird in eine funktionale Zellkultur überführt.

So können Keratinocyten durch Zugabe anderer in der Haut vorkommender Zellen wie Fibroblasten und Endothelzellen in Perfusionszellkulturen nicht nur zur Zellteilung angeregt, sondern auch zur epidermalen Differenzierung gebracht werden. Mit diesem Kulturverfahren werden bereits Keratinocyten von Patienten zur Bildung von Neugewebe stimuliert, um großflächige Hautverbrennungen durch Eigenexplantate abzudecken. Nicht immer ist eine klinische oder technische Verwertung der dreidimensionalen Zellkulturen so weit fortgeschritten. In vielen Fällen steht die Grundlagenforschung noch im Vordergrund, doch oft lässt sich eine zukünftige Anwendung bereits erkennen.

7.9
Ein Wort zum Schluss

Die Zellkultur hat mit ihren definierten Systemen viel dazu beigetragen, unser Wissen über die spezifischen Wechselwirkungen der Zellen untereinander und mit ihrer Umgebung sowie über die daran beteiligten Mechanismen erheblich zu vertiefen. Der Weg, die Erkenntnisse der Grundlagenforschung letztendlich durch die modernen Methoden der Biotechnologie für therapeutische Zwecke zu nutzen, war bereits vorgezeichnet und wird derzeit mit viel Optimismus beschritten. Es muss jedoch daran erinnert werden, dass aus Beobachtungen aus der Zellkultur nicht ohne weiteres auf die Situation im Organismus geschlossen werden darf. Ergebnisse, die im Zellkulturexperiment erzielt werden konnten, können nicht einfach 1:1 auf den Menschen übertragen werden. Auch vor dem aktuellen Hintergrund der Problematik durch Kreuzkontaminationen und Mycoplasmeninfektionen (s. Abschnitt 6.7 und 6.11) bedürfen sie weiterer Überprüfungen durch geeignete Versuchsansätze auch *in vivo*, also im lebenden Organismus. Weder auf *in vitro*- noch auf *in vivo*-Untersuchungen kann derzeit verzichtet werden, denn nur in definierten Zellkultursystemen sind Wechselwirkungen eindeutig analysierbar und nur im lebenden Organismus kann die Spezifität dieser Wechselwirkungen überprüft werden.

Damit sind wir am Ende unseres Leitfadens angekommen. Möge er ein wenig dazu beitragen, Schülern, Auszubildenden sowie Studenten und allen Interessierten die faszinierende Welt der Zellkultur näher zu bringen und sie – wie Theseus durch das Labyrinth des Minotaurus – durch das des Laboratoriums zu lotsen. Das Ende des Fadens eröffnet – um im Bild zu bleiben – die Möglichkeit, daran anzuknüpfen, die in diesem letzten Kapitel vorgestellten Methoden zu nutzen oder gar nach neuen Wegen zu suchen und den Faden weiterzuspinnen.

7.10
Literatur

Boxberger H. J., Meyer T. F.: A new method for the 3-D *in vitro* growth of human RT 112 bladder carcinoma cells using the alginate culture technique (ACT). Biology of the Cell 82: pp 109–119, 1994

Boxberger H. J., Sessler M. J., Grausam M. C. et al: Isolation and in vitro culturing of highly polarized primary epithelial cells from normal human stomach (antrum) as spheroid-like vesicles. Methods in Cell Science (19): pp 169–178, 1997

Doyle A. et al.: Cell & Tissue Culture: Laboratory Procedures. Wiley & Sons Publ., Chichester, UK, 1993–1998

Flindt R.: Biologie in Zahlen; 6. Auflage. Spektrum Akademischer Verlag Heidelberg, 2002

Freshney R. I., Pragnell I. B., Freshney M. G.: Culture of hematopoietic cells; second edition. Wiley-Liss, 1994

Freshney R. I., Freshney M. G.: Culture of epithelial cells; second edition. Wiley-Liss, 2002

Freshney R. I.: Culture of animal cells; fifth edition. Wiley-Liss, 2005

Helgason C. D., Miller C. L.: Basic Cell Culture Protocols. Third Edition. Humana Press, 2005

Knehr M., Poppe M., Enulescu M. et al.: A Critical Appraisal of Synchronization Methods Applied to Achieve Maximal Enrichment of HeLa Cells in Specific Cell Cycle Phases. Experimental Cell Research 217, 546–553; Academic Press, 1995

Langdon S. P. (ed.): Cancer Cell Culture: Methods and Protocols. Humana Press, 2005

Lindl T.: Zell- und Gewebekultur; 5. Auflage. Spektrum Akademischer Verlag Heidelberg, 2002

Minuth W. W. et al.: Von der Zellkultur zum Tissue engineering. Pabst Science Publishers Lengerich, 2002

7.11
Informationen im Internet

Zum Thema Perfusionszellkultur: www.prolatec.com; www.minucells.de

Zum Thema Extrazelluläre Matrix: www.unifr.ch/histologie/elearningfree/allemand/bindegewebe/sfa/d-sfa.php

Anhänge

I Glossar

Die Definitionen vieler hier aufgeführter Stichworte haben einen speziellen Bezug zur Zellkultur. Andere Definitionsmöglichkeiten wurden nicht berücksichtigt. Die meisten Begriffe werden im Text erklärt.

Absorption
Anreicherung oder Aufnahme von Substanzen oder Strahlen (lat. *„absorbere"* = verschlucken).

Adsorption
Verdichtung oder Anlagerung von gelösten Stoffen auf einer Oberfläche.

Adhärenz
Anheftung von Zellen an ein Substrat.

Aerosole
Kolloidal verteilte, feste oder flüssige Schwebstoffe in der Luft oder in Gasen.

Algin
Flüssiges Zuckerpolymer aus der Zellwand einer Meeresalge. Durch Zugabe von Calciumionen entsteht das gelartige Calciumalginat.

aliquotieren
Die Aufteilung größerer Substanzmengen in kleinere, meist gleich große Portionen (lat. *„aliquot"* = mehrere).

Aminosäuren
Organische Eiweißbausteine.

Antibiotika
Meist von Mikroorganismen gebildete Wirkstoffe, die zur Bekämpfung anderer Mikroorganismen als „Waffe" eingesetzt werden.

Antigen
Von außen in einen Organismus eindringendes Fremdprotein, das eine Antikörperreaktion (Immunantwort) auslöst.

Antikörper
Proteinstrukturen, die zur Immunabwehr eingedrungener Antigene von speziellen Immunzellen (B-Lymphocyten) produziert werden.

Antimycotika
Ein spezifisch das Wachstum von Pilzen hemmender Wirkstoff.

apikal
An der Spitze gelegen oder nach oben gerichtet (lat. *„apex"* = Spitze).

aseptisch
Der Begriff wird vor allem in der Medizin im Sinne von steril oder keimfrei gebraucht.

basal
An der Grundfläche gelegen, zur Basis gehörend.

BFGF (basic fibroblast growth factor)
Ein Wachstumsfaktor mit einem weiten Spektrum an Zielzellen wie z. B. Fibroblasten, glatte Muskelzellen und Endothelzellen.

Bindegewebe
Eines der Grundgewebe aus extrazellulären Substanzen.

Brown'sche Wärmebewegung
Von der Temperatur abhängige Bewegung kleinster Partikel z. B. in einer Flüssigkeit.

Charge
Abgepackte Menge eines Produkts, das einer bestimmten Produktionslinie entstammt.

Chromatin
Das als lockerer Faden im Zellkern vorliegende Erbmaterial, bestehend aus Desoxyribonukleinsäure (DNS) und Proteinen (Histone).

Chromosomen
Die lichtmikroskopisch sichtbare Organisationsform des während der Zellteilung verdichteten Chromatins.

Citratzyklus (Zitronensäurezyklus, Krebszyklus)
Der von Nobelpreisträger Hans Adolf Krebs entdeckte, mit der Atmungskette verbundene zentrale Reaktionszyklus des zellulären Stoffwechsels.

Cokultur
Kultur unterschiedlicher Zellen im gleichen Zellkulturgefäß.

Cytoplasma
Der von der Zellmembran eingeschlossene Zellinhalt mit Ausnahme des Zellkerns.

Cytoskelett
Filamentöse Proteinstrukturen, die der Zelle ihre Gestalt verleihen. Sie werden in Mikrotubuli, Intermediärfilamente und Mikrofilamente eingeteilt.

cytotoxisch
Für die Zellen giftig.

Dedifferenzierung
Verlust einer bereits erworbenen Spezialisierung der Zellen, z. B. durch Einflüsse der Zellkultur.

Degeneration
Rückbildung, Entartung oder Verfall von Zellen.

Denaturierung
Irreparable Schädigung von Proteinen.

Desmosomen
Punktförmige Zellkontaktstrukturen, die dem mechanischen Zusammenhalt von Zellverbänden dienen und mit den Intermediärfilamenten des Cytoskeletts in Verbindung stehen.

Differenzierung
Natürliche oder künstlich herbeigeführte Merkmale von Zellen, die zu neuen Formen, Eigenschaften oder Funktionen der Zellen führen.

Diffusion
Die auf die Brown'sche Wärmebewegung der Moleküle beruhende selbstständige Vermischung von Gasen oder mischbaren Flüssigkeiten.

Dimer
Aus zwei gleichartigen Untereinheiten zusammengesetztes Molekül.

diploid
Einen doppelten, d. h. vollständigen Chromosomensatz aufweisend.

Disaccharide
Aus zwei einzelnen Zuckermolekülen entstandene Kohlenhydrate.

DNS (engl. DNA)
Abkürzung für die Erbsubstanz Desoxyribonukleinsäure.

DMSO
Dimethylsulfoxid, ein als Gefrierschutzmittel bei der Kryokonservierung eingesetztes organisches Lösemittel.

Dispase
Eine von Bakterien produzierte Protease.

Elastin
Baustein der elastischen Fasern.

Endothelzellen
Epithelähnliche Zellen, die die innere Oberfläche der Blutgefäße auskleiden.

Endotoxin
Wärmestabiles und erst nach der Zersetzung der Bakterienzelle ausströmendes Bakteriengift (auch Pyrogen genannt).

Entactin
Protein in der Basallamina.

Epithelzellen
Eng aneinander liegende, durch Zellkontakte verbundene, adhärente Zellen von polygonaler Gestalt, die ein ein- oder mehrschichtiges, flächenhaftes Abschlussgewebe (Epithel) bilden (z. B. Haut-, Darm- oder Eileiterepithel). Andere Zelltypen mit epithelähnlicher Morphologie werden als epithelartig oder „epitheloid" bezeichnet.

etablierte bzw. permanente Zelllinie
Eine *in vitro* zeitlich unbegrenzt kultivierbare Zelllinie.

Explantat
Fragment von einem Gewebe oder Organ, das für die *in vitro*-Kultur entnommen wurde.

extrazelluläre Matrix
Ein von vielen Zelltypen produziertes und sekretiertes Gemisch aus Proteinen und Proteoglykanen.

Fibroblasten
Meist spindelförmige Bindegewebszellen. Andere Zelltypen mit dieser Morphologie werden als fibroblastenartig oder „fibroblastoid" bezeichnet.

Fibronectin
Ein extrazelluläres Protein, das u. a. die Anheftung von Zellen beeinflusst.

Generationszeit
Zeitraum zwischen zwei aufeinander folgenden Zellteilungen.

Gewebe
Aus sehr ähnlich differenzierten Zellen zusammengesetzter Zellverband.

Gewebekultur
Züchtung von Gewebe unter Bewahrung seiner spezifischen Struktur und Funktion sowie der Zelldifferenzierung.

Glucosaminoglykane
Proteinfreie Polysaccharide aus linearen Ketten polymerer Disaccharideinheiten (früher als Mucopolysaccharide bezeichnet).

Glykocalyx
Gesamtheit aller auf der Zellmembran lokalisierten Glykoproteine und Glykolipide.

Glykoproteine
Glykolisierte Proteine.

Glykolipide
Glykolisierte Lipide.

Glykolisierung
Anheftung von Zuckerresten an Proteine und Lipide.

Granula
Mikroskopisch kleine, körnchenartige Partikel (lat. *„granulum"* = Körnchen).

Grundsubstanz
Strukturlose extrazelluläre Matrix und Bestandteil des Bindegewebes.

g-Zahl
Relative Zentrifugalkraft. Ein g entspricht der Fallbeschleunigung bei Erdanziehungskraft.

haploide Zellen
Zellen mit einfachem Chromosomensatz (z. B. Keimzellen).

hematopoetische Zellen
Zellen eines hierarchisch strukturierten Systems aus Stammzellen, Vorläuferzellen und differenzierten Effektorzellen, durch welche die Blutzellen ständig erneuert werden.

Hepatocyten
Leberzellen.

Hormone
Botenstoff zur Steuerung physiologischer Prozesse.

Humanendoparasiten
Innerhalb des menschlichen Körpers schmarotzende Einzeller (Protozoen) oder Würmer (Helminthes).

Hyaluronidase
Proteolytisches Enzym, das die Hyaluronsäure, ein Bestandteil der Glykosaminoglykane, abbaut.

hypertonisch
Einen höheren osmotischen Druck als eine Vergleichslösung (z. B. Blut) zeigend.

hypotonisch
Einen niedrigeren osmotischen Druck als eine Vergleichslösung (z. B. Blut) zeigend.

Immortalisierung
Künstlich herbeigeführte Umwandlung einer normalen, „sterblichen" Zelle in einen sich unbegrenzt teilenden Zelltyp.

Inhibition
Hemmung oder Hinderung von Vorgängen (lat. „*inhibitio*" = Hinderung).

Inkubation
Das Bebrüten von Zellen und Mikroorganismen im Brutschrank (lat. „*incubatio*" = das Brüten).

Interphase
Zellzyklusphase zwischen zwei Zellteilungen.

in vitro
Außerhalb des Körpers, wörtlich: „im (Reagenz)glas".

in vivo
Im Körper, wörtlich: „im Leben".

isotonisch
Den gleichen osmotischen Druck wie eine Vergleichslösung (z. B. Blut) zeigend (gr. „*isos*" = gleich + „*tonos*" = Spannung).

Kanzerogenität
Die Eigenschaft von Substanzen oder Strahlen, bei normalen Zellen Tumorwachstum auszulösen. Die Kanzerogenität von Zellen wird nach der Verpflanzung in Versuchstiere danach beurteilt, ob sie eine Geschwulst entwickeln.

Karzinom
Bösartige Krebsgeschwulst (gr. „*karkinos*" = Krebs).

Keratinocyten
Hautzellen, die große Mengen des Proteins Keratin synthetisieren.

Klon
Zellpopulation, die durch Zellteilung aus einer einzelnen Zelle hervorgegangen ist.

klonieren
In der Zellkultur die Selektion einer einzelnen Zelle zwecks Züchtung einer Population genetisch identischer Tochterzellen.

Kollagen
Neben Elastin ein faserbildender Hauptbestandteil des Bindegewebes.

Kollagenase
Kollagenspaltende Protease.

Kompartiment
Diskrete Bereiche Im Zellinnern, die speziellen Reaktionen vorbehalten sind.

Komplement
Komplex aus mehreren Proteinen des Blutplasmas, der die Immunantwort unterstützt.

konditioniertes Medium
Medium, das von Zellen mit Wachstumsfaktoren angereichert wurde.

Konfluenz
Geschlossener Zellrasen bei höchster Zelldichte.

Kontaktinhibition
Abnahme der Zellproliferation mit zunehmender Zelldichte.

Kontamination
Verunreinigung von Zellkulturen, Flüssigkeiten oder Gegenständen mit biologischen Reagenzien (in der Regel mit Mikroorganismen).

kontinuierliche Zelllinie
Nach Übereinkunft eine Zelllinie mit mehr als 70 Subkultivierungen (Passagen).

Kreuzkontamination
Verunreinigung einer Zellkultur durch Zellen einer anderen Zelllinie.

Kryokonservierung
Lagerung lebensfähiger Zellen bei extrem tiefen Temperaturen.

Kryoprotektivum
Gefrierschutzmittel, das beim Einfrieren von Zellkonserven die zellschädigende Bildung von Wassereis verhindert (z. B. Glycerin, DMSO).

Laminin
Ein für die Basallamina typisches Glykoprotein.

Leukocyten
Die sog. weißen Blutkörperchen (Lymphocyten, Granulocyten und Monocyten).

Latenzzeit
Zeitraum zwischen der Reizung und der Reaktion.

L-Glutamin
Wichtige Aminosäure und wachstumsbegrenzender Faktor in der Zellkultur.

Medium
Gepufferte Flüssigkeit, die zahlreiche für die *in vitro*-Ernährung von Zellen benötigten Komponenten enthält.

Melanocyten
Spezielle Hautzellen, die durch die Speicherung von Pigmentkörnchen (Melanin; gr. *„melos"* = schwarz) einen wirkungsvollen Schutzschirm gegen die schädliche UV-Strahlung des Sonnenlichts ausbilden.

Meniskus
Gewölbte Oberfläche einer Flüssigkeit in einer engen Röhre (gr. *meniskos* = „Möndchen").

Metabolismus
Stoffwechsel (gr. *„metabole"* = Veränderung).

Metabolite
Niedermolekulare Substanzen, die durch den Abbau höhermolekularer Ausgangsstoffe im Stoffwechsel von Organismen freigesetzt werden.

Migration
Wanderung von Zellen auf oder in einem Substrat (lat. *„migratio"* = Wanderung).

Mikrotiterplatte
Zellkulturplatte mit 96 Vertiefungen, z. B. für die Klonierung von einzelnen Zellen.

Mitose
Der in die vier Abschnitte Prophase, Metaphase, Anaphase und Telophase gegliederte Prozess der Zellteilung (gr. *„mitos"* = Faden, Kette).

Monolayer
Einschichtiger Zellrasen aus adhärenten Zellen, der auf einem Zellträger wächst.

Multilayer
Mehrschichtige Wuchsform vieler transformierter Zellen, bei denen die Kontaktinhibition versagt.

Murphy's Gesetz
Gesetz, nach dem tatsächlich schief geht, was schief gehen kann.

Nidogen
Protein des Cytoskeletts.

Nomogramm
Grafische Darstellung funktionaler Zusammenhänge zwischen mehreren veränderlichen Größen (gr. *„nomos"* = Gesetz + *„gramma"* = Buchstabe).

Nucleolus
Lichtmikroskopisch sichtbare, in Ein- bis Mehrzahl auftretende Körperchen im Zellkern (lat. *„nucleolus"* = kleiner Kern).

Nucleus
Zellkern; beherbergt das Erbmaterial (lat. *„nucleus"* = Kern).

Osteoblasten
Knochensubstanzproduzierende Zellen.

Passage
Das Verdünnen und Umsetzen von Zellen von einem Kulturgefäß in ein anderes (Subkultur).

Passagenzahl
Anzahl der Umsetzungen von Zellen aus einem Kulturgefäß in ein anderes.

Pellet
Sediment in der Spitze eines Zentrifugenröhrchens nach der Zentrifugation (engl. *pellet* = „Pille, Kügelchen").

Perfusionskultur
Zellkultur in einem kontinuierlich von Frischmedium durchströmten Gefäß.

permanente bzw. etablierte Zelllinie
Eine *in vitro* zeitlich unbegrenzt kultivierbare Zelllinie.

pH
Maß für die Konzentration der Hydroniumionen (H_3O^+) in wässrigen Lösungen.

Phänotyp
Äußeres Erscheinungsbild einzelner Organismen oder Zellen in einer bestimmten Phase ihrer Entwicklung.

Phenolrot
Den Zellkulturmedien zugesetzter Indikatorfarbstoff, um den aktuellen pH-Wert optisch anzuzeigen.

polarisierte Zellen
Zellen, die an entgegengesetzten Membranbereichen verschiedene Funktionen erfüllen (z. B. Epithelzellen).

Polysaccharide
Kohlenhydrate, die sich aus mehr als zehn einfachen Zuckermolekülen unter Bildung hochmolekularer Stoffe zusammensetzen (z. B. Cellulose, Stärke).

Primärkultur
Unmittelbar nach der Entnahme aus Geweben oder Organen gezüchtete Zellen. Nach der ersten Subkultivierung wird die Primärkultur als Zelllinie bezeichnet.

Prionen
Infektiöse Proteine, die bei bestimmten Tieren die BSE-Krankheit („Rinderwahn") verursachen und vermutlich beim Menschen die Creutzfeld-Jakob-Krankheit auslösen.

Proliferation
Vermehrung von Zellen durch Zellteilung (Mitose).

Protease
Eiweißspaltendes Enzym.

Protein
Ein aus wenigstens 50 Aminosäuren aufgebautes Biopolymer (gr. *„protos"* = der Erste). Kleinere Polymere werden als Peptide bezeichnet (gr. *„peptos"* = gekocht).

Proteoglykane
Spezielle Proteine der extrazellulären Matrix, an welche Zuckerketten gebunden sind.

Puffer
Wässrige Lösung bestimmter Substanzen, die Schwankungen des pH-Werts abmildern oder verzögern können.

Pyrogene
Synonym für die fiebererzeugenden Endotoxine (gr. *„pyros"* = Feuer + *„gennan"* = erzeugen).

RNS (engl. RNA)
Abkürzung für Ribonukleinsäure.

S-Phase
Zellzyklusphase, in der die DNS synthetisiert wird.

Sarkom
Bösartige Bindegewebsgeschwulst (gr. *„sarx"* = Fleisch).

Serum
Nicht gerinnender, von Blutkörperchen und Fibrin gereinigter Bestandteil des Bluts.

signifikant
Bezeichnend, bedeutsam, wichtig (lat. *„significare"* = ein Zeichen geben).

Sporen
Ungeschlechtliche Fortpflanzungszelle vieler Pilze. Bakteriensporen hingegen sind Dauerformen, um widrige Umweltbedingungen zu überstehen.

Stammzellen
Zellen, die sich während des Embryonalstadiums zu allen möglichen Zelltypen differenzieren können (embryonale Stammzellen). Adulte Stammzellen finden sich in vielen Geweben des erwachsenen Organismus.

Sterilisation
Abtöten bzw. entfernen von Mikroorganismen (z. B. Bakterien, Pilze, Mycoplasmen) durch Hitze, Strahlung oder Filtrieren.

Streptomycin
Ein meist zusammen mit Penicillin verabreichtes Antibiotikum.

Subkultivierung
Das Verdünnen und Umsetzen von Zellen von einem Kulturgefäß in ein anderes, um eine Zelllinie weiterzuführen (Passage).

Substrat
Oberfläche, die adhärenten Zellen zur Anheftung dient.

Superinfektion
Infektion einer bereits infizierten Kultur durch einen anderen Keim.

Suspension
Aufschwemmung feiner, unlöslicher Teilchen in einer Flüssigkeit.

Suspensionskultur
Summe der in einer Nährflüssigkeit frei flottierenden Einzelzellen, die zum Wachstum und zur Vermehrung kein Substrat zur Anheftung benötigen.

TGF-β (transforming growth factor β)
Der Wachstumsfaktor TGF-β kann Zellproliferation stimulieren oder inhibieren. TGF-β wirkt zudem als ein Differenzierungsfaktor für Epithelzellen, Endothelzellen, Fibroblasten, Neuronen und für lymphoide und hematopoetische Stammzellen.

tight junction
Schmale, bandförmige Zellkontaktstruktur, die benachbarte Epithelzellen miteinander fest verbindet.

tissue engineering
Züchtung künstlicher Gewebe für therapeutische Zwecke (z. B. Eigentransplantate).

Toxizität
Effekt von Substanzen, die bei kultivierten Zellen zu morphologischen Veränderungen, Ablösen vom Substrat, Änderungen der Wachstumsrate oder zum Absterben führen.

Toxizitätstest
Ein Test zur Feststellung von für die Zellen giftigen (cytotoxischen) Effekten.

Transformation
Veränderung zellulärer Eigenschaften durch Umgestaltung der DNS.

Translation
Umsetzung der genetischen Information („Rezept") in die Aminosäuresequenz („Produkt") bei der Proteinbiosynthese.

Trypanblau
Ein Farbstoff, der bei der Zellzählung Verwendung findet. Er färbt nur tote Zellen an.

Trypsin
Aus der Bauchspeicheldrüse gewonnenes proteolytisches Verdauungsenzym, das beim Ablösen adhärenter Zellen eingesetzt wird.

trypsinieren
Ablösen adhärenter Zellen von ihrem Substrat mithilfe des proteolytischen Enzyms Trypsin.

Vakuolen
In Säugerzellen auftretende vesikelartige, von Zellmembran umschlossene Bläschen, die oft auf Missstände in den Zellkulturbedingungen hindeuten.

verdünnen
Konzentration von Zellen pro Volumeneinheit durch Zugabe von Flüssigkeit herabsetzen.

Verdünnungsreihe
Serie von Verdünnungsschritten.

Vesikel
Kleine, von Zellmembran umschlossene Bläschen im Zellplasma (lat. *„vesica"* = Blase).

Wachstumsfaktoren
Proteine oder andere Substanzen, die u. a. das Wachstum und die Teilung von Zellen beeinflussen

Zählkammer
Spezieller Objektträger mit eingeätztem oder eingraviertem Zählraster zur Bestimmung der Zellzahl.

Zellbank
Wissenschaftliche oder kommerzielle Sammlung von Zellen und Mikroorganismen.

Zellfusionierung
Verschmelzung zweier benachbarter Zellen.

Zellkultur
Vermehrung von Zellen unter Laborbedingungen *(in vitro)*.

Zelllinie
Ein in der Regel durch Immortalisierung oder Transformation permanent wachsender Zelltyp.

Zellmembran
Dünne, filmartige Grenzschicht aus Phospholipiden, die das Cytoplasma umgibt.

Zellzyklus
Der in die vier Abschnitte G1-, S-, G2- und Mitosephase gegliederte Prozess der Zellteilung.

II Arbeitsvolumina für Zellkulturgefäße

	Schalen	Medium-Füll-volumen (pro Schlae)	Trypsin-Volumen* (pro Schale)	Effektive Wachs-tums-Fläche (pro Schale in cm²)
○	35 mm	2,5–3,0 ml	0,2–0,3 ml	9,6 cm²
○	60 mm	6,0–7,0 ml	0,5–0,6 ml	28,0 cm²
○	100 mm	16,0–17,5 ml	1,0 ml	78,5 cm²
○	150 mm	45,0–50,0 ml	15 ml	176,6 cm²

	Multiwell-Platten	Medium-Füll-volumen (pro Schlae)	Trypsin-Volumen* (pro Schale)	Effektive Wachs-tums-Fläche (pro Well in cm²)
	6 well Platte	2,5–3,0 ml	0,20–0,30 ml	9,60 cm²
	12 well Platte	1,5–2,2 ml	0,10–0,20 ml	3,80 cm²
	24 well Platte	0,8–1,0 ml	0,08–0,10 ml	2,00 cm²
	48 well Platte	0,5–0,8 ml	0,05–0,08 ml	0,75 cm²
	96 well Platte	0,1–0,2 ml	0,01–0,02 ml	0,32 cm²

(mit freundlicher Genehmigung von BD Biosciences)

11 Arbeitsvolumina für Zellkulturgefäße

Flaschen	Medium-Füll-volumen (pro Schlae)	Trypsin-Volumen* (pro Schale)	Effektive Wachs-tums-Fläche (pro Flasche in cm²)
T-25	8,0–9,0 ml	0,5–0,8 ml	25 cm²
T-75	20–30 ml	1,0 ml	75 cm²
T-175	45–55 ml	2,0 ml	175 cm²
T-300	150–400 ml	4,0 ml	300 cm²

Roller Bottles	Medium-Füll-volumen (pro Schlae)	Trypsin-Volumen* (pro Schale)	Effektive Wachs-tums-Fläche (pro Roller Bottle in cm²)
Einstück-Form	125–400 ml	10–15 ml	850 cm²
Stabile Mehr-stück-Form	125–400 ml	10–15 ml	850 cm²
Stabile Mehr-stück-Form	250–800 ml	20 ml	1750 cm²
RB mit vergrö-ßerter Oberflä-che	200–400 ml	20 ml	1450 cm²

III MUSTER: Hautschutzplan und Händedesinfektion

Firma: Abteilung:
Datum: Unterschrift:

Was	Wann	Womit	Wie	Wer
Hautschutz beim Tragen von flüssigkeitsdichten Handschuhen (z. B. aus Latex, Nitril)	vor dem Anziehen der Handschuhe Unterhandschuhe aus Baumwolle sind empfohlen	Hautschutzcreme Präparat:	einreiben	
Hautschutz beim Umgang mit wechselnden Gefahrstoffen	vor Beginn des Arbeitsvorgangs	Hautschutzcreme Präparat:	einreiben	
Händedesinfektion	nach Beendigung der Tätigkeiten mit biologischen Arbeitsstoffen und grundsätzlich vor Verlassen des Labors	Präparat: Dosierung: Einwirkzeit:	einreiben	
Hautreinigung	**nach** Händedesinfektion,	Flüssigseife Präparat: Dosierung: Einwirkzeit:	waschen	
Hautpflege	nach Händedesinfektion und -reinigung	Handpflegelotion Präparat: Dosierung:	einreiben	

(mit freundlicher Genehmigung der Berufsgenossenschaft Chemie)

IV MUSTER: Hygieneplan Nach BioStoffV § 11

Firma: Arbeitsbereich:
Stand: Unterschrift:

Was	Wann	Womit	Wie	Wer
Händedesinfektion	nach jeder Kontamination, vor Verlassen des Labors	Präparat: 1 Spenderhub = 3 mL	in die trockenen Hände bis zur Trocknung einreiben	jeder
Händereinigung: **erst Desinfektion, dann Reinigung!**	nach Verschmutzung nach Arbeitsabschnitten	Präparat: Flüssigseife aus Spender	Hände unter warmem Wasser waschen	jeder
Händepflege	nach jeder Desinfektion bei Bedarf	Präparat: Pflegelotion 1–2 Spenderhübe	nach Desinfektion und Reinigung in die getrockneten Hände einreiben	jeder
sterile Werkbänke	nach Kontamination nach Arbeitsabschnitten	Präparat:	bei laufender Lüftung Wischdesinfektion der Arbeitsfläche	jeder Nutzer
kontaminierte Oberflächen von Geräten etc.	bei Bedarf	Präparat: Sprüher	sprühen, mindestens 5 min einwirken lassen, wischen	jeder Nutzer
Zentrifugen	nach Kontamination	Präparat: Sprüher	sprühen, mindestens 5 min einwirken lassen, wischen	jeder Nutzer
kontaminierte Glaspipetten	nach Benutzung	Präparat: …%ige Lösung	im Pipettenspüler mindestens über Nacht einwirken lassen	jeder Nutzer
kontaminierte Glasgeräte	nach Benutzung	Autoklav in Raum…	20 min 121 °C	
Schutzkleidung	1 x im Monat oder nach Kontamination	Autoklav in Raum…	20 min 121 °C Entsorgungsbeutel	
kontaminierte Abfälle, Petrischalen Einwegmaterialien	nach Bedarf	Autoklav in Raum…	20 min 121 °C Entsorgungsbeutel	
Fußböden	wöchentlich	Präparat: Konzentration: % im Wischwasser	mit Wischmopp nach der 2 Eimer-Methode	Ansprechpartner der Reinigungsfirma Herr… Tel.…

(mit freundlicher Genehmigung der Berufsgenossenschaft Chemie)

V Hygieneplan, Beispiel 2

- alte Medien und Puffer entsorgen
- Glasflaschen ausspülen, Aufkleber entfernen, ins Desinfektionsbad legen
- Pipettenvorrat am Arbeitsplatz ergänzen
- Sprüh- und Spritzflaschen mit 70% Alkohol auffüllen
- Müll entsorgen
- Pipettierhilfen an Ladegeräte anschließen, Adapter herausnehmen und autoklavieren
- Wasserbad reinigen (Wasser ablassen, Belag entfernen, ausspülen, mit Alkohol aussprühen, mit demineralisiertem Wasser füllen)
- Werkbänke desinfizieren (Arbeitsfläche, Glasscheibe von außen und innen, Stirnwand und Seitenwände nicht vergessen)
- Tablare im Brutschrank reinigen, Wasserwanne kontrollieren bzw. auffüllen
- Geräte und Material wegräumen
- Arbeitsflächen und Objekttische der Mikroskope reinigen, Pipettenspitzen auffüllen und autoklavieren
- Papierhandtücher, Seifen- und Desinfektionsmittelspender auffüllen
- Absaugschläuche mit Alkohol ausspülen
- Pasteurpipetten auffüllen und hitzesterilisieren

(mit freundlicher Genehmigung der Berufsgenossenschaft Chemie)

VI Nützliche Internetadressen

Hersteller von Zellkulturmaterial und Geräten

- Hartenstein GmbH, www.laborversand.de
- Air Products GmbH, www.airproducts.de
- Bandelin, www.bandelin.de
- Biosource, www.biosource.com
- Becton Dickinson Labware, www.bd.com/labware
- Biochrom KG, www.biochrom.de
- Biozol Diagnostica Vertrieb GmbH, www.biozol.com
- Cellon S.A., www.cellon.lu
- ChemoMetec A/S, www.chemometec.com
- Corning Inc., www.scienceproducts.corning.com
- Dr. Ilona Schubert – Laborfachhandel, www.schubert-laborfachhandel.de
- Dunn Labortechnik GmbH, www.dunnlab.de
- Ewald Innovationstechnik GmbH, www.sanyo-biomedical.de
- Greiner Bio-One GmbH, www.gbo.com
- Helmut Hund Mikroskopie GmbH, www.hund.de
- Intega GmbH, www.intega.com
- Integra Biosciences, www.integra-biosciences.com
- Invitrogen life technologies, www.invitrogen.com
- Kendro Laboratory Products, www.kendro.de
- Kern & Sohn Laborwaagen GmbH, www.kern-sohn.de
- Klughammer bio GmbH, www.klughammer.de
- Laborgerätebörse, www.labexchange.com
- Life Technologies Inc., www.lifetech.com
- MembraPure Membrantechnik und Reinstwasser, www.membrapure.de
- Minucells and Minutissue GmbH, www.minucells.de
- MS Laborgeräte GbR, www.ms-laborgeraete.de
- Nunc GmbH, www.nunc.de
- Oxyphen GmbH, www.oxyphen.com
- PAA Laoratories GmbH, www.paa.at
- Pan – Biotech GmbH, www.pan-biotech.de
- Prolatec GmbH, www.prolatec.com
- Promega GmbH, www.promega.com
- Promocell Bioscience Alive GmbH, www.promocell.com
- Ratiolab GmbH, www.ratiolab.com
- Renner GmbH, www.renner-gmbh.de
- Roth GmbH, www.carl-roth.de
- Sartorius AG, www.sartorius.com
- Sigma Cell Culture, www.sigma-aldrich.com

- Thermo Electron Corporation, www.thermo.com
- Th. Geyer GmbH, www.thgeyer.de
- TPP Techno Plastic Products AG, www.tpp.ch
- TSO Thalheim-Spezial-Optik-Systemvertrieb, www.tso-optik.de
- VWR International GmH, www.vwr.com
- WAK – Chemie Medical GmbH, www.wak-chemie.com

Zellbanken

- American Type Culture Collection (ATCC), www.atcc.org
- European Collection of Animal Cell Cultures (ECACC), www.ecacc.org.uk
- CLS Cell Line Service, www.zellbank.de
- DSMZ Deutsche Sammlung von Mikroorganismen und Zellkulturen, www.dsmz.de

Organisationen und Gesellschaften

- DGZ Deutsche Gesellschaft für Zellbiologie, www.zellbiologie.de
- Deutscher Verband Technischer Assistenten, www.dvta.de
- ETCS European Tissue Culture Society, www.etcs.info
- ETES European Tissue Culture Society, www.etes.tissue-engineering.net
- GZG Gesellschaft für Zell- und Geweezüchtung e. V., www.gzg-online.de
- MTA – Verband Österreich, www.mta-verband.at

Dienstleistungen und Informationen

- CCS Cell Culture Service, www.cellcultureservice.com
- Cellbiotec Life Science Online Service, www.cellbiotec.de
- WEKA Media GmbH, www.weka.de

Zeitschriften und Verlage

- Bioforum
- GIT Labor – Fachzeitschrift, www.gitverlag.com
- GIT Steriltechnik, www.gitverlag.com
- Labo Magazin für Labortechnik + Life Science, www.labo.de
- Laborjournal, www.laborjournal.de

Zellkulturseminare

- IBA – Akademie Göttingen, www.iba-akademie.de
- ProCellula Dresden, Boxbergers@t-online.de

Suchmaschinen

- Wer liefert was?, www.wlw.de/rubriken/zellkulturen.html
- Wer weiss was?, www.wer-weiss-was.de

VII Schlechtes Zellwachstum in der Kultur: Fehlerursachenanalyse und -beseitigung

Bei der Kultur von permanenten Zelllinien kann theoretisch eine ganze Menge an Problemen auftreten. Nachfolgend sind eine Reihe ausgewählter, typischer

- ☹ Zellkulturprobleme,
- √ ihre möglichen Ursachen und
- ☺ geeignete Lösungsvorschläge aufgelistet.

*

- ☹ schnelle Veränderung des pH-Werts im Medium
- √ CO_2-Partialdruck nicht korrekt
- ☺ CO_2-Konzentration im Brutschrank in Abhängigkeit der Natriumbicarbonatkonzentration senken oder erhöhen. Für alle Na-Bicarbonatkonzentrationen sollten adäquate CO_2-Konzentrationen eingestellt werden (s. Kapitel 4.2)
- ☺ CO_2-unabhängiges Medium verwenden (s. Kapitel 4.1)
- √ Kulturflaschen sind zu fest verschlossen
- ☺ Verschlusskappe um eine Vierteldrehung lösen oder Verschlüsse mit gasdurchlässigem Ventil verwenden (s. Kapitel 3.2.7)
- √ Pufferung des Mediums ist unzureichend
- ☺ Medium mit höherer Na-Bicarbonatkonzentration verwenden oder HEPES in einer Endkonzentration von 10–25 mM hinzufügen (s. Kapitel 4.2)
- √ falsche Salze im Medium
- ☺ In einem mit CO_2-begasten Brutschrank sollten Medien auf der Basis von Earle's Salzen und unter atmosphärischen Bedingungen Medien mit Hank's Salzen verwendet werden (s. Kapitel 4.1)
- √ Die Kultur könnte mit Bakterien und/oder Pilzen kontaminiert sein
- ☺ Versuche, die Kultur zu dekontaminieren (s. Kapitel 6)
- ☺ Kultur und Mediumvorrat verwerfen; Mediumzusätze auf Kontamination überprüfen (s. Kapitel 6)

*

- ☹ Präzipitat (organischer Niederschlag oder Trübung) im Medium, jedoch ohne pH-Wertveränderung
- √ Reste von Phosphaten aus Spülmitteln können Komponenten aus Pulvermedien präzipitieren
- ☺ Gereinigte Glaswaren vor dem Sterilisieren sorgfältig mehrmals in deionisiertem, destilliertem Wasser spülen (s. Kapitel 2.3.1)
- √ Beim Auftauen von gefrorenem Medium oder Serum können Präzipitate entstehen
- ☺ Medium oder Serum im Wasserbad auf 37 °C erwärmen und vorsichtig durch Schwenken mischen; falls Präzipitate zurückbleiben, Medium verwerfen (s. Kapitel 4)

*

☹ Präzipitat (organischer Niederschlag oder Trübung) im Medium und Veränderung des pH-Werts
√ Kontamination durch Bakterien und/oder Pilze
☺ Versuche, die Kultur zu dekontaminieren
☺ Kultur und Mediumvorrat verwerfen; Mediumzusätze auf Kontamination testen)
☺ Nur absolut keimfreie Flaschen, Pipetten und andere Utensilien verwenden; Pipettierhilfe auf Kontamination überprüfen und Pipettenadapter autoklavieren (s. Kapitel 3.2.1)

*

☹ adhärente Zellen heften sich am Boden des Kulturgefäßes nicht an
√ Zellen wurden zu lange oder mit zu konzentriertem Trypsin behandelt
☺ Trypsinbehandlung verkürzen, geringer konzentriertes oder weniger Trypsin verwenden (s. Kapitel 5.4.1)
√ Kontamination mit Mycoplasmen
☺ Kultur isolieren und auf Mycoplasmen testen; kontaminierte Kultur samt Medienvorrat vernichten, Sterilbank und Brutschrank desinfizieren; Behandlung der infizierten Kulturen nur in Ausnahmefällen durchführen (s. Kapitel 6.7)
√ keine oder zu wenig Anheftungsfaktoren im Medium
☺ serumfreie oder -reduzierte Medien sollten auf jeden Fall mit genügend Adhäsionsfaktoren angereichert werden (s. Kapitel 4.3.2)
√ Material der Kulturgefäße ist für adhärente Zellen ungeeignet
☺ nur Kulturgefäße für adhärente Zellen oder Produkte eines anderen Herstellers verwenden (s. Kapitel 3.2.7)

*

☹ vermindertes Zellwachstum in der Kultur
√ Medium- und/oder Serummarke bzw. Medium- und/oder die Serumcharge wurde geändert
☺ Medien auf möglicherweise unterschiedliche Zusammensetzung in Bezug auf Glukose, Aminosäuren etc. vergleichen (s. Kapitel 4.1)
☺ alte und neue Serumcharge im Experiment vergleichen (s. Kapitel 4.3)
☺ Zellen schrittweise an neues Medium adaptieren
√ Zellen wurden bei der Subkultivierung zu stark verdünnt bzw. in zu geringer Anzahl ausgesät
☺ Initialzelldichte (Zahl der lebenden Zellen beim Beimpfen der Kultur) erhöhen (s. Kapitel 5.1)
√ Verbrauch, Abwesenheit oder Degradation von essentiellen Komponenten wie L-Glutamin oder Wachstumsfaktoren
☺ verbrauchtes Medium durch frisches ersetzen (s. Kapitel 5.3)
☺ Medium mit wachstumsfördernden Faktoren anreichern (s. Kapitel 5.3)
☺ Stabiles L-Glutamin verwenden (s. Kapitel 4.2)
√ schwache (verdeckte) Kontamination mit Bakterien und/oder Pilzen

- ☺ Kultur ohne Antibiotika wachsen lassen; falls sie kontaminiert ist, muss sie verworfen oder dekontaminiert werden (s. Kapitel 6)
- √ Medium, Serum und/oder Medienzusätze wurden falsch gelagert
- ☺ Seren bei –20 °C, Medien zwischen 2 °C und 8 °C lagern und vor dem Verfallsdatum verbrauchen; Vollmedium möglichst rasch verbrauchen (s. Kapitel 4)
- ☺ Seren und Medien nicht längere Zeit dem Licht aussetzen
- √ Zellen sind überaltert
- ☺ überalterte Kultur verwerfen und durch eine neue Stammkultur mit geringer Passagenzahl ersetzen (s. Kapitel 5.4)
- √ Kontamination mit Mycoplasmen
- ☺ Kultur isolieren und auf Mycoplasmen testen; kontaminierte Kultur nach Möglichkeit vernichten, Sterilbank und Brutschrank desinfizieren; Behandlung der infizierten Kulturen nur in Ausnahmefällen durchführen (s. Kapitel 6)

*

- ☹ Zellen in der Kultur sterben ab
- √ keine ausreichende CO_2-Konzentration im Inkubator
- ☺ Brutschrank mit CO_2-Begasung benutzen (s. Kapitel 2.4.2)
- ☺ CO_2-Verbrauch überwachen; Gasflasche rechtzeitig austauschen; Gasleitungen auf Lecks überprüfen; Brutschrank nicht öfter als nötig öffnen (s. Kapitel 2.4.2)
- √ zu große Temperaturschwankungen im Brutschrank
- ☺ Temperatur messen und überwachen; Brutschrank nicht öfter als nötig öffnen (s. Kapitel 2.4.2)
- √ Verwendung von Antibiotika/Antimycotika oder HEPES-Puffer in toxischen Konzentrationen
- ☺ Dosierungsvorschriften beachten; Antibiogramm erstellen (s. Kapitel 6.5)
- √ Schädigung der Zellen während des Einfriervorgangs und/oder während des Auftauens
- ☺ anderes Aliquot der Zellkonserve auftauen (s. Kapitel 5.1)
- √ falscher osmotischer Wert im Medium
- ☺ Osmolalität des kompletten Mediums überprüfen (das Hinzufügen von Reagenzien wie HEPES und Antibiotika kann die Osmolalität beeinflussen); die meisten Säugerzellen tolerieren eine Osmolalität von 260–350 mOsm kg^{-1} (s. Kapitel 4.1)
- √ Anreicherung von zellschädigenden oder cytotoxischen Stoffwechselendprodukten im Medium
- ☺ Medium ersetzen s. Kapitel 5.3)

*

- ☹ Verklumpung von Zellen in Suspensionskultur
- √ Anwesenheit von Ca- und Mg-Ionen
- ☺ Zellen in einer Salzlösung ohne Ca und Mg (CMF-HBSS) waschen und mehrmals vorsichtig mit der Pipette suspendieren; für Suspensionszellen geeignetes Medium verwenden (s. Kapitel 4.1)

VII Schlechtes Zellwachstum in der Kultur: Fehlerursachenanalyse und -beseitigung

√ Kontamination mit Mycoplasmen
☺ Kultur isolieren und auf Mycoplasmen testen; kontaminierte Kultur vernichten, Sterilbank und Brutschrank desinfizieren; Behandlung der infizierten Kultur nur im Ausnahmefall durchführen (s. Kapitel 6)
√ Lysierung von Zellen und Freisetzung von DNA durch zu starke Wirkung proteolytischer Enzyme
☺ Behandlung der Kultur mit DNAse I

*

Allerdings können die gleichen Probleme in Primärkulturen andere Ursachen haben als in etablierten Zelllinien:

☹ primäre Zellkultur ist kontaminiert
√ Gewebe wurde unter unsterilen Bedingungen aus dem Spenderorganismus entnommen
√ Keime des primären Gewebes wurden mit in die Kultur übernommen
☺ Gewebestücke vor dem Ansetzen der Kultur in einer Salzlösung mit einer höheren Konzentration von Antibiotika und Antimycotika waschen (s. Kapitel n n n)

VIII Edgars Betrachtungen

Edgars ironische „Betrachtungen" zu:

Arbeiten im Forschungslabor

Achtung! Unbedingt Hinweis am Ende beachten!

- Trotz fortschreitender Erkenntnisse der Wissenschaft ist es bisher im Vorschriftenwerk nicht gelungen zu definieren, was ein Labor ist. Entsprechend geht es in solchen Räumen zu.
- Meist ist ein Labor ein Raum, auf den eine Arbeitsgruppe Anspruch erhebt, für den aber niemand zuständig ist.
- In einem Forschungslabor versuchen Wissenschaftler, Technische Angestellte, Hilfspersonal, Diplomanden, Doktoranden und Gäste das Problem der engsten Packungsdichte zu bewältigen.
- Auf eine Labortischeinheit von 1,2 m passen 5 Mitarbeiter:
einer arbeitet, einer ist auf der Toilette, einer sitzt in der Bibliothek, einer ist auf einem Kongress und einer wird im Wandregal über den Labortisch aufbewahrt, bis er an der Reihe ist, zu arbeiten.
- Labors sind vor 10.00 h unter- und nach 17.00 h überbevölkert.
- Türen und Fenster stehen stets offen, damit der freie Geist der Wissenschaft hindurchwehen kann, bzw. damit der Chef nicht eventuell einen akademischen Ruf verpasst.
- Unterweisungen werden nicht durchgeführt. Wie soll man seinen Mitarbeitern vermitteln, was man selbst nicht weiß.
- Wollte man alle zu beachtende Vorschriften im Labor aushängen, müsste man sämtliche Wände bis unter die Decke damit tapezieren. Da es im Labor keine freien Wände gibt, gelten auch keine Vorschriften.
- Kittel tragen im Labor nur Studenten mit abgebrochenem Medizinstudium, die es nicht verkraftet haben, dass sie nicht in einer Praxis arbeiten können.
- Diplomanden tragen Kittel, die neben aus Löchern nur noch aus Flecken bestehen. Die Muster ersetzen das Labor-Journal.
- Schutzbrillen sind tabu, es gibt heutzutage hervorragend gestaltete Glasaugen.
- Handschuhe werden ständig getragen. Man weiß ja schließlich, wie die Kollegen arbeiten,
- Der Aberglaube, eine 0,1 mm dicke Latex-Haut könne genauso zuverlässig vor Chemikalien, wie vor Infektionen schützen, ist weit verbreitet.
- Zehennägel, die offen aus den Sandalen hervorlugen, kann man leicht mit einem Tropfen Salpetersäure gelb, mit Wasserstoffperoxid weiß, und mit einem Bleiziegel blauschwarz färben.

- Frontscheiben von Abzügen sollte man immer hochgeschoben belassen, die Abzüge ziehen sowieso nicht.
- In den Abzügen kann man seine Aktenordner der letzten zehn Jahre unterbringen. Man vermeidet so eine Aktenstauballergie.
- Toxische Substanzen werden offen auf dem Labortisch gehandhabt, der moderne Laborinsasse ist chemisch resistent.
- Krebserzeugende Kristalle sollte man mit einem Kunststoff-Spatel abwiegen. Durch elektrostatische Aufladungen erzielt man flohähnliche Hüpfeffekte. Wer am meisten Substanz auf die Waagschale bekommt, hat gewonnen.
- Die Umgebungen von Wiegeplätzen (Waage, Tisch, Stuhl, Boden, Wände) erstrahlen im Dunkeln, unter UV-Licht, in farbig schillernder Pracht – ein hübscher Effekt für den Tag der offenen Tür.
- Feuerlöscher sind geeignete Garderobenständer, Schlauch-, Kabel- und Handtuchhalter etc. Im Brandfall Ruhe bewahren, Löscher suchen oder entwirren.
- Entzündete Ölbäder nicht abdecken, nur mit Wasser löschen. Nur so lohnt sich der Einsatz der Berufsfeuerwehr.
- Fluchtwege werden grundsätzlich zugestellt. Wozu flüchten?
  Wer weiß, was einen draußen erwartet?
- In Lösemittelschränken kann man zwischen die Flaschen mit brennbaren Flüssigkeiten brandfördernde oder explosible Substanzen stellen. So erreicht man bei Havarien eine Bombenstimmung.
- Druckgasflaschen nicht anketten oder sonst wie sichern. Eine umfallende Flasche kann praktische Durchreichen über mehrere Räume schaffen.
- Reste von metallischem Natrium wirft man in den Abfluss. So kommt man zu neuen Spülbecken, auch in den Nachbarlabors. Die leichte Atemnot kommt von der Druckwelle.
- Werden brennbare Flüssigkeiten in der Nähe von Zündquellen gehandhabt, empfiehlt es sich, vorher die Heizung abzustellen, es wäre sonst Energieverschwendung.
- Lebensmittel im Chemikalienkühlschrank aufbewahren. Dabei ist darauf zu achten, dass die Chemikalien nicht zu sehr die Gerüche der Lebensmittel annehmen.
- Bechergläser eignen sich vorzüglich als Trinkbecher. Eventuelle Verwechslungen mit Laborflüssigkeiten müssen als schicksalhaft hingenommen werden.
- Heruntergefallene Pipettierspitzen, Tubes etc. kickt man unauffällig unter die Tischunterschübe. Dort wird in den nächsten 25 Jahren eh niemand nachsehen oder putzen.
- Dem Service-Personal von Fremdfirmen erklärt man, dass alles im Labor harmlos ist. Fleckige Haut-Verfärbungen an den Händen sind ausschließlich auf falsche Ernährung zurückzuführen.
- Wechselt das Service-Personal häufig, fragt man diskret bei der beauftragten Firma nach, ob es in letzter Zeit plötzliche Todesfälle gegeben hat.
- Überlistet man die Deckelverriegelung von Zentrifugen, kann man den Rotor mit der Hand abbremsen, das spart viel Zeit. Abgerissene Finger werden im Eisbeutel zum Chirurgen mitgenommen.

- Gefäße und Kolben unter Vakuum können ohne Schutzschild, Gesichtsschutzschirm etc. betrieben werden. Es empfiehlt sich, eine starke Pinzette bereitzuhalten, mit der man Glassplitter aus der Haut ziehen kann.
- Mit Foto und Diktiergerät bewaffnete Besuchergruppen, die von Labor zu Labor pilgern, sind keine verirrten Touristen, sondern Sicherheitsingenieure auf der Suche nach ihrer Existenzberechtigung.

Alles was hier aufgeführt wird, ist natürlich völlig frei erfunden. Wer so handelt, wie vorstehend notiert wurde, liegt sicher falsch! Risiken und Nebenwirkungen wären dann selbstverschuldet.

Quelle: Edgar Heuss
Edgars Betrachtungen zu „Arbeiten im Forschungslabor"
Email: edgar.heuss@gmx.de

Edgars „Betrachtungen" zu:

Arbeiten im gentechnischen Labor der Sicherheitsstufe 2

Achtung! Unbedingt Hinweis am Ende beachten!

- An der Tür klebt zwar die Kennzeichnung für S2-Labors, aber selbstverständlich wird hier nie in der Sicherheitsstufe S2 gearbeitet, wahrscheinlich nicht einmal in S1.
- Angesprochene Mitarbeiter wissen nie so genau was sie ‚eigentlich' in diesem Labor tun und was S2 ‚eigentlich' bedeutet.
- Türen und Fenster stehen ständig offen, damit es den GVO (Gentechnisch Veränderte Organismen) nicht zu warm wird. Da sie keine Füße haben, können auch keine entkommen.
- In S2-Labors werden keine Kittel getragen. Knappste Kleidung ist angesagt, mit kurzen Ärmeln und kurzen Hosen und mit Riemchen-Sandalen ohne Strümpfe. Haut lässt sich leichter desinfizieren als Stoff.
- Zellen und GVO sind hochempfindsame Gebilde. Um sie vor Menschenhand zu schützen, werden überall Einmal-Handschuhe getragen, selbst auf der Toilette und beim Verschlingen des Frühstücksbrötchens im Pausenraum.
- Telefonhörer in Labors sind sehr schmutzig. Statt sie abzuwischen, trägt man besser Latexhandschuhe.
- Beim Umgang mit Chemikalien zieht man Einmal-Latexhandschuhe über. Da sie für diese Stoffe keinerlei Schutzwirkung haben, freut sich die Haut über den intensiven Kontakt mit zudringlichen Molekülen.
- Es werden keine Schutzbrillen getragen, obwohl herumspritzende GVO immer die Augen treffen. Als Gegenmaßnahme denken Technische Angestellte bei einem Treffer sofort an ihre letzte Gehaltsabrechnung, dann reinigt der einsetzende Tränenfluss die Schleimhäute. Wissenschaftler in gehobener Position denken ersatzweise an die letzte Entscheidung des Nobel-Preis-Komitees.
- Man weiß, die Gentechnik-Vorschriften sind so umfangreich, dass sich das Durchlesen gar nicht erst lohnt.
- Unterweisungen finden nicht statt. Wozu auch. Die anvertrauten Untergebenen wissen eh schon viel zu viel.
- Aus festem Vertrauen auf das deutsche Gentechnik-Vorschriftenwerk erwächst die Überzeugung, dass infektiöse Erreger nur dann gefährlich sind, wenn man an ihrer DNA herumgebastelt hat. Robert Koch und Louis Pasteur waren noch anderer Ansicht, kannten aber noch nicht die Gentechniksicherheitsverordnung.
- Humanes Material muss völlig harmlos sein, das sagt doch schon die Bezeichnung. Wäre es infektiös gefährdend, müsste es doch Inhumanes Material heißen.
- Benutzte Kanülen („Nadeln") steckt man zurück in ihre Schutzhülle. Nur so trifft man garantiert den eignen Daumen.

- Benutze Einmal-Skalpelle und Kanülen wirft man zum Papierabfall in einen Plastiksack. Die Hausmeister haben genügend Hansaplast vorrätig und sind sowieso immun.
- Wasch-, Desinfektionsmittel- und Papiertuchspender fehlen entweder oder sind noch immer nicht nachgefüllt worden.
- Alles was auf dem Labortisch stört, wird in den Arbeitsraum der Sicherheitswerkbank gepackt. So herrscht Ordnung und es staubt weniger ein. Wenn dann die Hood nicht mehr volle Leistung bringt, lässt man die Drehzahl des Lüftermotors hochdrehen. Dies wird solange wiederholt, bis man das kreischende Geräusch des Ventilators nicht mehr ertragen kann.
- Wenn man die Lochbleche in der Arbeitsfläche der Sicherheitswerkbank hochhebt, entdeckt man einen kräftigen Pilzrasen, der seit Jahren dort ein unentdecktes Dasein fristet.
- Alkohol wird unter der Werkbank in offenen Schalen aufbewahrt. Zweckmäßigerweise stellt man die Schale direkt neben den Brenner. Wenn es zur Entzündung kommt, reißt man die Arme schützend über den Kopf. Bei lockerer Bekleidung kann man so das Ausrasieren der Achselhöhlen sparen.
- Aerosole sind ein Fremdwort. Dass man Latein in der 7. Klasse abgewählt hatte, braucht man sich darüber keine Gedanken zu machen. Außerdem sind sie fast nie sichtbar. Falls sie dennoch zu intensiv auftreten, sollte man die stets offenen Fenster schließen. Vielleicht war es doch der Nebel von draußen.
- Seine Kaffeetasse hängt man an das Tropfbrett über dem Waschbecken. Den offenen Frühstücksquark stellt man am besten in den Kühlschrank neben den Mercaptoethanol. Man erzielt dadurch ungewohnte Geschmacksnoten.
- Seine Schreibutensilien legt man in den Abzug. Zwischen den Chemikalienflaschen findet sich immer ein freies Plätzchen.
- Abfallkanister mit brennbaren oder toxischen Flüssigkeiten sammelt man unverschlossen vor dem Abzug auf dem Fußboden. Der Lösemittelschrank ist schon mit dem Jahresvorrat an Kunststoff-Artikeln gefüllt.
- Die Arbeitsintensität kann man (allerdings nur bei Dunkelheit) mit einer UV-Leuchte nachweisen: Kräftiges rosa Leuchten, verteilt im ganzen Raum, zeugt von unermüdlichem Schaffen (mit Ethidiumbromid).
- Die UV-Entkeimungs-Lampe in der Sicherheitswerkbank lässt man auch beim Arbeiten stets brennen. Man kann so das Schwinden der Urlaubsbräune hinauszögern. Rötet sich die Haut nur und wird abgestoßen dann hat man den Gel-Betrachter mit dem Sonnenstudio verwechselt. Heftiges Brennen der Augen zeigt nur den Beginn einer vorübergehenden Erblindung an.
- Man benutzt nur Stühle mit textilen, nicht abwaschbaren Polsterflächen. So kann man herabtropfenden GVO in den Schaumpolstern jahrelang eine sichere Zuflucht vor aggressiven Desinfektionsmitteln gewähren.
- Reinigungskräfte sind immer alleine im Labor anzutreffen:
morgens vor 7 Uhr oder abends nach 18 Uhr. Die Übersetzung von ‚Schutzkleidung' ins Türkische ist bisher noch nicht gelungen.
- Praktischer Umweltschutz wird dadurch betrieben, dass mit einem halben Eimer Wasser eine ganze Etage gewischt wird. Sinnvollerweise beginnt man im S2-Bereich und arbeitet sich über S1 zu den Büros durch.

- Die wirksame Dosierung bei der Anwendung von Bodendesinfektionsmitteln, kann man, nach 15 Minuten Tätigkeit, am Rötungsgrad der Rachenschleimhäute kontrollieren.
- Tiefkühltruhen und –schränke mit S2-Material stellt man in „S-O"-Fluren vor Bürobereichen auf. Auslaufendes Schmelzwasser und herumrollende, besitzerlose Tubes sind von den Sekretärinnen zu entfernen.
- Zum ‚innerbetrieblichen' Transport von GVO benutzt man ein Gurkenglas mit Schraubdeckel. Das Etikett sollte noch den Hinweis „…..nach Großmutters Art" tragen.
- Bei Verletzungen mit Infektionsgefahr werden Wunden kräftig mit der Zunge abgeschleckt. Je mehr Erreger in den Körper gelangen, desto mehr Antikörper können gebildet werden. Desinfektionsmittel könnte den GVO schaden.
- Auch mit kleinen Verletzungen geht man nicht zum Betriebsarzt. Nachträgliche Rötungen, Anschwellungen und Verfärbungen der Wundumgebung werden als schicksalhaft hingenommen.

Alles was hier aufgeführt wird, ist natürlich völlig frei erfunden. Wer so handelt, wie vorstehend notiert wurde, liegt sicher falsch! Risiken und Nebenwirkungen wären dann selbst verschuldet.

Quelle: Edgar. Heuss
Edgars Betrachtungen zu
„Arbeiten im gentechnischen Labor der Sicherheitsstufe 2"
Email: edgar.heuss@gmx.de

Sachverzeichnis

a
Abflammen 69
Absaugvorrichtung 18, 126
adhärente Zellen 115
Aerosol 65
Alginat 195
Aminosäuren 87, 91, 93, 99
Ammoniak 92, 124
anorganische Salze 85, 99
Antibiotika 149, 153, 156
– Dosierung 162
Antimycotika 177, 179
Arbeitsbereich 8
– steriler 15
Arbeitsplatz 6, 59
– steriler 16
Auftauen 105, 143
– tiefgefrorener Zellkonserven 118
Ausstattung, technische 15
Autoklaven 10
Autoklavierband 12
automatische Zellzählgeräte 139

b
Bacillus anthracis 13
Bakterien 120, 149
Basallamina 129, 193
Begasung mit CO_2 24
Bewegungsfläche 6
Bindegewebe 192
biologische Agenzien 52
Biomembranen 191
Brutraumdesinfektion 27
Brutraumtemperatur 22
Brutschrank 21
Brutschrankatmosphäre 24, 94
BSE 100

c
Chondrocyten 89, 102, 192
Chromosomen 120
CO_2-Konzentration *siehe* Kohlendioxid-Konzentration

d
Dampfsterilisation 10
Deckgläschen 73
Degeneration 87
Desinfektion 58, 78
Desinfektionsmittel 78, 160
Desmosomen 130
Differenzierung 115, 128, 193, 197
Dimethylsulfoxid (DMSO) 52, 118, 144
DMSO *siehe* Dimethylsulfoxid
Dosiswirkungstest 163
dreidimensionale Zellkulturen 195, 197
Druckgasflaschen 24

e
EDTA *siehe* Ethylendiamintetraessigsäure
Einfrieren 39, 105
Einfriermedium 119, 143
Endothelzellen 88, 90, 102, 200
Endotoxine 100
Entkeimung 11
Epithelzellen 89
Ethylendiamintetraessigsäure (EDTA) 132
Eubacteria 154
Eukaryoten 152
Explantat 196
extrazelluläre Matrix 192, 195
extrazellulärer Matrix 197

f
Färbemethode mit Kristallviolett 142
Färbemethode nach Giemsa 142
fetales Kälberserum 98
Fibroblasten 85, 100, 192, 200
Fibronectin 98, 195
Filter 71
Filtermembranen 188
Filtration 71f
Flambieren 69
Fluoreszenzmikroskop 34

g
Garderobe 14
Gasdruck 25
Gasentnahmesystem 25
Gasflaschenschrank 24
Gefährdungen 49
Gefährdungspotenzial 53
Gefahrenverhütung 49
Gefahrstoffe 51
Gentamycin 163
Gentechnik-Sicherheitsverordnung 55
gepufferte Salzlösung 126
Gießen 68
Glaswaren 9, 73
Glycerol 118, 144
Glycokalyx 134, 153

h
Hämocytometer 136
Händedesinfektion 58
Haftstrukturen 129
Hefen 175
Heißluftsterilisator 10
Heizplatte 42
HeLa-Zellen 85, 87, 114
HEPES 94, 96
Hitzeinaktivierung von Serum 105
Hitzesterilisation 10
hydrostatischer Druck 125
Hyphen 175

i
Indikator 97
initiale Zelldichte 124
Inkubator 21

k
Kälberserum 98
Kernkörperchen 120
Klimaanlage 6
Klonierung 185
Körpertemperatur 22, 113

Kohlendioxid 24
 – Konzentration 24, 95
Kohlenhydrate 87, 99
Kollagen 129, 194
konfluent 120, 129
Kontaktinhibition 129
Kontamination 27, 101, 155
 – Quellen 173
 – Schutz 28
konventionelle Zellkultur 83, 91, 115, 125, 185, 189
Kryokonservierung 143
Kryoprotektivum 144
Kryoröhrchen 118, 146
Kühlgeräte 39
Kulturflaschen 75

l
L-Glutamin 91
Labor 5
Laborabfall 11
Laborglas 9
Laborhygiene 57
Laborspülmaschinen 10
Laborunfälle 6
Laborwaage 44
lag-Phase 119
Lagertemperatur 143
Laminin 129, 195
Latexunverträglichkeit 70
log-Phase 128, 155f
Lüftung 8
Luftfeuchtigkeit 23
Lymphocyten 89, 102, 115

m
Matrigel™ 195
Medienzusätze 91
Medium, konditioniertes 126
Mediumwechsel 124
Mehrlochplatten 78
Mikrobiologie 150
Mikroorganismen 52, 100, 120, 150
Mikropipetten 65
Mikroskope 29
Mikroskopkamera 33
Mikrotestplatten 78
monolayer 115
Mortalität 119
Mycel 175
Mycoplasmen 100, 154, 163, 166
Mycoplasmentests 171

n

Nährmedien 83, 91
Natriumbicarbonat 93, 99
Natriumhydrogencarbonat 93
Natriumpyruvat 93
neonatales Kälberserum 98
Neubauer-Zählkammer 136
Nomogramm 39

o

Objektträger 73
Osmolalität 86, 95
Osmolarität 85
Osmometer 86

p

Passagenzahl 128
Passagierung 127
Pasteurpipetten 65
Peleusball 62
Pellet 35
Penicillin 160, 165
perfundierte Zellkultur 199
permanente Zelllinien 115
Personenschutz 16
Petrischalen 73, 77
pH-Meter 45
pH-Wert 24, 26, 45, 93, 95f, 107, 110, 124
Phasenkontrastmikroskop 31, 120
Phenolrot 97
Pilze 120, 175
Pipetten 62
Pipettieren 62
Pipettierhilfen 62
Polarisierung 128, 197
Präparationsbereich 14
Primärkulturen 114, 142, 196
Primärzellen 114, 196
Prionen 100, 181
Produktschutz 16
Prokaryoten 152
Proliferation 83
proteolytische Enzyme 134
Pufferkapazitäten 94
Puffersysteme 85, 94
Pyrogene 100

q

Qualitätskontrolle 141

r

reine Werkbänke 18
Reinigung 9
Reinigungsbereich 8
Reinstwasseranlagen 46
Reinstwasserversorgung 45
Resistenzbildung 161, 166
Risikogruppen 53
Rollerflaschen 77
Routinemethoden 113

s

Sauerstoffpartialdruck 125
Schimmel 175
Schutzhandschuhe 70
Schutzkleidung 57
Schutzmaßnahmen 57
serologische Pipetten 63, 74
Serum 97, 103
Serumcharge 104
Serumersatzpräparate 102
serumfreie Zellkultur 101
Sicherheitsstufen 54
Sicherheitswerkbank 16
Sphäroide 196
Spinnerflaschen 77
Sporen 11, 27, 155, 177, 179
Spülküche 8
Spülmittel 9
Spurenelemente 87, 99
Stellfläche 6
Sterilbereich 15
steriles Arbeiten 59
Sterilfiltration 71
Sterilisationsbereich 10
Sterilisierband 13
Stickstoff, flüssiger 143
Streptomycin 161
Subkultivierung 128
Superinfektion 162
Suspensionszellen 115, 121
Synchronisierung 186

t

tiefgefrorene Zellkonserven, Auftauen 118
Tiefkühltruhen 39
Tierversuche 3
tight junctions 129, 191
tissue engineering 83, 91, 114
transformierte Zellen 115
Trockenschrank 12
Trocknung 12
Trypanblau 140
Trypsin 132

u

Ultraviolettes Licht 69
Unfallverhütungsvorschriften 55

UV-Lampen 69

V
Verkehrsfläche 6
Vernichtungssterilisation 11
Viren 180
Vitalitätstest 140
Vitamine 87, 99

W
Waage 44
Wachstum, exponentielles 156
Wachstumsfaktoren 125
Wartungsvertrag 20
Wasserbad 42

Z
Zelldichte 119, 123f
– initale 124
Zellen
– adhärente 115
– transformierte 115
Zellgestalt 128
Zellkern 120, 152
Zellkontaktstrukturen 131
Zellkultur
– dreidimensionale 195
– konventionelle 83, 91, 115, 125, 185, 189
– perfundierte 199

Zellkulturartikel
– aus Glas 72
– aus Kunststoff 74
Zellkulturlabor 5
Zellkulturmedium 83
– Flüssigmedium 107
– Medienkonzentrat 108
– Pulvermedium 109
– Zubereitung 106
Zelllinien
– etablierte 115
– permanente 196
– permanete 115
Zellmembran 129
– apikale 129
– basale 129, 188
– laterale 129
Zellrasen 115
Zellschaber 134
Zellteilung 120
Zellträger 190
Zellwand 153, 175
Zellzahlbestimmung 136
Zentrifugen 35

*Beachten Sie bitte auch
weitere interessante Titel
zu diesem Thema*

Schmid, R. D.
Taschenatlas der Biotechnologie und Gentechnik

2006
ISBN-13: 978-3-527-31310-5

Alberts, B., Bray, D., Hopkin, K., Johnson, A., Lewis, J., Raff, M., Roberts, K., Walter, P.
Lehrbuch der Molekularen Zellbiologie

2005
ISBN-13: 978-3-527-31160-6

Mahlberg, R., Gilles, A., Läsch, A.
Hämatologie
Theorie und Praxis für medizinische Assistenzberufe

2005
ISBN-13: 978-3-527-31185-9

Holzner, D.
Chemie für Biologielaboranten

2003
ISBN-13: 978-3-527-30755-5

Minuth, W. W., Strehl, R., Schumacher, K.
Zukunftstechnologie Tissue Engineering
Von der Zellbiologie zum künstlichen Gewebe

2003
ISBN-13: 978-3-527-30793-7

Holzner, D.
Chemie für Technische Assistenten in der Medizin und in der Biologie

2001
ISBN-13: 978-3-527-30340-3

Your Power for Health

Innovative Flask for Automated Cell Culture

CELLSTAR® AutoFlask™
from Greiner Bio-One

- Standard microplate footprint compliant with ANSI (SBS) Standards
- Compatible with a wide range of cell culture and liquid handling systems
- Unique centrifugation pocket for separation of cells
- Robot accessible multiple entry septum
- Handling and pipetting in horizontal position
- Customisable barcode

Innovation: AutoFlask™

Developed in collaboration with GNF Systems

www.gbo.com/bioscience

Germany (Main office): Greiner Bio-One GmbH · (+49) 7022 948-0 · info@de.gbo.com,
Belgium: Greiner Bio-One N.V. · (+32) 2 461 09 10 · info@be.gbo.com, France: Greiner Bio-One SAS · (+33) 169 86 25 50 · info@fr.gbo.com,
Japan: Greiner Bio-One Co. Ltd. · (+81) 3 3505 8875 · info@jp.gbo.com, Netherlands: Greiner Bio-One B.V. · (+31) 172 42 09 00 · info@nl.gbo.com,
UK: Greiner Bio-One Ltd. · (+44) 1453 82 52 55 · info@uk.gbo.com, USA: Greiner Bio-One North America Inc. · (+1) 704 261 78 00 · info@us.gbo.com

greiner bio-one

Biochrom AG
Culture of the Cell

Seit 25 Jahren Ihr Partner für die Zellkultur!

- **Zellkultur-Medien**
- **Spezialmedien**
- **Qualitäts-Seren**
- **Trennlösungen, Enzyme, Antibiotika**
- **Zellkultur-Plastik**

Biochrom AG • Leonorenstr. 2 – 6 • 12247 Berlin
Tel.: (030) 77 99 06-0 • Fax: (030) 771 00 12
e-mail: info@biochrom.de • http://www.biochrom.de

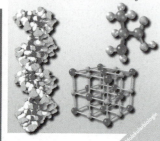

Holzner, Dieter

Chemie für Technische Assistenten in der Medizin und in der Biologie

5., vollständig überarbeitete und erweiterte Auflage

Dieses Lehrbuch hat sich in ständigem Abgleich mit den Lehrinhalten auf dem Gesamtgebiet der Chemie für MTAs und BTAs entwickelt. Die 5. Auflage wurde in den Kapiteln Molekularbiologie und Gentechnologie wesentlich erweitert. Es unterscheidet sich von herkömmlichen Chemiebüchern durch die praxisrelevante Betonung biologisch-medizinscher Themen.

2006. XL, 670 Seiten, 74 Abbildungen, davon 26 in Farbe, 77 Tabellen. Broschur.
ISBN-10: 3-527-31516-0
ISBN-13: 978-3-527-31516-1

WILEY-VCH
P.O. Box 10 11 61
D-69451 Weinheim, Germany
Fax: +49 (0) 62 01 - 606 184
e-mail: service@wiley-vch.de
http://www.wiley-vch.de

Register now for the free
WILEY-VCH Newsletter!
www.wiley-vch.de/home/pas

WILEY-VCH

Was brauchen Ihre **Zellen** für **gutes Wachstum?**

Antworten auf diese Frage finden Sie bei **PromoCell**.

Denn wir sind der Meinung – drei Dinge braucht die erfolgreiche Zellkultur:

- Gutes Ausgangsmaterial
- Wirksame Zusätze
- Aktuelles Wissen

PromoCell bietet Ihnen seit mehr als 15 Jahren all das in höchster Kompetenz und **aus einer Hand.**

 Humane Zellkulturen, Spezialmedien und Supplemente, klassische Medien

 Zytokine, Antikörper, Produkte für Zellanalyse und Transfektion

 Laborseminare zu Zellkultur, Molekularbiologie, Proteomics etc.

Erfahren Sie mehr unter **www.promocell.com**, schicken Sie uns eine e-mail unter **info@promocell.com** oder rufen Sie uns unter **(+49)-06221-649340** an. Wir freuen uns auf Sie!

DIETER HOLZNER,
Berufsförderungswerk, München

Chemie für Biologielaboranten

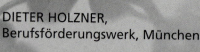

2003. XXVII, 372 Seiten, 61 Abbildungen, davon 16 in Farbe, 52 Tabellen. Broschur. ISBN-10: 3-527-30755-9
ISBN-13: 978-3-527-30755-5

Dieses Lehrbuch umfasst sämtliche für die Biologielaboranten-Ausbildung vorgeschriebenen Lehrinhalte im Fach Chemie. Zu einzelnen Themenfeldern werden darüber hinaus einige grundlegende, zum tieferen Verständnis notwendige Lehrinhalte aus der Physik vermittelt.

Damit halten auch Biologielaboranten nun endlich ein Lehrbuch in Händen, das sie während ihrer gesamten Ausbildungszeit begleitet und optimal auf die abschließenden Prüfungen vorbereitet.

WILEY-VCH
P.O. Box 10 11 61
D-69451 Weinheim, Germany
Fax: +49 (0) 62 01 - 606 184
e-mail: service@wiley-vch.de
http://www.wiley-vch.de

Register now for the free
WILEY-VCH Newsletter!
www.wiley-vch.de/home/pas